国家重点研发计划重点专项项目(2018YFC0808201)资助
2017 年安全生产重大事故防治关键技术科技项目(2017GJ-A8-002)资助
陕西省科学基金面上项目(2018JM5009)资助

矿山钻孔救援超宽带雷达生命信息侦测技术基础

张 铎 文 虎 郑学召 著

中国矿业大学出版社
· 徐州 ·

内 容 提 要

本书主要介绍了矿山钻孔救援超宽带生命信息侦测技术,测试了不同变质程度煤的介电常数和电阻率,分析了电性参数随频率的变化规律并给出了相应的拟合函数。从煤分子组分、微观结构和表面结构分析了煤电性参数变化的影响因素,即研究了上述拟合函数中系数随煤变质程度变化的内在关系;分析了超宽带雷达波在煤中传播的关键参数,以及理论分析并模拟了超宽带雷达波在煤中传播的规律,提出了遇险人员定位方法。

本书可作为普通高等学校测控技术与仪器、光电工程等专业的教材,也可作为煤炭科研院所、企业从事煤矿安全监测监控、煤火灾害防控、矿山安全生产物联网技术人员的参考书。

图书在版编目(CIP)数据

矿山钻孔救援超宽带雷达生命信息侦测技术基础/张铎,文虎,郑学召著. —徐州:中国矿业大学出版社,2023.12

ISBN 978-7-5646-6099-4

Ⅰ. ①矿… Ⅱ. ①张… ②文… ③郑… Ⅲ. ①超宽带雷达—应用—矿山救护—研究 Ⅳ. ①TD77

中国国家版本馆 CIP 数据核字(2023)第 239058 号

书　　名 矿山钻孔救援超宽带雷达生命信息侦测技术基础
著　　者 张　铎　文　虎　郑学召
责任编辑 黄本斌
出版发行 中国矿业大学出版社有限责任公司
(江苏省徐州市解放南路　邮编 221008)
营销热线 (0516)83885370　83884103
出版服务 (0516)83995789　83884920
网　　址 http://www.cumtp.com　**E-mail**:cumtpvip@cumtp.com
印　　刷 苏州市古得堡数码印刷有限公司
开　　本 787 mm×1092 mm　1/16　**印张** 10.25　**字数** 262 千字
版次印次 2023 年 12 月第 1 版　2023 年 12 月第 1 次印刷
定　　价 46.00 元
(图书出现印装质量问题,本社负责调换)

前　言

煤炭作为我国主要的化石能源，在社会生产和国民经济中占据重要的地位，所以对煤炭资源的绿色开采和利用依然是未来研究的重点。由于煤矿井下环境的复杂多变，在煤矿建设和正常开采中会发生瓦斯超限、矿井火灾、水害和顶板冒落等事故。通过对近几年煤矿安全事故的统计发现，其中顶板冒落对煤矿安全生产和人员生命保障影响较为明显。发生灾害后如何快速高效救援井下被困人员是煤矿工作人员和科研人员比较关心的问题。顶板事故发生后极易造成巷道、工作面等事故区域大范围煤体坍塌垮落，导致救援通道堵塞，给人员搜救带来一定的困难。此时仅仅依靠传统的救援方法很难及时救出被困人员，无法最大限度地保障井下被困人员的生命安全。近年来，随着钻孔技术和多源信息监测技术的发展，国内外出现了一种全新的救援方法——钻孔救援，此方法多次被高效应用于国内外现场事故救援。

矿山发生事故后，科学、快速的应急救援是减少遇险人员伤亡和避免事故后果扩大化的有效措施。目前，矿山应急救援的方式有两种：井下巷道救援和地面钻孔救援。当井下巷道因种种原因而堵塞，无法在一定时间内救出遇险人员时，应从地面实施钻孔展开救援。目前已有成功的钻孔救援案例，如 2015 年山东省平邑石膏矿坍塌事故，采用地面钻孔救援方式，成功救出 4 名被困人员。它创造了我国第一次，同时也是世界第三次钻孔救援的成功案例，在我国矿山救援史上具有里程碑意义。平邑矿难救援虽已成功，但有些问题仍值得研究与思考。如在实施探人钻孔时，若钻孔的终孔位置偏离设计位置，或目标位置附近巷道发生坍塌，而目前的多数钻孔生命信息侦测设备（如视/音频、红外热成像、人体呼出气体、超低频等）不具备穿透侦测的能力，此时应采取什么方式穿透煤岩垮落物进行生命信息侦测呢？孙继平等人认为超宽带生命侦测雷达技术是解决这一问题的未来研究方向。

本书以理论和实验相结合，立足现场救援，以满足重特大事故救援现场实际需求为最终目标，较为全面系统地进行了超宽带雷达生命信息侦测技术的基础研究工作，为矿山应急救援奠定理论基础。本书是作者在长期潜心研究与现场实践、系统总结与凝练提升的基础上形成的，具有鲜明的行业特色，对现场救援所用的超宽带雷达生命侦测仪器的设计具有较好的指导和借鉴作用，对我国矿山事故应急救援工作的顺利开展具有重要的支撑意义。

全书共分 9 章：第 1 章介绍了矿山救援的研究背景和意义，论述了现有矿山救援装备和队伍的发展，对钻孔救援生命信息侦测技术现状进行了阐述；第 2 章介绍了超宽带雷达传播的理论知识，探究了生命信息识别的过程和方法；第 3 章利用 Concept 80 宽带介电谱测试系统，测试了褐煤、长焰煤、气煤、贫瘦煤和无烟煤的介电常数和电导率，探究其随变质程度与频率的变化规律；第 4 章开展了煤的工业组分和元素分析、SEM 分析及压汞等实验，研究介电常数与频率函数中系数的变化规律，即通过主成分分析法，得到介电常数与影响因素之间的关系；第 5 章利用煤的 X 射线衍射分析、全元素分析、核磁共振分析等实验，研究电阻率与频率函数中系数的变化规律；第6章重点研究麦克斯韦电磁场理论，确定了超宽带雷达波在煤中传播关键参数(传播速度、反射系数、折射系数、衰减系数等)；第7章通过构建超宽带雷达波在煤中传播控制方程组，利用时域有限差分法与GprMax软件，模拟分析了超宽带雷达波在煤中的传播规律；第8章采用理论分析、实验室实验及现场试验等方法，分析了不同变质程度和厚度煤样中超宽带雷达波的传输衰减规律，对传输衰减因素进行分析及排序，验证了生命信息识别效果，并针对性地提出不同条件下的生命信息识别有效范围；第9章利用NS-187矿用射频信号衰减系统，研究了褐煤、长焰煤、贫瘦煤三种煤样在25 cm、45 cm、65 cm及85 cm厚度下的超宽带雷达波信号的传输衰减规律。

本书由张铎教授提出整体构思，在相关老师和学生的帮助下共同完成的。其中撰写分工如下：前言由张铎、文虎撰写；第1章由张铎撰写；第2章由张铎、郑学召撰写；第3章由张铎撰写；第4章由郑学召撰写；第5章由张铎撰写；第6章由郑学召撰写；第7章由张铎撰写；第8章由张铎、郑学召撰写；第9章由张铎、文虎撰写。全书插图编辑有刘春、刘茂霞、郭曦蔓、杨学山、岑孝鑫，在此表示感谢。全书由张铎总审定。

本书的研究得到了国家重点研发计划重点专项项目(2018YFC0808201)、2017年安全生产重大事故防治关键技术科技项目(2017GJ-A8-002)、陕西省科学基金面上项目(2018JM5009)等的资助，在此表示感谢。

本书引用了许多文献资料，谨向有关文献的作者表示衷心的感谢。

由于作者水平有限，书中难免存在疏漏之处，恳请广大读者批评指正。

著　者

2023年3月

目　录

第1章　绪　论

1.1　研究背景及意义

煤炭作为我国主要的化石能源，在社会生产和国民经济中占据一定的地位，所以对煤炭资源的绿色开采和利用仍然是未来的研究重点[1-3]。由于煤矿井下环境复杂多变，在煤矿建设和正常开采中会发生瓦斯超限、火灾、水害和顶板冒落等事故。自2000年以来，全国煤矿死亡人数由2002年最高的6 995人减少到2021年的178人，重大事故起数由2000年最高的75起减少到2021年的2起，下降97.3%，而煤矿百万吨死亡率从2011年到2021年一直呈下降趋势(图1-1)。据原国家煤矿安全监察局和国家矿山安全监察局统计，2015—2021年全国煤矿事故死亡人数分别为598人、526人、383人、333人、316人、228人、178人，即死亡人数呈逐年下降趋势(图1-1)。2021年，全国矿山安全生产形势稳定向好，共发生煤矿事故91起、死亡178人，同比减少32起、50人，分别下降26.0%和21.9%；2021年煤矿百万吨死亡率同比下降24%。

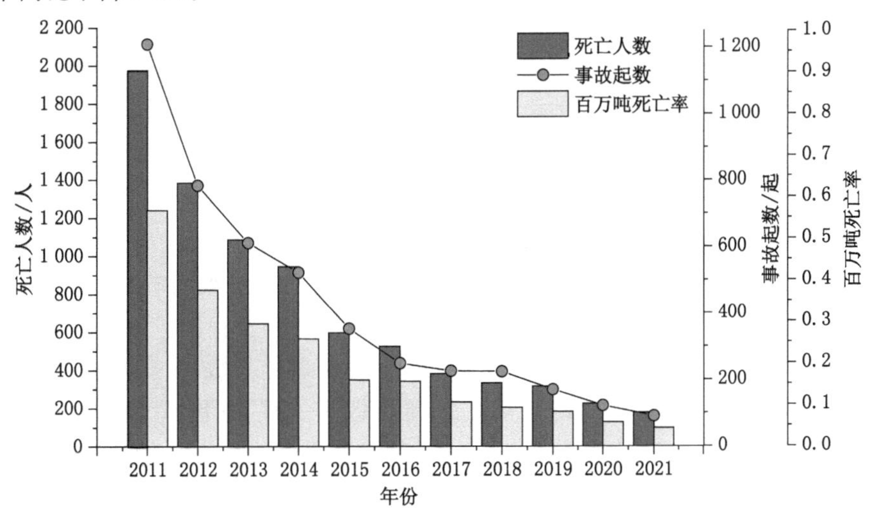

图1-1　2011—2021年全国煤矿安全事故死亡人数、事故起数和百万吨死亡率

虽然我国煤矿安全生产形势整体稳定，但是仍然严峻，所以加强对矿山救援的研究是刻不容缓的。煤炭行业是公认的高风险行业，工作场所大多数为地下受限空间，而且不断变化和移动。煤炭开采系统复杂、环节多，其地质条件复杂多变，生产条件较为恶劣，且受到技术装备落后、职工技术人员素质偏低等不利因素的影响，经常受到透水、火灾、瓦斯、煤尘、冒顶片帮(矿压)、有毒有害气体以及自然灾害的威胁。因此，矿山救援对煤矿安全生产而言具有

极其重要的意义，它是提高煤矿应急能力的重要举措，更是构建和谐社会和实现可持续发展的重要内容。各种灾害事故的发生给国家带来了巨大的财物损失，也给很多家庭带来了极大的不幸，同时让人民群众对煤矿企业产生错误认知，给社会造成了严重的不良影响[1-2]。

然而事故发生后，现场的情况通常是比较复杂和危险的，这可能为救援工作的顺利开展造成较大的困难，严重迟滞救援进度。例如，2001 年山西省大同市大泉湾煤矿“11 • 17”瓦斯爆炸事故，14 名工作人员被困井下，事故发生后他们立即向地面打电话求救，救援人员随即下井救援，然而由于火势太大、部分巷道坍塌变形、未采取反风供风措施等，最后遇险人员无一生还；2003 年湖南省娄底市七一煤矿“4 • 16”突水事故，17 名工作人员被困井下，矿方第一时间采取井下救援的方式，但是由于水、淤泥和煤岩垮落物等堵住了出入口，井下开展的排水、钻孔、绕掘新巷等方案进展速度比较慢，直到第 6 天才到达遇险人员被困位置，但是他们已全部窒息而亡；2015 年云南省梁河县光坪锡矿发生“7 • 25”坍塌事故，根据雷达生命侦测仪侦测到被困 11 人仍有生命迹象，历时 41 h 后将他们成功营救；2021 年山东省栖霞市笏山金矿发生井筒爆炸事故，22 名矿工被困井下，最终成功营救出 11 人。通过调研多起矿山灾害救援事故，并参考课题组参与的事故救援工作等，发现灾害直接致使矿工死亡的事故较少，遇险人员通常只是被水、火、冒顶等原因困在井下，并没有直接伤害其性命，此时是救援的关键时间，越早打通救援通道，遇险人员获救概率越大。根据事故类型，在黄金救援期内，若在分析采取井下巷道救援方式无法完成救援任务时，应考虑采取地面打钻的救援方式进行救援。

自进入 21 世纪以来，国内外矿山救援领域的领导、专家与技术人员等对地面打钻的救援技术越来越感兴趣，而且该方法已在多起矿山事故救援中得到成功应用，救出多名遇险人员。例如，2002 年 7 月，美国宾夕法尼亚州奎溪煤矿发生透水事故，井下距地面 80 多米处一独头巷道内有 9 名矿工被困，救援指挥部使用钻孔救援技术成功救出所有遇险人员；2010 年8 月，智利圣何塞铜矿发生坍塌事故，33 名矿工被困(图 1-2 和图 1-3)，救援指挥部调集数套钻机从地面施工钻孔进行救援，历经 2 个多月的不懈努力，遇险矿工最终全部获救[4]；2015 年12 月，中国山东省临沂市平邑县玉荣石膏矿“12 • 25”坍塌事故，由于巷道坍塌严重，使得巷道救援掘进速度缓慢，由原国家安监总局有关人员组成的救援专家组决定采取地面钻孔救援技术开展救援，历经 36 d 的不懈努力，最终搜寻到 4 名被困矿工(图 1-4)。平邑救援是我国第一例，同时也是世界第三例成功的钻孔救援案例，在我国矿山救援史上具有里程碑意义。2021 年 1 月，山东省栖霞市笏山金矿发生井筒爆炸事故，矿工出入井下所使用的唯一的梯子间和罐笼严重损坏，无法正常运行，通信线路中断，井下 22 名矿工被困失联。西安科技大学文虎教授第一时间组织技术人员，携带自主研发的钻孔生命信息侦测设备，带领救援团队(成员有郑学召、吴建斌、费金彪、李新卫、杜瑞林)奔赴事故现场。在此次救援过程中，西安科技大学救援团队承担的任务是在地面救援钻孔打通后，将侦测设备放入井下受困人员所在区域，通过环境参数传感器掌握人员受困区域环境情况(如 CH_4浓度、CO 浓度、O_2浓度、温度、压差等)；通过视频传感器探测受困人员生存情况；通过音频传感器与受困人员通话。本次救援成功救出 11 名矿工，为此后矿井钻孔救援通信装备的升级提供了参考[5]。

截至 2022 年 6 月，虽已有四次成功矿井钻孔救援案例，但救援过程中遇到的问题仍值得研究与思考。如平邑县玉荣石膏矿发生坍塌事故进行救援时，救援指挥部面临的首要困难是掌握被困人员的位置。只有明确被困人员的位置，才能快速展开有效的营救工作，从而

图 1-2 智利圣何塞铜矿发生坍塌事故

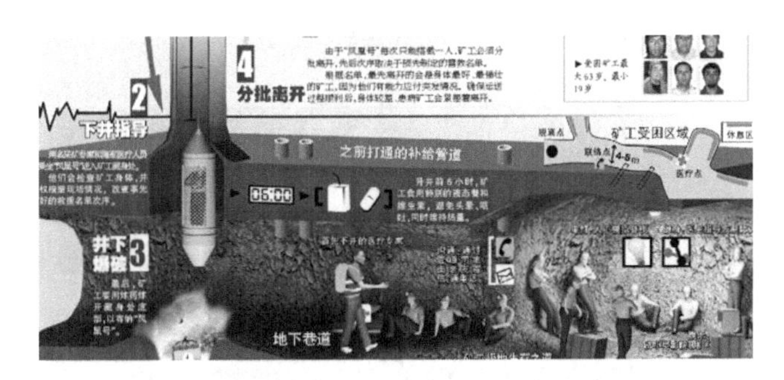

图 1-3 智利圣何塞铜矿钻孔救援示意图

（a）坍塌事故　（b）钻孔救援示意图　（c）发现被困矿工

（d）提升被困人员　（e）钻孔生命信息侦测设备　（f）现场救援专家

图 1-4 山东省临沂市平邑县玉荣石膏矿坍塌事故救援

挽救遇险人员的生命。在实施探人的钻孔时，若钻孔的终孔位置偏离设计位置（图 1-5），或目标位置附近巷道发生坍塌（图 1-6），而目前大多数钻孔生命信息侦测设备不具备穿透侦测能力[6]，此时应采取什么方式穿透垮落的煤岩层进行生命信息侦测呢？

经过长期研究，孙继平等认为超宽带生命侦测雷达技术是穿透煤岩垮落物侦测的未来

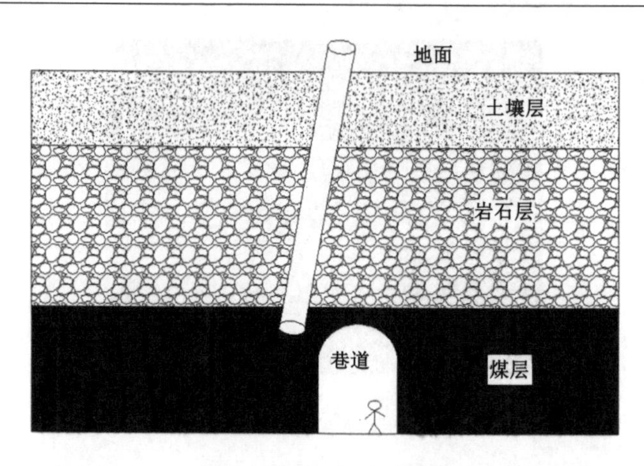

图 1-5　终孔偏离设计孔

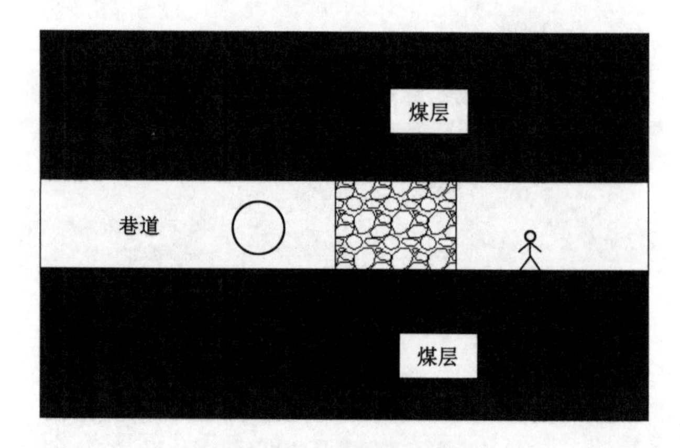

图 1-6　终孔为设计孔

发展方向。虽然超宽带生命侦测雷达在地震、雪崩等地面灾害救援中已有应用,但是在矿山事故救援领域鲜有应用报道,主要是地面现有的成熟技术难以在井下直接应用,其主要原因是超宽带雷达波在煤岩体中的穿透与衰减特性、生命信息侦测的影响因素及规律、被困人员的识别方法等尚未得到有效掌握和解决。

针对如何能穿透煤层进行生命信息侦测,对井下人员精准定位,开展了相关科研工作,研究发现煤岩介质的电性参数是影响超宽带雷达波在煤岩垮落物中传播的主要因素,而超宽带雷达波又是判别有无遇险人员的载体。因此,研究煤介质的电性参数,确定煤组分与微观结构对其影响规律,揭示超宽带雷达波在煤中传播关键参数,掌握超宽带雷达侦测井下遇险人员生命信息的定位方法,为矿山应急救援指挥决策提供理论依据,对煤炭资源的安全开采和工作人员的安全保障具有重要的科学和现实意义。

1.2　钻孔救援生命信息侦测技术研究现状

1.2.1　生命信息侦测技术

生命信息侦测技术是第一次世界大战后发展起来的一个新的研究方向。它根据电磁波和机械波等物理量,使用相应的专用传感器将物理信号转换成电信号,经过解调、去杂波、关键信号放大等处理，输出可以听见或者可以看见的音视频，以达到可搜索、侦测、定位的目的[7]。

目前，国际上已应用的生命信息侦测设备主要是基于音频生命信息侦测技术[8-10]、视频生命信息侦测技术、红外热成像侦测技术[11-13]、气体生命信息侦测技术[14-16]、超低频电磁波生命信息侦测技术、静电场生命信息侦测技术、雷达生命信息侦测技术[17-20]等。

(1) 音频生命信息侦测技术

音频生命侦测器是一种声学侦测仪器，应用了机械波的基本原理。通过侦测呼救、走动、敲打、挣扎或者呻吟等遇险人员发出的物理机械波，然后通过高灵敏度的声波/震动传感器，之后采取杂波处理、关键信号放大等措施，生成救援者可以直接收听的音频形式[21-22]。

经过各国科研人员的不断努力，现已开发出了第四代音频生命信息侦测设备。欧美等西方国家及亚洲的日本、新加坡和以色列等国家的各领域的救援人员，均广泛应用Ⅳ代音频生命侦测器。例如，美国的一款微型音频生命侦测器，其型号是 80M287612，运行频率是 $(1\sim3)\times10^3$ Hz，能满足两个传感器数据的收发，并对两路数据信息进行波谱显示，而且还配置了微型对讲机，满足救援人员与被困人员的双向对话要求。

法国科研人员发明的音频生命侦测器在市场上很受欢迎，它有两个极其敏感的声波震动传感器，对空气或者固体中细微的震动具有很好的捕捉能力，对由地震等造成的瓦砾、砖混破碎墙体等环境下的遇险人员的侦测具有良好的使用效果，设备携带的双路音频设备可建立幸存者与救援人员之间的联系。该设备配置的双重声波滤除技术，针对救援现场的机械设备、车辆、人员、通信设备等产生的重噪声环境具有非常好的杂波过滤功能。

(2) 视频生命信息侦测技术

视频生命信息侦测主要是利用可见光或非可见光(如红外光)，通过 CCD(charge coupled device)图像传感器将获取的侦测影像数据传送到地面显示终端上位机，使用该技术需要将光学探头和线缆穿过孔隙来获取目标区域的视频数据信号[7]。受设备的像素清晰度、前端探头的直径、探杆是否具有自弯曲前进功能等因素的影响，其应用范围也有较大的区别和限制。

目前，我国在矿山救援领域应用效果较好的视频生命侦测器为西安科技大学研制的钻孔生命信息侦测设备，如图 1-4(e)所示。该设备坚固轻便，全方位多角度侦测，全黑暗条件下可连续使用 6 h 以上。该设备还配置了双路音频传感器，可有效安抚被困人员。

视频生命侦测器的侦测距离仅为十几米，且无法穿透障碍物侦测，因此有很大的局限性。

(3) 红外热成像侦测技术

任何物体只要其温度在绝对零度以上都会向外辐射红外线，辐射量与物体的温度相关，温度越高，辐射量越大，根据该关系可知红外辐射大就说明该处温度高，即可推断有无生命存在。它能承受现场的浓烟、大火等恶劣环境，利用其携带的光学传感器侦测到人体辐射能并聚焦在红外传感器上，而后转变成电信号，经数据处理转换后在监视器上显示红外热像图，进而协助救援人员较快判定“障碍物”后生存者的位置，有“天使之眼”之称[23]。由于其技术成熟、性价比高等优势，被各国多数抢险救援单位广泛使用。

第二次世界大战后，美国德克萨兰仪器公司经过近一年的艰苦研究，最终成功研发出了用于军事领域的第一代红外热成像仪，称为红外巡视系统(FLIR)。20 世纪 60 年代初，第二代红外热成像仪被瑞典的 AGA 公司研发成功，其独有的测温功能是它较第一代红外成像仪的优势与进步。各国科研人员经过20多年的不懈努力，于20世纪80年代末成功研发出集测温、采集图像、自主分析、自动存储于一体的全新一代多功能热成像仪，其精确度和可靠性较上一代均得到显著提升。21世纪初，一种基于亚毫米波段的热成像仪被俄罗斯莫斯科国立大学研制成功。虽然亚毫米波仍属于热波，但其可以穿透普通红外线无法穿透的墙壁和其他障碍物，因此其性能较为独特。普通半导体材料被照相平板印刷术加工成分层式饼状结构，这种设计可以有效侦测墙壁或树木等物体后面人体发出的亚毫米波，进而把信息转变成图像信号。

美国的M271328型红外生命侦测仪因轻巧方便，故被普遍使用。它不仅可以用来搜寻地震遇险（遇难）人员，也可以在煤矿井下搜索受伤的矿工，还可以远距离侦测煤壁温度，有效预防煤自燃。操作人员通过数字罗盘技术可以判断出屏幕上显示的方位，进而实现对遇险人员的精确定位，以开展快速有效的营救。36°的广角，不仅增加了侦测视角，还增大了有限侦测速度。

我国针对煤矿自主设计研发了集红外光电子技术、红外物理学、数字图像处理技术、计算机技术等于一体的防爆型高级别性能的红外侦测仪，其型号为S-Y-250，主要用于侦测煤矿井下隐蔽火源区域、煤层局部温度、各种开关接头、搜寻受伤人员等。它可以在完全非光照情况下使用，能自动识别侦测区域内最高与最低两个极端处的温度，而且菜单具有液晶显示配置，工作人员可以在观测的同时进行设备自主分析。激光定位技术被有效集成在设备前端，可以实现对目标情况和位置的精确观测。

（4）气体生命信息侦测技术

人和动物在呼吸时会吸入氧气，呼出二氧化碳，根据这一现象，当某一空间内二氧化碳气体浓度达到0.11%及以上时，高灵敏度二氧化碳气体传感器可以捕捉到人或者家禽家畜的生命特征。此类传感器一般在储藏室或储物柜等密封性比较好的区域更为适用，因为它无须打开地下室门窗或货柜门，即可对生命信息展开搜索。这种设备具有小巧、轻便、简单易操作、维护方便，配备的碱性双A电池的待机时间长且成本低等特点，使得它能得到广泛的运用，如2008年汶川“5·12”地震期间，派遣到我国进行救援的日本搜救队就配置了基于侦测气体的生命信息侦测仪。由于井下人员呼吸、车辆尾气、爆炸、煤层自燃等都能产生二氧化碳，因此该技术不适用于井下灾害时期复杂多变的环境。

（5）超低频电磁波生命信息侦测技术

人的心脏和肌肉在跳动时人体四周会产生一种频率非常低的非均匀电磁场，对电磁场产生的超低频能量进行捕捉进而判定生命信息的设备，即超低频电磁生命侦测仪[23]。由于它采用的是被动工作方法，即工作时具有不接触与非感知特性，因此不会被侦测者发现，而且它还可以穿透金属、水、墙壁等介质进行生命信息精准定位。装置中配置的偏振滤波器可以有效处理返回波中的各种杂波，对人与动物产生的超低频信号能有效区分。

美国的科研人员开发出了集生物化学、物质介电、超低频传导、脱氧核糖核酸(deoxyribonucleic acid，DNA)等技术于一体的DKL生命信息侦测仪[23]。虽然人体上的每一个部位都会对超低频电场产生影响，但心脏跳动产生的电场是主要场源。DKL生命信息侦测仪上设计了一种特殊的滤波器电路，该电路中的材料是用特种电解质配置而成的，其特殊之处是仅有人体产生的不均匀电场能对它极化。当DKL生命信息侦测仪放置在人体周围时，设备中的特殊材料被电场极化，正负电荷相背而行，被分别收集至设备的两侧。在非均匀电场中，侦测天线处于最强部分时的指向就是遇险人员的位置方向。DKL 生命信息侦测仪上的滤波器是经过特殊研发配置的，能有效过滤掉除人类以外其他动物产生的频率，即它只会对人体产生的频率有所感应。在无障碍的开阔空间中，DKL 生命信息侦测仪的有效侦测距离为(0,500 m]，在平静的水面上有效侦测距离大于 1 000 m。然而在 2015 年山东省临沂市平邑县玉荣石膏矿的“12・25”坍塌事故中，DKL 生命信息侦测仪的应用效果并不如人意。

(6) 静电场生命信息侦测技术

美国军队研究部门运用同性相斥、异性相吸的电磁原理，同时人可以生成静电场，利用这个原理为其部队开发了可以穿墙侦测的静电场侦测器[24]。在周围空中风速不大于 9 m/s 的环境下，此设备均可正常运行，在地面上对于方圆 140 m 范围内建筑墙体后的目标可以有效侦测。该系统重 0.45 kg，用 9 V 电池供电，可使用 3～4 d。侦测部分是由引向器、角反射器、放大器等组成的模块化式的阵列天线，在应用中，侦测员手持装置对其周围环境进行全面扫描，或者针对重点方向进行着重侦测，设备的静电场与极性相反的人的静电场之间会因为异性相吸而产生吸引力，此时将静电场中天线调整到强度最大的方位，这个指向可能就是有人存在或匿藏的位置。大量的实验结果表明，设备与目标之间的距离、侦测路径中的障碍物、侦测员的身体素质与操作习惯等对侦测效果有较大的影响，例如，若目标体在诸如墙体等障碍物之后时，其侦测距离相比无障碍物遮挡时的环境降幅最大，可达 20%。目标人员的身体差异也是一大影响因素，这是因为个体差异引起的静电场差别较大。

(7) 雷达生命信息侦测技术

利用雷达发射出的电磁波穿透非金属建筑墙体等障碍物，对“隐蔽”在其后或下面的生命信息进行侦测的手段就是雷达生命信息侦测技术[25-26]。从工作原理上，侦测生命信息的雷达可以分为两种，分别为超宽带(ultra-wide band, UWB)雷达与连续波(continuous wave, CW)雷达。UWB 雷达的实现方法有三种：冲击脉冲式、步进频式和线性调频式。

雷达具有穿透墙体等障碍物、先进的数字信号处理功能、远距离非感知侦测的能力、环境杂波的抑制能力等优点，是其被广泛应用于生命信息侦测领域的主要原因。在不同电性参数的两种物质表面，电磁波会发生反射与折射，据此可以研究障碍物与人体的返回波信号特征，从返回波中剔除直达波与干扰波，提取生命特征信号，继而实现对人体目标的侦测。雷达侦测生命的实质是：从人的走动、肢体摆动、呼吸、心跳等多种生命行为的微动中提取生命信息的表征信号，基于这一原理来判别障碍物后(或下)有无“隐秘”生命。

在矿山灾害事故中，环境往往是比较复杂的，而且是动态变化的。在钻孔发生偏移，钻孔所在巷道的隔壁巷道有被困人员或者被困人员被垮落坍塌煤岩体掩埋等有障碍物遮挡的情况下，仅有雷达生命信息侦测技术适用于救援，而目前鲜有人研究雷达生命信息侦测技术在矿山灾害救援中的应用。

1.2.2 雷达生命信息侦测技术概述

(1) 生命信息侦测雷达发展史及现状

① 国外生命信息侦测雷达发展史及现状

欧美及日本等发达国家的科研人员于 20 世纪 70 年代开始研究基于人体非感知的雷达生命信息侦测技术。20 世纪 70 年代初期，欧美科研人员运用连续波雷达在远距离非感知的情况下对人的呼吸开展侦测，进而判定呼吸是否暂停，此即雷达被科研人员在生物医学领域的第一次尝试性应用[27]。

20 世纪 70 年代中期，一篇名为 *Non-contact respiratory monitoring in infants and young children* 的论文由英国谢菲尔德大学医学物理部门的科研人员公开发表，科研人员在论文中阐述了运用连续性雷达的微多普勒特征对婴幼儿呼吸的频率进行侦测，侦测装置的天线是利用单发单收（两基配置）的喇叭状天线，信号接收处是两通道的雷达侦测装置，科研人员在论文中指出：在婴幼儿出生的 1～175 d 内，雷达装置侦测到新生儿在睡眠中的活动频率与其呼吸的对应关系，在此基础之上推算出了新生儿在睡眠期间的运动频率以及占每天运动总频率的比率[28-29]。

1980—1990 年，美国密西根大学电气工程与系统科学学部的陈教授与 D. K. Misra 等研究人员，把人体假设成球和圆柱的结构体，并简化了模型的复合介电常数，在 X 轴方向、Y 轴方向、圆等极化模式下，研究了雷达波在人身上的折射与散射特征，结论指出返回波的波动幅度相位与人的微动特征是存在关联的。随后美国海军医学中心与陈教授领导的研究团队达成联合开发的协议，共同开发 X 波段（1×10^{10} Hz）与 L 波段（2×10^{9} Hz）的人的生命信息雷达侦测装置。这个装置的信号发射端采用的是连续波的形式，其功率在 0.01～0.02 W 之间，其数据接收器则是智能的小型控制仪，具有可自行对比删除功能。它的中心频率是 1×10^{10} Hz，信号发出端的功率是 0.02 W，可以有效穿过 0.43 m 厚的多层地面建筑墙体，实现对墙体后或下部被困人员的生命信息侦测。在 2×10^{9} Hz 情况下，能对 0.60 m 厚的多层地面建筑墙体障碍物后遇险人员的呼吸与心跳的侦测，如果墙体是干燥的，那么加大信号发出端的功率，最大侦测墙体厚度可达 0.90 m。此后，该联合研究团队又对 L 波段（1.15 GHz）和 UHF（ultra high frequency，特高频）波段（0.45 GHz）生命信息雷达侦测系统进行了研究，新系统的穿透侦测能力得以显著提升，结合天线子系统与互相关信号处理技术，有效剔除了干扰杂波，提高了检测信号的信噪比。但是场景与工作人员等带来的干扰对侦测结果也会造成不良影响，这是新系统的缺点[30-33]。

自 1980 年起，英国的哥伦比亚技术研究所就利用雷达技术对多种情况下被困人员的生命信息侦测问题开展相关科学、技术及装备方面的研究，不久之后一种名为雷达生命信息侦测装置问世，随后他们在多种不同机制的雷达上对这一侦测被困人员的生命特征装置进行了实验，其中有一款名为调频连续波的雷达效果较好。此雷达生命信息侦测仪在 1985 年获得了美国的发明专利，并成功吸引了美国国防部高度关注和浓厚的兴趣。对于它在战场上能否判断出受伤的战斗人员有无生命体征开展了进一步研究。从基础原理来讲，此系统可在地面无障碍的环境中对 100 m 范围内人的心跳信息进行有效侦测，可为医务工作者营救负伤的战斗人员提供快速智能的协助装备，遗憾的是这个装置的抗干扰能力很差，如有风时树木或者草丛随风摆动都会产生干扰波，这种波能降低其侦测效率。1996 年的奥运会在美国亚特兰大如期举行，在射击类项目中，一些科研人员利用雷达生命信息侦测装置对在 10 m 之外的参赛运动员的呼吸开展了侦测实验，通过对收集到的呼吸信号研究了运动员的呼吸与其射击精确度之间的内在联系。正是在这次奥运会中的使用，使得人们对该装置又给予了高度的重视，进而使它得以较快发展[34-35]。

日本新潟大学科学与技术学院的 Yoshio Yamaguchi 与 Masashi Mitsumoto 教授于 20 世纪 90 年代研究了运用调频连续波机制的雷达装置，利用合成孔径成像（synthetic aperture radar，SAR）技术对雪中掩埋的人开展侦测实验，这是科研人员首次将雷达与合成孔径技术相结合用于侦测生命信息[36]。

美国时域公司 S. Nag 与 M. Barnes 共同领导的科研团队在 20 世纪末成功研发出了具有穿过墙体进行侦测的雷达装置，这个装置的天线采用一发一收形式，属于时间调制超宽带机制（frequency-modulated ultra-wide bandwidth, TM-UWB）雷达，被命名为“Radar Vision1000”。若墙体不是金属墙体且厚度不超过 10 m，它都可以穿透，并对墙体障碍物后方的待测区域开展二维成像侦测，还可对图像进行连续更迭。此后不久，时域公司又成功开发出了功能更强大的衍生型号——第二代雷达产品 MIMO，对运动的双目标可以有效辨识并且可以对它们进行较为精确的定位[37]。

1999 年，美国密西根大学的 K. M. Chen 等采用不同频率的两类（L 和 S 波段）连续波雷达联合测试的方式，对地面建筑废墟下掩埋的人进行了生命信息侦测[38]，取得了一定的成果，但是侦测环境和操作人员本身所带来的干扰噪声杂波对侦测的效果有很大的影响。

2000 年，意大利莱切大学在莱切市区的考古待挖掘区域进行了探地雷达勘测[39]，研究中使用 500 MHz 天线获得了待挖掘区域最表层的详细特征，并快速识别出了用于挖掘的异常区域。虽然该雷达勘测深度不超过 1 m，但其传播信号的低振幅特征使得获取地面与钙质基底顶端之间的有用信息成为可能。

2006 年，美国斯坦福大学的 A. D. Doritcour 研究团队[40]基于连续波雷达开发出了用于观察心肺病患者病情的监测系统，该系统可在患者非感知的情况下在 2 m 范围内精确监控其心跳与呼吸信号。

2009 年，美国国家标准与技术研究的新兴和移动网络技术小组在马里兰州盖瑟斯堡对穿墙侦察雷达技术进行了研究[41]。他们通过使用微波信号技术设计并构建了一种新型超宽带雷达系统，其合成孔径通过可变长度扫描仪或移动机器人实现。该系统的宽动态范围与其不受限制的光圈长度相结合，能生成半径达 8 m 的高分辨率穿墙图像。这项技术可用于快速检测人类机动、倒塌建筑物中救援目标特征的提取等。

针对生命信息进行侦测的雷达装置在近些年的发展令人十分欣慰，不少国家的研究人员对这一领域表现出了浓厚的兴趣和极大的关切，积极加入这一行列并做了大量的研究工作，推动了相关理论与技术的发展，得到了令人满意的成果，这期间很多的雷达装置应运而生。其中典型装置为美国斯坦福大学研究学院人工智能中心开发的具有穿墙功能的多普勒反恐机器人雷达，其发射信号的中心频率为5.80 GHz，空间距离分辨率为 30 cm，它的主要用途是对隐秘的运动目标侦察[42]；2004 年，俄罗斯遥感实验中心成功开发出 RASCAN 雷达样机，其发射脉冲式信号，发射频率为 1.60 GHz，可以穿透10 cm 厚的混凝土，可侦测墙后的人体状况[43]；2010 年，美国田纳西大学的研究团队运用 3D 波束形成算法，实验验证了人体模型目标的 3D 成像[44]。该研究团队使用的雷达收发器配置了 2～4 GHz 和 8～10 GHz 两个工作频段，8～10 GHz 用于透过低损耗墙壁（如木墙、干墙）时能实现高成像分辨率，而 2～4 GHz 用于穿透高损耗墙壁（如砖墙、混凝土墙）时能实现高成像分辨率。土耳其国际高科技实验室的研究人员研制出了 L 波段侦测生命信息的雷达，发射中心频率为 1.38 GHz，带宽为840 MHz，空间距离分辨率为 50 cm，空间无障碍侦测范围为 0～150 m，可穿过 5 m 厚的地面建筑墙体侦测墙后人体目标的心跳与呼吸特征[45]。

英国《新科学家》杂志于2009年1月30日报道称在2040年前的十大最酷科技发明中，“穿透超视监控设备”位列榜首，这为各国的科研人员提供了巨大动力。

随着远距离非感知状况下生命信息侦测的发展，各行业对生命信息侦测雷达提出了更加具体、功能更多、侦测精度更高、穿透距离更长的新要求。近年来，各国科研团队在夜以继日地探索怎样才能用生命信息侦测雷达侦测出人的多普勒特征。人的多普勒特征主要包含人运移的速度、人机间的距离、人在行走时步间频率与每一步的跨度等与运动相关的参数；人的微多普勒特征侦测包含人的呼吸、由呼吸引起的胸腔规律性起伏(即心跳)，人类发声过程中声带系统的规则性振动，通过人们穿戴的衣物对股(体、颈)动脉与手指前端处的脉搏等进行侦测。对上述人的(微)多普勒特征的侦测，就要求雷达设备要具备更高的可靠度、敏锐性、精确性及超强的抗干扰功能[46-53]。

② 国内生命信息侦测雷达发展史及现状

我国在生命信息侦测理论、技术及装备等方面的研究相对国外而言起步较晚，但是在我国众多科技工作者夜以继日、前仆后继、不畏艰难、勇于攻坚的精神下，努力学习国外经验，刻苦钻研、勇于开拓创新，使得我国在生命信息侦测技术得以飞速发展，例如原第四军医大学(现空军军医大学)、国防科技大学、电子科技大学、西安电子科技大学、华中科技大学、空军工程大学和中国科学院电子学研究所等科研单位对生命信息侦测雷达的研究、开发及运用开展了大量的工作[54-65]。

2000年，第四军医大学王健琪教授科研团队经过长期艰苦卓绝的研究，独立研发并组装出了名为“生命侦测器”的实验系统。2003年，王健琪教授科研团队在国家自然科学基金委员会和军队有关部门的资助下，通过与中国电波传播研究所青岛分所等多方通力合作，研发出了我国的“生命侦测装置”。这一装置满足了对人体的生命信息的远距离、非接触、无感知侦测，空间侦测距离为0～50 m。若墙体是非金属的，那么这一装置可以穿过它并侦测到其后部人的呼吸、由呼吸引起的胸腔起伏、运移特征，对于0～2 m厚的墙体可有效穿透侦测。这一装置满足对地面建筑废弃物下、墙体后部等被困或藏匿的目标，不但能应用于公安等国家反恐部门在侦测与逮捕犯罪分子的行动中，而且对提高军医搜救负伤战士的速度与效率具有很大的作用，还可以搜寻因地震或塌方等被困废墟下的幸存人员，这一装置又被冠以“伤员侦测器”的美名[66-72]。

2009年，湖南省公安消防总队的科研人员研发出了基于超宽带的警用生命侦测器。这一新装置，可以对20～30 m范围内人的运动、心跳、呼吸及肢体摆动等进行有效检测[73]，实现了对地面建筑废墟、建筑火灾等危险性较高且干扰噪声较大的环境下生存人员的快速搜寻与准确定位。

王宏等[74-75]利用优化的整体平均经验模式分解法对穿过墙体障碍物搜寻其后部人的微多普勒特征进行了研究，从最终效果来看其抗干扰性较强，即波形中的有效信息更加凸显，信噪比得以大幅提升，时频分布的分辨率更好，能对多种运移形式下的目标进行辨识。张翼等[76-77]用X波段连续波雷达设备来侦测人的微多普勒特征，即对步频、步幅度及手臂的摆动等开展估计，利用人的运移波形信号来侦测与辨识其运动特征。吴世有等提出一种超宽带穿墙雷达快速成像算法，将该算法与FDTD(时域有限差分法)仿真模拟进行对比，发现该算法的优点是可对目标的边界精确成像，其计算速度快，实时性好[78]。国防科技大学的科研人员开发出了基于UHF和L波段的冲击脉冲式穿墙雷达，以非常低的功率发射出两极性的无载频短脉冲信号，得益于其较高的重复性频率，使得其具有优良的时效性，可实现对目标的实时锁定，由于功率小，所以产生的干扰比较少，隐蔽性较强，对国家安全部门来说非常实用[79]，它被命名为“Radar Eye”。

2014 年，陈超等[80]将 UWB 与 Wi-Fi 联合使用，实现多台雷达组网侦测，极大地提高了侦测强度和精度。

2016 年，张锋等[81]研发出了用于建筑应急救援的 UWB 雷达生命侦测仪，该设备可有效穿透 36 cm 的墙体，并能侦测墙后 20 m 处的生命信息。

2017 年，郑学召等[82]从地面钻孔救援侦测和井下巷道救援侦测两个方面探讨了矿井救援生命信息侦测技术的发展现状，分析了当前人员定位、音视频通信、热红外成像、声波震动等生命信息侦测技术装备的应用状况和适用性，提出了矿井救援生命信息侦测技术应用过程中存在的问题。

2018 年，张铎[83]分析了超宽带雷达波在煤中传播的关键参数，理论分析并模拟了超宽带雷达波在煤中传播的规律，并提出了遇险人员定位方法。

2020 年，张洪祯等[84]分别从矿山救护技术及装备、应急避险技术及装备、灾区灾害侦探技术及装备、应急救援通信技术、灾后救援技术、应急救援模拟演练技术等方面阐述了我国煤矿应急救援技术与装备的发展和应用的现状，并指出我国煤矿应急救援技术与装备发展的短板及制约因素，提出了适合我国煤矿安全的应急救援技术与装备发展方向。

2021 年，郑学召等[85]研究超宽带雷达波在煤体中传输的衰减特性，通过 NS-187 矿用射频信号衰减系统，测试中心频率为 400 MHz 时的超宽带雷达波在不同厚度不同类别煤中传输的衰减信号，得到宽带雷达波在穿过不同变质程度煤体时，其衰减程度与煤体厚度成正比。煤厚度相同时，煤的变质程度与超宽带雷达波的传输衰减成反比。

(2) 生命信息侦测雷达算法研究

2007 年，美国加利福尼亚大学洛杉矶分校的 Nanbo Jin 研究团队[86]在设计阵列天线时开发了粒子群优化算法(particle swarm optimization，PSO)，基于此算法建立了粒子群运动的随机牛顿力学模型，然后进行了单个目标和多个目标的二进制实数仿真计算，结果显示旁瓣电平(sidelobe level，SLL)的峰值非常理想。

M. Shihab 科研团队[87]采用 POS 算法对非均匀圆阵问题进行了优化处理，结果显示对旁瓣电平的抑制效果更佳，说明在这一问题上 PSO 算法比遗传算法(genetic algorithm，GA)优越。

M. A. Panduro 科研团队[88]为研究布阵优化问题，对比分析了 GA 算法、PSO 算法、DE (differential evolution，差分进化算法)的仿真计算，结果显示在处理旁瓣电平这一问题上 PSO 算法和 DE 算法较 GA 算法性能更加优越[95]。

D. R. Morgan 和 M. G. Zierdt[89]利用自适应算法(self-adaptive)对人的呼吸及呼吸引起的胸腔起伏等信息进行自动化追踪分析，剔除了呼吸波中的干扰信号，有效筛选出心跳信号波形。

C. Li 等[90]采用超分辨率的谱估计 Relax 算法对人的呼吸和心跳频率进行估计，结果显示 Relax 算法的计算精度较 FFT 算法有了很大的提高，但遗憾的是，呼吸谐波对心跳信号的干扰波剔除问题没有得到有效解决。

A. Lazaro 等[91]研究了脉冲式超宽带雷达设备，得到了侦测人的呼吸及由呼吸引起的胸腔起伏信号筛选的方法。

J. T. Gonzalez-Partida 等[92]研究了调频波制式雷达设备对人的特征的侦测筛选手段及定位方法。

T. Takeuchi 等[93]研究了基于 MIMO 的生命信息侦测雷达装置，由于该装置在信号处理方面没有突破，循规蹈矩，使得对人的呼吸及由呼吸引起的胸腔起伏等信号的推算没有取得明显的进步。

D. Potin 等[94]和包乾宗等[95]提出了使用二维连续有向小波变换算法对雷达信号中直达波进行剔除。

张蓓等[96]研究认为子空间投影算法可以有效剔除返回波中的直偶波问题，首先把返回的信号波合理划分为恰当的子集，而后筛选出包含人体成分的信息分量构建数据子集。

高守传等[97]提出了无需先验知识的自适应滤波算法，仅需在已分析过的数据中选择一个不含目标特征的数据，或者蕴含少量目标特征的数据作为对比，然后利用自适应算法编写的滤波器设置参考信号的阈值，然后剔除所分各组接收信号中的直达波分量。

史林等[98]首先分析了表征生命信息的特征参量，针对生命侦测雷达的数据给出了基于谐波模型的人体状态识别方法，结果显示该模型对人体情况的识别准确率已超过 90%。

崔国龙等[99]对发射的信号进行反投影算法调制，进而合成超宽带信号，结果表明空间距离分辨率有较大幅度的提高。

苏军海等[100]利用模糊数学中的变换算法解决了目标包络路径行走不协调的难题，实现了利用宽带雷达对多个目标的监测跟踪。

夏林林等[101]利用超宽带雷达，采用重现量化分析方法对地面建筑砖墙后部的遇险人员开展了搜索实验，按照目标信号再现概率与分析状况来判别是否有人、是多人还是单人，遗憾的是，最终没有实现对多个目标的判别，且对干扰信号的剔除效果较差。

何永波[102]依据能量积分算法原理编写了时窗函数，通过滑动视窗提取了表征生命信息的微摄动特征参数，采用小波变换与时频分析相结合的算法对信号中的杂波与频谱进行了处理，有效获取了表征人体目标的生命信息特征参量频谱。

王昭[103]研究了基于步进变频的连续波雷达，实现了穿透墙体进行目标检测和定位，但是针对运动目标效果不太理想，需进一步研究。

周觅等[104]针对超宽带雷达信号的折射路径和回波延迟问题提出了一种数值逼近算法，给出了问题的解析值，实现了对目标空间位置的辨识，缺点是在实测中所需的脉冲非常窄且难以调制。

李勇[105]在步进频率连续波雷达方面做了大量细致的工作，并深入研究了基于伪码调相连续波雷达穿墙探测的泄漏对消问题。

岳宇[106]利用小波理论结合拟合理论，研究了人的呼吸及由呼吸引起的胸腔起伏波形特征的筛选问题。

吕昊[107]针对超宽带雷达系统侦测生命信息的目标辨识，分析了基于时域特征的算法，在多次实际应用中得以检验和验证。

袁涛等[108]针对 MIMO 雷达二维布阵优化的遗传智能算法，使雷达的空间自由度与方向图性能得到明显的提升。

蒋留兵等[109]提出了基于集成经验模态分解(ensemble empirical mode decomposition,

EEMD)和高阶累积量(higher order cumulant,HOC)的超宽带雷达生命信息识别算法,实验结果表明该算法比传统的 FFT 变化具有更高的信噪比和频率估计精度。

杨秀芳等[110]针对雷达侦测生命信息时的降噪问题,研究了基于提升小波理论的变换方法,实验证明该算法较传统小波变换具有更好的降噪效果,其均方误差与信噪比均高于传统的小波去噪。

胡程等[111]对利用雷达侦测人的微多普勒生命信息时的灵敏度进行了分析,通过建模理论给出了该问题的概念,并为灵敏度的指标分析提出新的方法,实现了雷达侦测生命信息的非定量分析到定量分析的转变。

1.2.3　超宽带电磁波在煤中传播研究

(1) 电磁波在煤岩介质中的传播理论

20 世纪初期,科研工作者已经尝试运用电磁波理论来解决地质勘探领域的一些难题,以及解决一些工程困难。德国、法国、英国等国家的研究人员在理论基础方面开展了大量的工作,并实地做了大量测试。20 世纪 20 年代,苏联科学院的彼得罗夫斯基院士提出了无线电波透视技术,其理论依据:当电磁波在传播过程中遇到导电性较好的矿体则会因吸收造成一定影响而反映在返回波上,以此来辨识矿床或地质异构体,例如在硫化矿床对该技术进行工业测试,结果显示电磁波在地下可以传播一段距离,同时发现在电磁波的传播路径上有良导体的地方在返回波显示中会出现“阴影”[112]。通过在金属矿床勘探实验的成功与应用,说明无线电磁波透视技术在煤矿井下进行侦测存在可能性。

1975 年,莫斯科矿业学院的雅姆希科夫科研团队在位于中亚和西亚的煤田开展了电磁波在煤体中的传播行为、岩石的电性参数及其变化、电磁波的频率与煤体厚度的映射、巷道和金属装置对电磁波传播过程的干扰等一系列问题的研究。结果显示,垂直极化波的优点是非常突出的,确定了不同煤层垂直极化波的吸收系数,明确了介质对波的吸收的主要决定因素是煤体厚度、煤的电导率及测试频率等物理量。这些研究为无线电磁波透视技术在矿藏资源中的勘察与数据解析确立了理论支撑[113]。1984 年,A. Devaney[114]提出了电磁波在不连续煤层中的传播成像时要考虑散射的干扰与影响,并展示了运用伯恩与利托夫近似法消除散射干扰问题的案例。2011 年,N. Hussain 等[115]利用基于有限元方法的正演手段,研究了良导体与绝缘体的电磁波层析成像,掌握了层状模型和单一介质模型中电磁波的传播规律。

1976—2000 年,我国先后研制了多个型号的煤矿用电磁波透射仪[116]。20 世纪 90 年代初,吴以仁[117]研究发现无线电波透视对于地质构造陷落柱侦测的误差低于 20%。1996 年,冯锐等[118]采用电磁层析成像方法对煤炭开采过程中上部岩层垮落方式进行了分析,再现了上覆岩层的垮落历程、裂隙的构成及结构态势的变化。1999 年,于师建等[119-120]开展了“软顶板、软煤层、软底板”对电磁消耗特征的研究,证明了采用计算机层析成像处理来解释电磁波透视资料,能获得较好的地质解释效果。2001 年,孙洪星[121]就高频电磁波在无消耗物质中的传播损耗展开了研究,把研究成果在地基偏弱的勘探工程中进行了试验应用,应用效果非常显著。1996 年和 2005 年徐宏武[122-123]对煤层电性参数进行了分析与测试,研究结果表明电性参数(介电常数与电阻率)、电磁波在煤中的传播吸收系数是揭示煤物理和化学性质的重要参数,这些参数在电磁勘探中具有较高的关注度,并且分别对煤的变质程度、湿度、各向异性、煤岩组分等影响煤体电性参数的主要因素进行了研究。2006 年,刘广亮[124]

研究了频率域中电磁信号质心飘移的问题，结果显示：质心向原点方向运移较为明显，佐证了质心飘移的真实性，这为研究电磁波的传播行为提供了有力支持。2008 年，郭江等[125]研究了有耗色散地质介质中电磁波传播特性，并利用有限差分方法进行了分析，研究结果表明物质的色散问题会使电磁脉冲出现幅度降低、相位延迟等现象，说明物质色散对电磁波的传播有一定的干扰，所以在解析电磁侦测回波数据时应考虑物质的色散对侦测的影响。

通过对国内和国外在这一领域的研究和发展现状的综合分析发现，就电磁波在煤体中的传播行为、随频率的变化趋势、岩体的厚度、巷道中机电设备等对电磁波传播过程中的影响进行了全方位的研究与探索，并且取得了卓越的成果。但多数研究中应用了煤岩介质电性参数的研究成果，但该煤岩介质电性参数非直接准确获得，而是通过测试间接参数，然后通过简化公式计算得到，且测试频率仅有 1 MHz 和 160 MHz。这样一方面测试方法误差较大，另一方面测试频率与实际救援时所用频率差别较大，有可能造成错误解析侦测数据。而对于煤层电性参数的本质因素影响也没有考虑煤的元素、组分及微观结构等。

（2）超宽带雷达穿透实验研究

目前超宽带雷达侦测技术在多个领域进入实验和应用阶段。电子科技大学搭建了穿透建筑墙体生命信息侦测系统[126]；国防科技大学利用冲击脉冲式超宽带雷达[127]对非金属建筑壁后人体信息进行了实验测试，发现侦测距离可达 0～5 m；原第四军医大学通过雷达发射微波信号[128]，并利用生命医学信号处理技术得到人体的心跳、呼吸抖动等生命特征，实现了生命信息侦测；南京理工大学科研人员依据穿透建筑墙侦测生命信息的特点[129]，设计出了调制正弦扩频连续波制式的侦测装置，并据此搭建了实验系统，利用该系统开展了一系列研究性实验；东华大学研制了加油站渗漏污染侦测雷达车[130]；土耳其使用高分辨率超宽带雷达原型开发了用于穿墙成像的各种应用技术[131]。此项技术可用来侦测静止目标和23 cm 厚砖墙后面的人类呼吸活动，并通过配套开发的定制图像处理软件解决了错误目标识别和拒绝的问题。美国得克萨斯大学使用超宽带雷达传感器进行了穿墙人体侦测的实验研究，使用所研发的 Puls ON 220 雷达可清晰地侦测到墙后人体目标[132]。国内外众多科研人员从不同角度在多个领域设计和研制了雷达穿透系统与装置，但目前尚未出现此类系统或装置应用于煤层穿透的报道。

1.2.4 存在的问题及发展趋势

综上所述，雷达生命信息侦测技术已成功应用于地震、水灾、泥石流等灾害救援，但在矿山灾害应急救援领域鲜有研究，因此很多问题有待解决和完善。

（1）存在的问题

① 穿透性：现有钻孔救援生命信息侦测技术大多数不具备穿透侦测的能力，基于超低频和静电场技术的设备可以穿透地面上建筑物墙体，但在井下的试验效果欠佳。

② 应用环境：目前超宽带雷达大多数应用于地面建筑、路基、雪地、地下坟墓、城市地下管道、隧道、战场、医院、井下超前物探等场合，且存在设备体积大的共性问题。

③ 电性参数：目前煤介质电性参数的测试频率为 1 MHz、160 MHz 和太赫兹频段（75～150 GHz），而超宽带生命信息侦测雷达的频段为 100 MHz～1.0 GHz。

④ 传播规律：电磁波在煤中传播规律的研究所用的煤介质电性参数是在 1 MHz 和160 MHz 频率下测得的，且传播关键参数多为定性描述，缺少定量结果。

⑤ 电性参数的影响因素：在以往的研究中，利用统计回归分析法只分析了水分、灰分、密度等因素对电性参数的影响。这样考虑影响因素较少，且所分析的电性参数的测试频率较低，不适用于超宽带频段。

⑥ 人-机-环：针对超宽带雷达信号理论本身研究较多，但是在矿山应急救援领域，人机之间的环境（煤体）对超宽带雷达生命信息侦测影响规律的研究却鲜有报道。

(2) 发展趋势

针对现有研究的不足，结合矿山灾害特点，在现有研究的基础上，开展矿山救援钻孔雷达生命信息侦测与定位基础研究，全面分析超宽带雷达波在煤中传播关键参数，建立传播速度模型、衰减规律模型、折射和反射规律模型，掌握介电常数和电阻率随各种因素的变化规律，构建遇险人员定位方法，为矿山救援指挥中心提供决策理论依据，以最大限度减轻事故后果，保障遇险人员安全。

1.3 本书主要内容

通过对超宽带电磁波在煤体中传播关键参数进行研究，掌握煤介质电性参数的变化规律及其内在决定因素（如官能团、表面裂隙及微孔隙结构等相关影响因素），提出穿透煤体进行生命信息定位的数学模型及方法，最后对实验条件下的煤种进行人员侦测效果分析，将其与传输衰减结合，解释人员侦测误差及有效范围选取的依据，为矿井应急救援奠定基础。

(1) 超宽带雷达波传输特性与生命信息识别方法

介绍了超宽带电磁波的基础及发展，以波动方程的平面波解作为基础分析了其传输的主要参数及特点；研究了几种生命体征信号与超宽带雷达波之间的异同，对超宽带雷达波穿透煤样侦测过程进行了分析；研究加载了生命信息雷达波的提取与分析，建立穿墙定位模型，结合时延带相交定位原理求解目标人体的三维坐标。

(2) 煤介质电性参数实验研究

介绍了超宽带雷达的定义，在麦克斯韦理论的基础上推导引入介电常数和电导率（电阻率），利用高精度的阻抗分析仪测试了不同变质程度煤（褐煤、长焰煤、气煤、贫瘦煤及无烟煤）的介电常数与电阻率，研究了介电常数随测试频率和煤质的变化关系、电阻率随测试频率和煤质的变化关系。

(3) 煤介电常数的影响因素研究

利用工业分析、元素分析、扫描电镜及压汞等实验，测试不同变质程度煤的工业组分、煤体表面结构、煤体内孔隙等信息，运用图像分析、拟合分析、分形维数法等方法，并结合主成分分析法构建煤介电常数影响因素的二维主成分表达式，分析主成分得分与煤介电常数之间的对应关系。

(4) 煤电阻率影响因素研究

利用 X 射线衍射实验，测试不同变质程度煤中的矿物质和微晶结构（芳香层层间距、延展度、堆砌高度及有效堆砌芳香片数量），研究煤分子微晶结构对电阻率的影响；利用电感耦合等离子体发射光谱仪测试煤中的金属元素（含过渡元素），结合 XRD 实验，分析煤中金属元素对电阻率的影响；利用核磁共振波谱仪，测试煤中碳原子的结构，分析电阻率随煤变质程度变化的内在因素。

(5) 超宽带雷达波在煤中传播关键参数研究

采集不同变质程度的煤,利用 Concept 80 宽带介电谱测试系统,运用交流阻抗测量法,开展煤介质电性参数测试实验,掌握煤介质电性参数随测试频率的变化规律;根据麦克斯韦电磁场理论,分析超宽带雷达波在煤中传播速度、衰减系数、折射与反射系数,并建立相应的模型,计算相关参数值。

(6) 生命信息定位方法研究

利用时域有限差分法,运用 GprMax 和 MATLAB 数值软件,在以上关键参数和电性参数的基础上,分析激励源、中心频率和煤的变质程度等条件下超宽带雷达波传播规律及生命信息的信号特征,建立不同变质程度煤在不同距离下的人员定位方法。

(7) 不同煤种及厚度下雷达波传输衰减研究

利用 NS-187 矿用射频信号衰减系统测量超宽带雷达波在不同厚度下的贫瘦煤、褐煤和长焰煤中传输衰减情况,分析其衰减变化规律。研究煤变质程度和煤厚对超宽带雷达波传输衰减的影响,对比峰值出现的位置,分析不同条件下的正峰值、负峰值及峰峰间隔等参数。

(8) 超宽带雷达波穿透煤样生命信息识别应用

以超宽带雷达波在煤样中传输衰减的测试结果为基础,在地面煤仓进行人员侦测效果测试。分别从侦测距离与侦测误差出发,研究其与煤变质程度和煤厚之间的关系,确定不同条件下的有效侦测范围。

参 考 文 献

[1] 孙继平,钱晓红.2004—2015 年全国煤矿事故分析[J].工矿自动化,2016,42(11):1-5.

[2] 王德明.煤矿热动力灾害及特性[J].煤炭学报,2018,43(1):137-142.

[3] 聂高众,高建国,苏桂武,等.地震应急救助需求的模型化处理:来自地震震例的经验分析[J].资源科学,2001,23(1):69-76.

[4] 王志坚.矿山钻孔救援技术的研究与务实思考[J].中国安全生产科学技术,2011,7(1):5-9.

[5] 文虎,唐瑞,刘名阳,等.矿山生命信息探测仪在事故救援中的应用[J].煤矿安全,2022,53(4):162-166.

[6] 文虎,张铎,郑学召.矿山钻孔救援生命探测技术研究进展及趋势[J].煤矿安全,2017,48(9):85-88.

[7] 郭山红,孙锦涛,谢仁宏,等.穿墙生命探测技术研究[J].南京理工大学学报(自然科学版),2005,29(2):186-188.

[8] 朱爱军,胡宾鑫,赵云,等.声光一体生命搜索与定位探测仪设计与实现[J].计算机工程与应用,2004,40(4):198-199,229.

[9] 肖忠源.分布式微型音频生命探测系统的研制[D].成都:成都理工大学,2009.

[10] 简兴祥.声波/振动生命探测系统数理模型的研究[D].成都:成都理工大学,2003.

[11] SOHRABI K, GAO J, AILAWADHI V, et al. Protocols for self-organization of a wireless sensor network[J]. IEEE personal communications, 2000, 7(5): 16-27.

[12] LOU W J. An efficient N-to-1 multipath routing protocol in wireless sensor networks [C]//IEEE International Conference on Mobile Adhoc and Sensor Systems Conference, Washington, 2005. N/A. New York: IEEE, 2005: 665-672.

[13] ALMALKAWI I T, ZAPATA M G, AL-KARAKI J N. A secure cluster-based multipath routing protocol for WMSNs[J]. Sensors, 2011, 11(4): 4401-4424.

[14] ZHANG G J, WU X L. A novel CO_2 gas analyzer based on IR absorption[J]. Optics and lasers in engineering, 2004, 42(2): 219-231.

[15] CHARPENTIER F, BUREAU B, TROLES J, et al. Infrared monitoring of underground CO_2 storage using chalcogenide glass fibers[J]. Optical materials, 2009, 31(3): 496-500.

[16] HEUSINKVELD B G, JACOBSA F G, HOLTSLAG A A M. Effect of open-path gas analyzer wetness on eddy covariance flux measurements: a proposed solution[J]. Agricultural and forest meteorology, 2008, 148(10): 1563-1573.

[17] ANGELL A J, RAPPAPORT C M. Computational modeling analysis of radar scattering by clothing covered arrays of metallic body-worn explosive devices[J]. Progress in electromagnetics research, 2007, 76: 285-298.

[18] BANERJEE P K, SENGUPTA A. Doppler technique for detection of victims buried under earthquake rubble[J]. Indian journal of pure & applied physics, 2003, 41(12): 970-974.

[19] BIMPAS M, PARASKEVOPOULOS N, NIKELLIS K, et al. Development of a three band radar system for detecting trapped alive humans under building ruins[J]. Progress in electromagnetics research, 2004, 49: 161-188.

[20] 严珊珊. 用于雷达式生命探测仪的信号处理系统的设计[D]. 长春:长春理工大学,2012.

[21] 王绪本,郭勇,王娇,等. 基于声波与振动探测的地震灾害生命搜索系统信号分析[J]. 工程地球物理学报,2005,2(2):79-83.

[22] MISRA D, CHEN K M. Responses of electric-field probes near a cylindrical model of the human body[J]. IEEE transactions on microwave theory and techniques, 1985, 33(6): 447-452.

[23] FERRIS D D Jr, CURRIE N C. Survey of current technologies for through-the-wall surveillance (TWS)[C]//CARAPEZZA E M, LAW D B. Sensors, C3I, Information, and Training Technologies for Law Enforcement. Washington: SPIE, 1999, 3577: 62-72.

[24] 周永生. 隔墙有"眼":现代隔墙探测技术扫描[J]. 中国民兵,2006(12):56-57.

[25] BOREK S E. An overview of through the wall surveillance for homeland security [C]//34th Applied Imagery and Pattern Recognition Workshop (AIPR'05). New York: IEEE, 2005: 42-47.

[26] 路国华,王健琪,杨国胜,等. 生物雷达技术的研究现状[J]. 国外医学:生物医学工程分册,2004,27(6):368-370,383.

[27] CARO C G,BLOICE J A. Contactless apnœa detector based on radar[J]. The lancet, 1971,298(7731):959-961.
[28] FRANKS C I,BROWN B H,JOHNSTON D M. Contactless respiration monitoring of infants[J]. Medical and biological engineering,1976,14(3):306-312.
[29] FRANKS C I,WATSON J B,BROWN B H,et al. Respiratory patterns and risk of sudden unexpected death in infancy[J]. Archives of disease in childhood,1980,55(8): 595-599.
[30] MISRA D,CHEN K M. Responses of electric-field probes near a cylindrical model of the human body[J]. IEEE transactions on microwave theory and techniques,1985,33 (6):447-452.
[31] CHEN K M,CHUANG H R. Measurement of heart and breathing signals of human subjects through barriers with microwave life-detection systems[C]//Proceedings of the Annual International Conference of the IEEE Engineering in Medicine and Biology Society. November 4-7, 1988. New Orleans, LA, USA. New York: IEEE, 1988:1279-1280.
[32] CHUANG H, CHEN Y, CHEN K. Microprocessor-controlled automatic clutter-cancellation circuits for microwave systems to sense physiological movements remotely through the rubble[C]//7th IEEE Conference on Instrumentation and Measurement Technology. San Jose,CA,USA. New York:IEEE,1990:177-181.
[33] CHUANG H R,CHEN Y F,CHEN K M. Automatic clutter-canceler for microwave life-detection systems[J]. IEEE transactions on instrumentation and measurement, 1991,40(4):747-750.
[34] GRENEKER E F. Radar flashlight for through-the-wall detection of humans[C]// Aerospace/Defense Sensing and Controls. Targets and Backgrounds:Characterization and Representation IV,Orlando,FL,USA. Washington:SPIE,1998:280-285.
[35] GRENEKER E F. Radar sensing of heartbeat and respiration at a distance with security applications [C]//Radar Sensor Technology Ⅱ, Orlando, FL, USA. Washington:SPIE,1997:22-27.
[36] YAMAGUCHI Y, MITSUMOTO M, SENGOKU M, et al. Synthetic aperture FM-CW radar applied to the detection of objects buried in snowpack[J]. IEEE transactions on geoscience and remote sensing,1994,32(1):11-18.
[37] BOREK S E, CLARKE B J, COSTIANES P J. Through-the-wall surveillance for homeland security and law enforcement [C]//SPIE Proceedings, Sensors, and Command, Control, Communications, and Intelligence (C3I) Technologies for Homeland Security and Homeland Defense Ⅳ. Orlando,Florida,USA. Washington: SPIE,2005:175-185.
[38] CHEN K M,HUANG Y,ZHANG J,et al. Microwave life-detection systems for searching human subjects under earthquake rubble or behind barrier[J]. IEEE transactions on bio-medical engineering,2000,47(1):105-114.

[39] BASILE V, CARROZZO M T, NEGRI S, et al. A ground-penetrating radar survey for archaeological investigations in an urban area (Lecce, Italy)[J]. Journal of applied geophysics, 2000, 44(1): 15-32.

[40] DROTCOUR A D. Non-contact measurement of heart and respiration rates with a single-chip microwave doppler radar[D]. Stanford: Stanford University, 2006.

[41] BRAGA A J, GENTILE C. An ultra-wideband radar system for through-the-wall imaging using a mobile robot [C]//2009 IEEE International Conference on Communications. New York: IEEE, 2009: 1-6.

[42] FALCONER D G, STEADMAN K N, WATTERS D G. Through-the-wall differential radar[C]//Command, Control, Communications, and Intelligence Systems for Law Enforcement. Washington: SPIE, 1997: 147-151.

[43] BUGAEV A S, CHAPURSKY V V, IVASHOV S I, et al. Through wall sensing of human breathing and heart beating by monochromatic radar[C]//Tenth International Conference on Ground Penetrating Radar. New York: IEEE, 2004: 21-24.

[44] WANG Y, FATHY A E. Three-dimensional through wall imaging using an UWB SAR[C]//2010 IEEE Antennas and Propagation Society International Symposium. New York: IEEE, 2010: 1-4.

[45] VERTIY A A, VOYNOVSKYY I V, ÖZBEK S. Microwave through-obstacles life-signs detection system[C]//Microwaves, Radar and Remote Sensing Symposium MRRS-2005. [S. l. : s. n.], 2005: 261-265.

[46] GRENEKER G. Very low cost stand-off suicide bomber detection system using human gait analysis to screen potential bomb carrying individuals[C]//Radar Sensor Technology IX, Orlando, Florida, USA. Washington: SPIE, 2005: 46-56.

[47] OTERO M. Application of a continuous wave radar for human gait recognition[C]// Signal Processing, Sensor Fusion, and Target Recognition XIV, Orlando, Florida, USA. Washington: SPIE, 2005: 538-548.

[48] GURBUZ S Z, MELVIN W L, WILLIAMS D B. Detection and identification of human targets in radar data [C]//Signal Processing, Sensor Fusion, and Target Recognition XVI, Orlando, Florida, USA. Washington: SPIE, 2007, 6567: 185-195.

[49] GHALEB A, VIGNAUD L, NICOLAS J M. Micro-Doppler analysis of pedestrians in ISAR imaging[C]//2008 IEEE Radar Conference. New York: IEEE, 2008: 1-5.

[50] SMITH G E, WOODBRIDGE K, BAKER C J. Micro-doppler signature classification [C]//2006 CIE International Conference on Radar. New York: IEEE, 2006: 1-4.

[51] THAYAPARAN T, ABROL S, RISEBOROUGH E, et al. Analysis of radar micro-Doppler signatures from experimental helicopter and human data[J]. IET radar, sonar & navigation, 2007, 1(4): 289-299.

[52] CHEN V C. Analysis of radar micro-doppler signature with time-frequency transforms[C]//Proceeding-Workshop on Statistical and Array. New York: IEEE, 2000: 463-466.

[53] CHEN V C. Micro-Doppler effect of micromotion dynamics: a review [C]// Independent Component Analyses, Wavelets, and Neural Networks. Washington: SPIE,2003:240-249.
[54] 刘进,马梁,王雪松,等.微多普勒的参数化估计方法[J].信号处理,2009,25(11):1759-1765.
[55] 孟升卫,黄琼,吴世有,等.超宽带穿墙雷达动目标跟踪成像算法研究[J].仪器仪表学报,2010,31(3):500-506.
[56] 晋良念,欧阳缮.超宽带穿墙探测雷达 TH-UWB 脉冲串信号分析[J].电路与系统学报,2009,14(5):26-30.
[57] 王扬,朱振乾,陈明,等.穿墙生命探测系统干扰抑制方法的研究与实现[J].电子测量技术,2009,32(9):34-37.
[58] 郭山红,孙锦涛,谢仁宏.穿墙生命探测回波信号分析[J].南京理工大学学报(自然科学版),2008,32(5):594-598.
[59] 王宏,周正欧,孔令讲,等.超宽带噪声穿墙雷达成像与实验研究[J].现代雷达,2010,32(6):46-48.
[60] 张红旗.穿墙目标探测的 Burg 算法[J].信号与信号处理,2009,39(10):22-24.
[61] 宋美丽,周亮,罗迎,等.线性调频步进信号雷达目标微多普勒效应分析[J].空军工程大学学报(自然科学版),2009,10(6):41-45.
[62] 苏婷婷,孔令讲,杨建宇.基于多谐波微多普勒信号分析的目标摄动参数提取方法[J].电子与信息学报,2008,30(11):2646-2649.
[63] 孙照强,鲁耀兵,李宝柱,等.宽带信号及其特征的微多普勒提取技术研究[J].系统工程与电子技术,2008,30(11):2040-2044.
[64] 罗迎,池龙,张群,等.用慢时间域积分法实现雷达目标微多普勒信息的提取[J].电子与信息学报,2008,30(9):2055-2059.
[65] 施西野,郭汝江,李明.雷达微多普勒特征提取和目标识别研究现状[J].信息化研究,2009,35(7):8-11,20.
[66] WANG J Q,ZHENG C X,LU G H,et al. A new method for identifying the life parameters via radar[J/OL]. EURASIP journal on advances in signal processing, 2007,031415(2007). https://doi.org/10.1155/2007/31415.
[67] WANG J Q,ZHENG C X,JIN X J,et al. Study on a non-contact life parameter detection system using millimeter wave[J]. Space medicine & medical engineering, 2004,17(3):157-161.
[68] LV H,LU G H,JING X J,et al. A new ultra-wideband radar for detecting survivors buried under earthquake rubbles[J]. Microwave and optical technology letters,2010, 52(11):2621-2624.
[69] JIAO M K,LU G H,JING X J,et al. A novel radar sensor for the non-contact detection of speech signals[J]. Sensors,2010,10(5):4622-4633.
[70] LU G H,YANG F,TIAN Y,et al. Contact-free measurement of heart rate variability via a microwave sensor[J]. Sensors,2009,9(12):9572-9581.

[71] LI S,WANG J Q,NIU M,et al. Millimeter wave conduct speech enhancement based on auditory masking properties[J]. Microwave and optical technology letters,2008,50(8):2109-2114.

[72] LI S,WANG J Q,NIU M,et al. The enhancement of millimeter wave conduct speech based on perceptual weighting[J]. Progress in electromagnetics research B,2008,9:199-214.

[73] 陈绍黔,陈萍."警用超宽带生命探测仪样机研制"项目通过公安部消防局验收[J].中国消防,2011(16):54.

[74] 王宏,NARAYANAN R M,周正欧,等.基于改进 EEMD 的穿墙雷达动目标微多普勒特性分析[J].电子与信息学报,2010,32(6):1355-1360.

[75] 李晋,皮亦鸣,杨晓波.太赫兹频段目标微多普勒信号特征分析[J].电子测量与仪器学报,2009,23(10):25-30.

[76] 张翼,朱玉鹏,刘峥,等.基于微多普勒特征的人体上肢运动参数估计[J].宇航计测技术,2009,29(3):20-25,38.

[77] 张翼,邱兆坤,朱玉鹏,等.基于微多普勒特征的人体步态参数估计[J].信号处理,2010,26(6):917-922.

[78] 吴世有,黄琼,陈洁,等.基于超宽带穿墙雷达的目标定位识别算法[J].电子与信息学报,2010,32(11):2624-2629.

[79] 赵彧.穿墙控测雷达的多目标定位与成像[D].长沙:国防科技大学,2006.

[80] 陈超,孟升卫,陈洁,等.超宽带生命探测雷达研制及应用[J].电子测量技术,2014,37(3):15-19,28.

[81] 张锋,梁步阁,容睿智,等.UWB 雷达生命探测仪系统设计与试验[J].消防科学与技术,2016,35(7):967-969.

[82] 郑学召,李诚康,文虎,等.矿井灾害救援生命信息探测技术及装备综述[J].煤矿安全,2017,48(12):116-119.

[83] 张铎.超宽带雷达波在煤中传播规律与定位基础研究[D].西安:西安科技大学,2018.

[84] 张洪祯,薛世鹏.我国煤矿应急救援技术与装备的现状及发展[J].内蒙古煤炭经济,2020(18):143-144,147.

[85] 郑学召,孙梓峪,王宝元,等.超宽带雷达波在煤体中的传输衰减特性[J].西安科技大学学报,2021,41(5):765-771.

[86] JIN N B,RAHMAT-SAMII Y. Advances in particle swarm optimization for antenna designs:real-number,binary,single-objective and multiobjective implementations[J]. IEEE transactions on antennas and propagation,2007,55(3):556-567.

[87] SHIHAB M,NAJJAR Y,DIB N,et al. Design of non-uniform circular antenna arrays using particle swarm optimization[J]. Journal of electrical engineering,2008,59(4):216-220.

[88] PANDURO M A,BRIZUELA C A,BALDERAS L I,et al. A comparison of genetic algorithms,particle swarm optimization and the differential evolution method for the design of scannable circular antenna arrays[J]. Progress in electromagnetics research

B,2009,13:171-186.

[89] MORGAN D R,ZIERDT M G. Novel signal processing techniques for Doppler radar cardiopulmonary sensing[J]. Signal processing,2009,89(1):45-66.

[90] LI C Z,LING J,LI J,et al. Accurate Doppler radar noncontact vital sign detection using the RELAX algorithm [J]. IEEE transactions on instrumentation and measurement,2010,59(3):687-695.

[91] LAZARO A,GIRBAU D,VILLARINO R. Analysis of vital signs monitoring using an IR-UWB radar[J]. Progress in electromagnetics research,2010,100:265-284.

[92] GONZALEZ-PARTIDA J T,ALMOROX-GONZALEZ P,BURGOS-GARCIA M,et al. Through-the-wall surveillance with millimeter-wave LFMCW radars[J]. IEEE transactions on geoscience and remote sensing,2009,47(6):1796-1805.

[93] TAKEUCHI T,SAITO H,AOKI Y,et al. Rescue radar system with array antennas [C]//2008 34th Annual Conference of IEEE Industrial Electronics. New York: IEEE,2008:1782-1787.

[94] POTIN D,DUFLOS E,VANHEEGHE P. Landmines ground-penetrating radar signal enhancement by digital filtering[J]. IEEE transactions on geoscience and remote sensing,2006,44(9):2393-2406.

[95] 包乾宗,陈文超,高静怀,等.探地雷达直达波衰减的 Curvelet 变换方法[J].电波科学学报,2008,23(3):449-454.

[96] 张蓓,刘家学,吴仁彪.探地雷达子空间地杂波抑制方法研究[C]//第十二届全国信号处理学术年会(CCSP-2005)论文集.北京:中国电子学会信号处理分会,2005:519-522.

[97] 高守传,黄春琳,粟毅.基于 RLS 横向滤波自适应抵消法的直达波抑制[J].信号处理,2004,20(6):566-571.

[98] 史林,姜敏,黄莉.基于谐波模型的生命探测雷达人体状态识别方法[J].西安电子科技大学学报(自然科学版),2005,32(2):179-183.

[99] 崔国龙,孔令讲,杨建宇.步进变频穿墙成像雷达中反投影算法研究[J].电子科技大学学报,2008,37(6):864-867.

[100] 苏军海,李亚超,邢孟道,等.采用 Radon 模糊变换的宽带雷达多目标检测方法[J].西安交通大学学报,2009,43(4):85-89.

[101] 夏林林,王健琪,路国华,等.采用重现量化分析方法识别生物雷达回波信号中人体数量的研究[J].航天医学与医学工程,2008,21(2):126-129.

[102] 何永波.超宽带雷达回波信号微动特征识别研究[D].成都:成都理工大学,2009.

[103] 王昭.穿墙雷达动目标检测与定位方法研究[D].成都:电子科技大学,2008.

[104] 周觅,何培宇,余晶鑫,等.基于超宽带信号的穿墙雷达目标定位研究[J].四川大学学报(自然科学版),2008,45(2):336-342.

[105] 李勇.连续波雷达穿墙探测技术研究[D].南京:南京理工大学,2009.

[106] 岳宇.生物雷达检测技术中心跳与呼吸信号分离技术的研究[D].西安:第四军医大学,2007.

[107] 吕昊.模拟人体系统及超宽谱生物雷达系统的设计研究[D].西安:第四军医大

学,2007.
[108] 袁涛,刘锐,高伟.基于智能算法的机载MIMO雷达二维布阵优化研究[C]//中国高科技产业化研究会.第九届全国信号和智能信息处理与应用学术会议专刊.北京:中国高科技产业化研究会,2015:126-130.
[109] 蒋留兵,韦洪浪,管四海,等.基于EEMD和HOC的超宽带雷达生命探测算法研究[J].现代雷达,2015,37(5):25-30.
[110] 杨秀芳,张伟,杨宇祥.基于提升小波变换的雷达生命信号去噪技术[J].光学学报,2014,34(3):300-305.
[111] 胡程,廖鑫,向寅,等.一种生命探测雷达微多普勒测量灵敏度分析新方法[J].雷达学报,2016,5(5):455-461.
[112] 朱希安,尹尚先,苑守成.无线电波透视法及其应用[J].辽宁工程技术大学学报,2002,21(5):563-566.
[113] 雅姆希科夫 B C,格拉切夫 A A,雅可夫列夫 Д B,等.用无线电波透视法研究煤层破坏的试验[J].川煤科技,1981(2):63-66,60.
[114] DEVANEY A J. Geophysical diffraction tomography[J]. IEEE transactions on geoscience and remote sensing,1984,22(1):3-13.
[115] HUSSAIN N,KARSITI M N,IQBAL A. Forward modeling to study topography effects on EM signal using FEM[C]//2011 National Postgraduate Conference. New York:IEEE,2011:1-5.
[116] 吴翔飞,崔春林.CT技术确定煤矿中小断层的应用研究[J].西部探矿工程,2003,15(7):92-95.
[117] 吴以仁.地下电磁波法在我国的进展和应用[J].中国地质,1991,18(6):23-25.
[118] 冯锐,林宣明,陶裕录,等.煤层开采覆岩破坏的层析成像研究[J].地球物理学报,1996,39(1):114-124.
[119] 于师建,程久龙,王玉和,等."三软煤层"电磁波吸收特征分析[J].煤田地质与勘探,1999,27(6):60-62.
[120] 程久龙,于师建,邱伟,等.工作面电磁波高精度层析成像及其应用[J].煤田地质与勘探,1999(4):63-65.
[121] 孙洪星.有耗介质高频脉冲电磁波传播衰减理论与应用的实践研究[J].煤炭学报,2001,26(6):567-572.
[122] 徐宏武.煤层电性参数的测试和研究[J].煤田地质与勘探,1996,24(2):53-56.
[123] 徐宏武.煤层电性参数测试及其与煤岩特性关系的研究[J].煤炭科学技术,2005,33(3):42-46.
[124] 刘广亮.煤岩介质电磁波衰减特性的频率域研究[D].青岛:山东科技大学,2006.
[125] 郭江,曹俊兴,何晓燕.有耗色散媒质中电磁波场的FDTD计算及各向异性PML吸收边界[C]//中国科学院新疆理化所,新疆物理学会,新疆大学物理学院,等.第四届西部十二省(区)市物理学会联合学术交流会论文集.乌鲁木齐:[出版者不详],2008:86-94.
[126] 陈永峰.穿墙雷达人体回波检测与跟踪算法研究[D].成都:电子科技大学,2011.

[127] 李禹. UWB-TWDR 的运动目标检测及定位[D]. 长沙:国防科技大学,2003.

[128] 路国华,杨国胜,王健琪,等. 基于微功率超宽带雷达检测人体生命信号的研究[J]. 医疗卫生装备,2005,26(2):15-16.

[129] 郭山红,孙锦涛,谢仁宏,等. 穿墙生命探测技术研究[J]. 南京理工大学学报(自然科学版),2005,29(2):186-188.

[130] 张辉. 地质雷达在加油站渗漏污染监测中的应用研究[D]. 上海:东华大学,2013.

[131] ENGIN E,ÇIFTCIOĞLU B,ÖZCAN M,et al. High resolution ultra wideband wall penetrating radar[J]. Microwave and optical technology letters, 2007, 49(2): 320-325.

[132] KUMAR A, Li Z, LIANG Q, et al. Experimental study of through-wall human detection using ultra wideband radar sensors[J]. Measurement, 2014(47-1): 869-879.

第2章　超宽带雷达波传输特性与生命信息识别方法

地质条件的复杂性和科技水平的限制等多方面因素，使得我国煤矿灾害事故发生率较高。煤矿事故主要以冒顶、瓦斯和粉尘爆炸、瓦斯突出、火灾以及透水等为主。当井下矿工被困时，救援人员若未能及时搜寻到被困人员并展开营救，就有可能导致人员因挤压、窒息、中毒、缺少食物和水等而死亡。目前，我国煤矿事故较多为冒顶、瓦斯和粉尘爆炸、矿井火灾以及冲击地压等危害性大和波及范围广的事故，严重威胁煤矿井下矿工的生命安全。而在事故发生后，存活的井下矿工只是临时躲避在较为安全的区域(硐室、巷道、救生舱等)，也有部分矿工被困在坍塌体背后，难以被及时侦测到。所以，及时、有效地侦测到井下被困人员的位置实施救助并消除灾情是救援工作的核心。目前国内外学者已经研发出大量的矿山搜救技术和装备，在不同的环境和灾情中发挥着重要的作用。

生命信息侦测技术是伴随着传感器技术、热红外技术、波形处理技术等的发展所兴起的一种多元化集成技术。井下生命信息侦测技术主要以侦测被困人员的心跳、体温、脉搏、呼吸、体动信号等生命特征信号来反映人员是否存活，如声波侦测主要是侦测被困人员的呼救声、心脏跳动声、敲击井下金属所发出的声音等来对被困人员进行搜寻定位，其原理是利用过滤元件将噪声和环境信息等杂波过滤掉，将只有人员产生的有效波侦测放大。声波侦测技术最早来源于一款振动耳机的设计，后来经过不断优化完善，逐渐被应用到地震、泥石流、塌方等灾后救援中。声波侦测技术虽然实现了既可以接收声波又可以接收振动波的功能，提高了救援效率，但是由于其侦测距离短和以传感器信号振幅来反映生命信息，所以在矿山灾害救援过程中的应用并不是很广泛。

超宽带雷达有良好的穿透性和抗干扰性，并且可以进行非接触式测量，带宽极宽，可以很好地克服传统声光侦测面临的难题，实现生命侦测与井下定位。该方法通过发射纳秒级的超宽带脉冲进行侦测，对接收的回波进行处理，获取目标的位置与生命信息。超宽带雷达波生命信息侦测技术具有生命识别准确率高、识别距离远、可穿透介质识别等优点，而被广泛应用于穿墙成像生命识别、地质灾害生命侦测、运动目标检测及医疗生命搜寻等领域，非常适合于矿山钻孔应急救援。

雷达波在介质中传输会因介质种类、厚度及界面性质等发生不同程度的衰减。将雷达波应用到井下矿工侦测需要考虑其传输衰减规律，本质是对其传输衰减的变化和影响因素进行分析。本章简要介绍超宽带雷达的发展史，并分析基于雷达波的生命信息识别技术。

2.1 超宽带雷达

2.1.1 超宽带雷达简介

赫兹于1887年通过实验证实了电磁波的存在,超宽带技术的早期基础研究由此开始。超宽带由美国国防部于1989年首次提出。2005年,Stephen Johnston和Arnie Greenspan建立了超宽带雷达委员会和工作小组,开始着手超宽带雷达理论的搭建,由此产生了《IEEE标准1672,超宽带雷达定义》。超宽带雷达的定义见表2-1。

表2-1 超宽带雷达的定义

词组	DARPA 1991	IEEE标准1672	美国FCC	欧盟
带宽功率限制		−10 dB	−10 dB	根据频谱和辐射功率确定
频带低频	f_L	f_L	f_L	
频带高频	f_H	f_H	f_H	
带宽	f_H-f_L	f_H-f_L	f_H-f_L	
中心频率	$f_c=(f_H+f_L)/2$	$f_c=(f_H+f_L)/2$	$f_c=(f_H+f_L)/2$	
相对带宽	$\frac{2(f_H-f_L)}{f_H+f_L}\leqslant 0.25$	$\frac{2(f_H-f_L)}{f_H+f_L}\leqslant 0.20$	$\frac{2(f_H-f_L)}{f_H+f_L}\leqslant 0.20$	
绝对带宽		500 MHz	500 MHz	>500 MHz

在此之前,该技术早期又被称为无载体波或无线电等。信号的相对宽带定义如下:

$$F_B=\frac{\Delta f}{f_0}=\frac{2(f_H-f_L)}{f_H+f_L} \tag{2-1}$$

式中,f_H和f_L分别代表信号能量带宽的上限频率和下限频率;$\Delta f=f_H-f_L$,为绝对带宽;f_0为中心频率;F_B为相对百分比带宽(或带宽指数)。

根据式(2-1),当$F_B\geqslant 25\%$时,对于任意一种体制的雷达信号,其中心频率或时带积不论如何,均为超宽带雷达。$F_B<1\%$为窄带雷达,$1\%\leqslant F_B<25\%$为宽带雷达。图2-1为窄带、宽带及超宽带雷达同中心频率示意图。

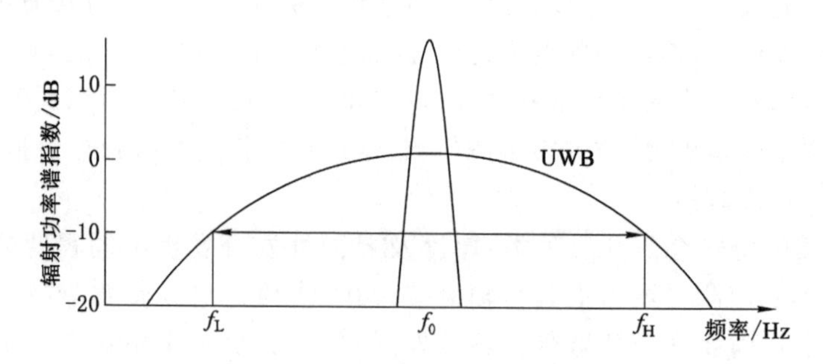

图2-1 窄带、宽带及超宽带雷达同中心频率示意图

超宽带的另一种定义[1]：美国通信委员会在 2002 年将超宽带定义为绝对带宽大于 500 MHz 或者百分带宽不小于 20%，它由功率谱的衰减量(−10 dB)确定，并且给出了能量辐射标准的最大值。

超宽带技术能提供较好的空间分辨短程感应能力，适用范围可从探地雷达到医疗成像和诊断。超宽带雷达在穿墙成像、考古检测、矿产探测等领域的应用也崭露头角。

2.1.2　波动方程

麦克斯韦电磁波理论是电磁场理论的核心[2]，该理论开辟了一个新的物理研究领域及电磁波的应用研究。

麦克斯韦指出，若空间某处有一个非稳态的电场，那么它四周必会激发出一个非稳态的磁场，此非稳态磁场又必将在其四周激发出一个非稳态的电场，由此会呈现一连串逐次产生、彼此激发、连贯呈现的电场和磁场的振动，继而振动以原来的场源为中心，向周围传播出去，形成一种新的物质运动形式，即电磁波。在任何一点，电磁波的电场、磁场和传播方向都是两两互相垂直的。

波动方程最简单的解是平面波解[3]。因此，研究波动方程的均匀平面波解是讨论其在媒质中传输的基础。其在线性、均匀、各向同性的非导电媒质中可表示为

$$\nabla^2 E - \mu\varepsilon \frac{\partial^2 E}{\partial^2 t} = 0 \tag{2-2}$$

$$\nabla^2 H - \mu\varepsilon \frac{\partial^2 H}{\partial^2 t} = 0 \tag{2-3}$$

式中　E——电场强度，V/m；

H——磁场强度，A/m；

μ——介质的磁导率，H/m；

ε——介质的介电常数，F/m；

t——时间，s。

如果介质是导电的，波动方程则表示为

$$\nabla^2 E - \mu\sigma \frac{\partial E}{\partial t} - \mu\varepsilon \frac{\partial^2 E}{\partial^2 t} = 0 \tag{2-4}$$

$$\nabla^2 H - \mu\sigma \frac{\partial H}{\partial t} - \mu\varepsilon \frac{\partial^2 H}{\partial^2 t} = 0 \tag{2-5}$$

式中　σ——介质的电导率，S/m；

其他字母含义同前。

以上波动方程很好地反映了电磁场在空间以波动形式传播的特性，式(2-2)至式(2-5)为电磁波中电磁场量所满足的基本方程。

式(2-2)至式(2-5)是三维空间坐标和时间函数的偏微分形式。设在理想情况下，电场和磁场都只与同一坐标有关，假设只与直角坐标系中的 z 轴有关，则

$$\frac{\partial E}{\partial x} = \frac{\partial E}{\partial y} = 0 \tag{2-6}$$

$$\frac{\partial H}{\partial x} = \frac{\partial H}{\partial y} = 0 \tag{2-7}$$

由电磁场方程 $\nabla \times E = -\mu \frac{\partial H}{\partial t}$，可得

$$\nabla\times E=\begin{vmatrix} a_x & a_y & a_z \\ \dfrac{\partial}{\partial x} & \dfrac{\partial}{\partial y} & \dfrac{\partial}{\partial z} \\ E_x & E_y & E_z \end{vmatrix}=-\mu\frac{\partial}{\partial t}(a_xH_x+a_yH_y+a_zH_z) \tag{2-8}$$

展开得各级分量，由于各场量对 x、y 求导等于 0，得

$$\mu\frac{\partial H_x}{\partial t}=\frac{\partial E_y}{\partial z} \tag{2-9}$$

$$\mu\frac{\partial H_y}{\partial t}=\frac{\partial E_x}{\partial z} \tag{2-10}$$

$$\mu\frac{\partial H_z}{\partial t}=0 \tag{2-11}$$

同理，由 $\nabla\times H=\varepsilon\dfrac{\partial E}{\partial t}$ 可得

$$\varepsilon\frac{\partial E_x}{\partial t}=-\frac{\partial H_y}{\partial z} \tag{2-12}$$

$$\varepsilon\frac{\partial E_y}{\partial t}=-\frac{\partial H_x}{\partial z} \tag{2-13}$$

$$\varepsilon\frac{\partial E_z}{\partial t}=0 \tag{2-14}$$

由式(2-9)至式(2-14)可得，在沿 z 轴方向传播的均匀平面波中，E、H 存在 x、y 轴两个方向的分量，但不存在 z 轴方向的分量，即 $E_z=0$ 和 $H_z=0$，说明 E_z 和 H_z 均不随时间的变化而变化。各参数之间的位置关系如图 2-2 所示。

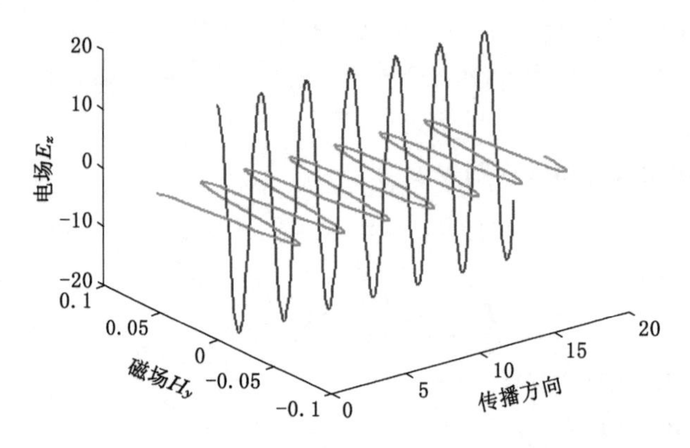

图 2-2　理想介质中均匀平面波的电场和磁场方向

由式(2-9)至式(2-12)可知，H_x 与 E_y、H_y 与 E_x 相关，将式(2-9)至式(2-14)重新组合，得到两组相互独立的方程。

$$\begin{cases} \dfrac{\partial E_x}{\partial z}=-\mu\dfrac{\partial H_y}{\partial t} \\ \dfrac{\partial H_y}{\partial z}=-\varepsilon\dfrac{\partial E_x}{\partial t} \end{cases} \tag{2-15}$$

$$\begin{cases} \dfrac{\partial E_y}{\partial z} = \mu \dfrac{\partial H_x}{\partial t} \\ \dfrac{\partial H_x}{\partial z} = \varepsilon \dfrac{\partial E_y}{\partial t} \end{cases} \tag{2-16}$$

式(2-15)和式(2-16)同样说明在无限大均匀介质中传播时，电场 E 和磁场 H 处于同一平面内，且互相垂直。频段较低的电磁波需要体积较大的天线和相应的装置，不利于钻孔救援现场的使用，且分辨率较低，难以快速侦测被困人员的位置和生命信息等。

2.2　超宽带雷达传输理论

2.2.1　雷达波传输类型

超宽带雷达波在介质中传输会发生各种类型的波反射、绕射和散射等，影响能量集中分布和传输，造成雷达波能量损耗，进一步影响有效信息的发射和接收。雷达波传输遵循以下方程式[4]。

全电流定律：

$$\nabla\times H = J + \frac{\partial \boldsymbol{D}}{\partial t} \tag{2-17}$$

法拉第电磁感应定律：

$$\nabla\times E = -\frac{\partial B}{\partial t} \tag{2-18}$$

高斯定理：

$$\nabla\cdot \boldsymbol{D} = \rho \tag{2-19}$$

磁通连续性原理：

$$\nabla\cdot B = 0 \tag{2-20}$$

式中　H——磁场强度，A/m；

J——电流密度，$\mathrm{A/m^2}$；

$\boldsymbol{D}$——电位移矢量，$\mathrm{C/m^2}$；

E——电场强度，V/m；

B——磁感应强度，$\mathrm{Wb/m^2}$；

ρ——自由电荷密度，$\mathrm{C/m^3}$。

其中，式(2-17)称为麦克斯韦第一方程，式(2-18)称为麦克斯韦第二方程，式(2-19)称为麦克斯韦第三方程，式(2-20)称为麦克斯韦第四方程。在式(2-17)中，右边的电流密度 J 包括与场源相联系的源电流密度 J_S 和电场对媒质作用而引起的传导电流密度 J_C，即

$$J = J_S + J_C \tag{2-21}$$

如果所讨论的区域内没有场源，则

$$J = J_C \tag{2-22}$$

在各向同性介质中

$$\boldsymbol{D} = \varepsilon E \tag{2-23}$$

$$B = \mu H \tag{2-24}$$

$$J = \sigma E \tag{2-25}$$

式中　ε——介质的介电常数,F/m;

　　　μ——介质的磁导率,H/m。

在真空中,$\sigma=0$,$\varepsilon=\varepsilon_0=8.85\times10^{-12}$ F/m,$\mu=\mu_0=4\pi\times10^{-7}$ H/m。在实际环境中,不同介质的介电常数有很大的不同,而且在不同测试频率、温度和含水量等条件下,同一物质的介电常数也不同,本书根据煤种的不同确定相应的介电常数。由于煤体可作为没有磁性的介质,所以为了简化计算,可认为煤体的磁导率为 1 H/m,不作考虑。

针对各向同性介质和各向异性介质,麦克斯韦方程组可进行相应的变换,根据各介质的特性确定已知参数,进而求解电场和磁场中的相关问题。式(2-17)至式(2-20)是麦克斯韦方程的微分形式,对应的积分形式如下:

$$\oint_C H\mathrm{d}s=\int_B J\,\mathrm{d}A+\int_S\frac{\partial\boldsymbol{D}}{\partial t}\mathrm{d}A \tag{2-26}$$

$$\oint_C E\mathrm{d}s=-\int_B\frac{\partial B}{\partial t}\mathrm{d}A \tag{2-27}$$

$$\oint_S\boldsymbol{D}\mathrm{d}A=\int_v\rho\mathrm{d}\tau \tag{2-28}$$

$$\oint_S B\cdot\mathrm{d}A=0 \tag{2-29}$$

式中,物理量 E、B、$\boldsymbol{D}$、H 以及 J、ρ 等一般是坐标和时间的函数。为了更好地表示各物理量的变化关系,可将其表示为 $E(x,y,z,t)$或 $E(r,t)$等瞬时表达式。当介质是均匀介质时,上述物理量与坐标变化无关,可简化为只与时间有关。

超宽带雷达波在传输过程中始终遵守右手螺旋和互相垂直定律,雷达波可以近似看作均匀平面波来对其进行研究。雷达波在空间中的传输特性主要涉及的问题:媒质的电磁性质、空间结构和边界特性及时空变化之间的关系;多种雷达波传输机制与模式;雷达波信号的媒质效应与特性;等等。雷达波传输主要类型和影响因素如表 2-2 所列。

表 2-2　雷达波传输主要类型和影响因素

名称	类型	影响因素
媒质的电磁性质、空间结构和边界特性及时空变化关系	损耗、色散、各向异性和非线性,不均匀的空间变化以及非平稳地随时间变化	与媒质特性参数(介电常数、电导率、磁导率和时空变化)有关,又与雷达波特征参数(最主要的是频率和极化)有关
多种雷达波传输机制与模式	吸收、折射、反射、散射、绕射、导引、谐振以及多径干涉和多普勒效应等	
雷达波信号的媒质效应与特性	衰减、衰落、极化偏移,以及时、频域畸变等	

由表 2-2 可知,雷达波在介质中传输会发生许多不同类型的变化,其中大多数变化会影响其路径的改变和能量的损耗。但是引起其传输变化的主要因素与介质自身的特性及雷达波特征有关,这也为后续雷达波传输衰减的研究指明了方向。

2.2.2　雷达波传输能力损耗

根据雷达波的传输与介质特性和波特征有关可知,特定频率的雷达波需具有与其相匹配的媒质条件。雷达波在传输过程中大多数的传输模式会造成能量损耗,其中以衰落、失真和折射等影响较为明显,具体如表 2-3 所列。

表 2-3　雷达波传输损耗类型

<table>
<tr><th colspan="2">类型</th><th>特点</th><th>参数</th></tr>
<tr><td rowspan="2">衰落</td><td>干涉型衰落(快衰落)</td><td>随机的多径传播引起;不易察觉</td><td rowspan="2">信号电平中值、衰落幅度、衰落率、衰落持续时间</td></tr>
<tr><td>吸收型衰落(慢衰落)</td><td>随机的、缓慢的;表现明显</td></tr>
<tr><td rowspan="2">传输失真</td><td>色散效应</td><td>由传播速度引起;相位关系失真</td><td rowspan="2">通信的误码率、雷达波目标的识别精度</td></tr>
<tr><td>多径传输</td><td>路径长度造成时延不同所引起;随机的波形失真</td></tr>
<tr><td rowspan="3">其他</td><td>折射</td><td rowspan="3">传播方向发生改变,轨迹弯曲</td><td rowspan="3">折射角、反射角</td></tr>
<tr><td>反射</td></tr>
<tr><td>绕射</td></tr>
</table>

在超宽带雷达波传输过程中,以上几种衰减作用可能同时存在,造成雷达波的频谱能量随机下降,主要表现在波形的振幅、相位等关键参数上。对于某特定超宽带雷达波传输系统,主要通过测试其在不同环境下自身各参数随频率的变化规律。

2.3　基于超宽带雷达波的生命信息识别方法

作为一种全新的非接触式生命信息识别方法,超宽带雷达生命信息识别具有很好的实用性,可作为多元化生命信息的侦测手段。通过超宽带雷达进行雷达波的发射,使其一直全向传输,在穿透不同种类的障碍物至人体后,由于人体的电性参数与所研究的障碍物的电性参数存在很大差异,有一部分雷达波会发生反射,并且加载了被侦测人体的微动信号(呼吸、心跳和胸腔起伏等)。同时将接收到的波形进行背景消除和增益放大,使得雷达波的传输路径更利于分析,生命信息与杂波的对比更加明显,进而优化生命信息识别过程。

2.3.1　生命信息识别过程

现有的超宽带雷达波生命信息识别技术主要在算法和硬件两个方面进行了改进。其中生命信息识别算法改进主要是对生命信息和环境杂波信息的区分与分别处理[5]、噪声背景杂波的抑制[6]、有效波增益放大[7]等方面;硬件的升级与完善主要是对发射和接收雷达的灵敏度、天线的侦测方式和信号处理器的信息融合处理等方面。随着材料技术的不断发展,硬件的升级与完善已经日趋成熟,要想提高生命信息的侦测效果,还需从生命信息处理算法方面入手,分析生命信息与其他信息的异同点和识别机制,针对复杂情况下生命信息可实现高效快速的提取与分析处理。

煤矿井下塌方体背后人员的生命信息侦测过程是一个静态的、周围环境较为稳定的观测。在超宽带雷达生命信息侦测仪侦测过程中,只有存在生命迹象的人员能发出体动信号,而周围的场景中并无其他物体的异动,如图 2-3 所示。基于此,对超宽带雷达波在煤体侦测的传输过程进行分析,研究其与人体碰撞所造成的单位冲击响应,可表示为[8]

$$h(t,\tau)=\sum_{i} a_i\delta(\tau-\tau_i)+a_v\delta[\tau-\tau_v(t)] \tag{2-30}$$

式中　τ——超宽带雷达进行实体扫描时信号传输中的较快时间,ns;

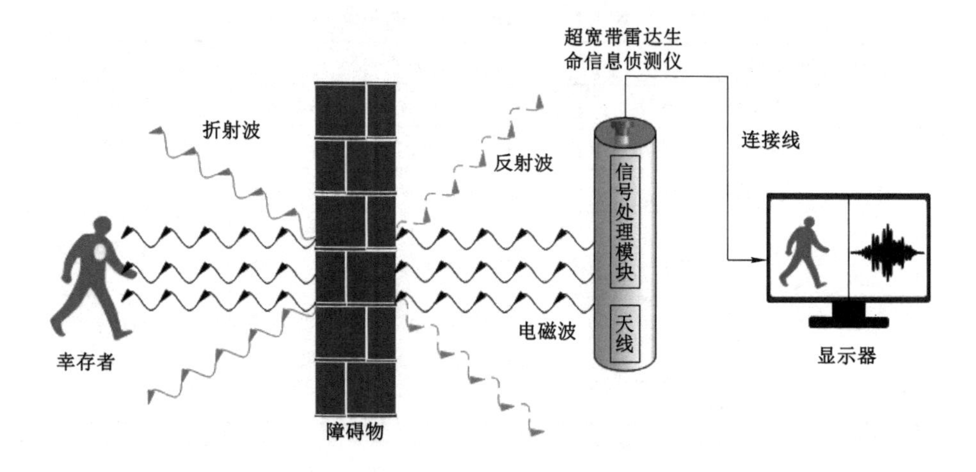

图 2-3　超宽带雷达侦测塌方体后人员微动信号示意图

t ——超宽带雷达进行实体扫描时信号传输中的较慢时间，ns；

$\tau_v(t)$ ——超宽带雷达波在到达侦测目标后在快时间轴(τ)的时延，ns；

$a_v\delta[\tau-\tau_v(t)]$ ——人体胸腔起伏所导致的微动信号位移相；

$\sum_i a_i\delta(\tau-\tau_i)$ ——障碍物后所要被侦测的人体目标信号。

考虑到超宽带雷达波上加载的胸腔起伏信号主要是被侦测人员的呼吸、心跳等身体生理活动所引起的，所以 $\tau_v(t)$ 可表示为

$$\begin{aligned}\tau_v(t)&=\frac{2[d_0+\Delta d(t)]}{c}\\&=\frac{2[d_0+\Delta_1\sin(2\pi f_1t)+\Delta_2\sin(2\pi f_2t)+\Delta_3\sin(2\pi f_3t)+\Delta_4\sin(2\pi f_4t)+\cdots]}{c}\\&=\frac{2\left[d_0+\sum_1^i\Delta_i\sin(2\pi f_it)\right]}{c}\\&=\tau_0+\tau_1\sin(2\pi f_1t)+\tau_2\sin(2\pi f_2t)+\tau_3\sin(2\pi f_3t)+\tau_4\sin(2\pi f_4t)+\cdots\\&=\tau_0+\sum_1^i\tau_i\sin(2\pi f_it)\end{aligned}\tag{2-31}$$

式中　d_0 ——超宽带雷达侦测系统中发射和接收天线距离侦测目标胸腔表面的平均距离，m；

$\Delta d(t)$ ——单位时间 t 内胸腔振动起伏的幅度，m；

c ——超宽带雷达波的传播速度，3×10^8 m/s；

$f_1,f_2,f_3,f_4\cdots$ ——多次侦测目标胸腔起伏的瞬时频率；

$\Delta_1,\Delta_2,\Delta_3,\Delta_4\cdots$ ——多次侦测目标胸腔起伏的幅度，m。

脉冲制雷达波在进行生命信息侦测时，由于脉冲波之间的间隔很小，在进行多次连续侦测时，可忽略脉冲波之间的波峰间隔。设发射天线所发出的信号为 $p(\tau)$，忽略噪声和侦测目标周围的环境信息影响，即只保留由于信号冲击所造成的响应信号 $h(t,\tau)$，则雷达接收天线收到的信号为

$$S(t,\tau)=p(\tau)\cdot h(t,\tau)=\sum_i a_i p(\tau-\tau_i)+a_v p[\tau-\tau_v(t)] \tag{2-32}$$

将上式中 τ 和 t 离散化，得到了如下二维矩阵：

$$\begin{aligned} r[m,n] &= S(t=nT_f, t=mT_s) \\ &= \sum_i a_i p(nT_f-\tau_i)+a_v p[nT_f-\tau_v(mT_s)] \end{aligned} \tag{2-33}$$

其中，T_f和 T_s 分别代表二维扫描中快时间和慢时间之间的采样间隔，$m=1,2,3,\cdots,M$，$n=1,2,3,\cdots,N$。$r[m,n]$为由计算数据所组成的雷达图。由以上分析可知，侦测目标的胸腔起伏信号和侦测时延均包括在式(2-33)中，利用回波矩阵算法进行相应的处理，即可提取出连续侦测目标的胸腔起伏信息。

2.3.2　生命信息识别方法

在超宽带雷达波进行生命信息识别侦测过程中，其主要原理为雷达波对加载了生命信息的有效波进行特征信号的提取与分析，进而推算出被侦测目标的生命信息和位置。通过构建天线与被侦测目标之间雷达波的传输模型[9]来研究对被侦测目标的定位机理，具体如图 2-4 所示。

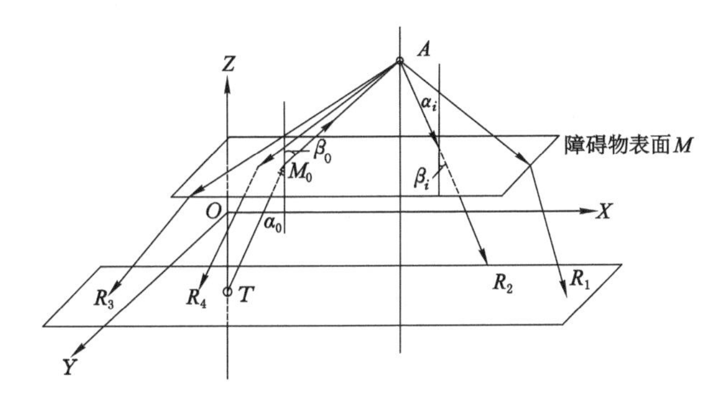

图 2-4　穿墙定位模型

考虑到实际生命信息识别过程中，主要是区分被侦测人员的信息，可将被侦测人员看作三维空间坐标中的一点(A)，假设其坐标为(x,y,z)，发射天线 T 位于 Z 轴正下方，设其坐标为$(0,0,-d)$。接收天线分布在与发射天线同一水平高度的平面内，设其坐标为 $R_i(x_i, y_i, z_i)$，在距离发射天线 d 处为障碍物，即在 XOY 平面内有侦测障碍物，默认此障碍物密实性较好，里面的空隙可忽略，即忽略超宽带雷达波在障碍物内部的反射、折射、散射等。当发射天线发射的雷达波抵达障碍物表面时，其会发生折射来穿透障碍物进行传输。设其在 M_0 处发生折射，入射角和折射角分别为 α_0，β_0，雷达波传输到被侦测目标时发生反射，在雷达波返回途中会再次经过障碍物发生折射现象，此时的入射角和折射角分别为 α_i，β_i，折射后的雷达波最终被接收天线 R_i 所接收。在实际的生命信息识别过程中，由于障碍物的物理属性、厚度、面积和介电常数等参数的不同，会对发射出来的雷达波造成一定的干扰和吸收，导致雷达波的传输路径和能量损耗也不一样。在得到以上参数的条件下，雷达波在返回过程中的回波延时 t_i也是特定的，具体可由 Delay 函数表示为

$$t_i=\mathrm{Delay}(x,y,z,T,R_i,d,\varepsilon) \tag{2-34}$$

式中　d——障碍物厚度，m；

ε——障碍物的介电常数，F/m；

其他字母含义同前。

基于此，只需要三个上述方程即可求得 x，y 的实际数值，即三个接收天线就可以计算出被侦测目标的实际位置。在图 2-4 中，发射天线 T 所发出的雷达波在障碍物不同位置的折射点不同，其传播路径也不同。假设选取其中的折射点 $M_i(x_i,y_i,z)$（i 的值可为任意值），由于雷达波在抵达障碍物后发生反射最终会在同一平面内，故 z 为定值。则其在侦测到人体后经过折射到接收天线的回波时延可表示为

$$\begin{aligned} t_i &= (r_{01}+r_{i1})/c+\sqrt{\varepsilon}(r_{02}+r_{i2})/c \\ &= \left(\sqrt{(x-x_0)^2+(y-y_0)^2+z^2}+\sqrt{(x-x_i)^2+(y-y_i)^2+z^2}\right)/c+ \\ &\quad \sqrt{\varepsilon}\left(\sqrt{(x-x_0)^2+(y-y_0)^2+d^2}+\sqrt{(x-x_i)^2+(y-y_i)^2+d^2}\right)/c \end{aligned} \tag{2-35}$$

对于式(2-35)而言，存在 4 个未知变量，无法进行求解，需要假定时延 t_i 和侦测目标的坐标之间存在一一对应关系，即假设侦测目标的具体位置已知，这样就只剩侦测目标的三个坐标值，通过多次计算来获取在不同时延下侦测目标的坐标值。通过绘制不同位置坐标之间的关系，找出重合度最高的区域即为侦测目标的具体范围，如图 2-5 所示。

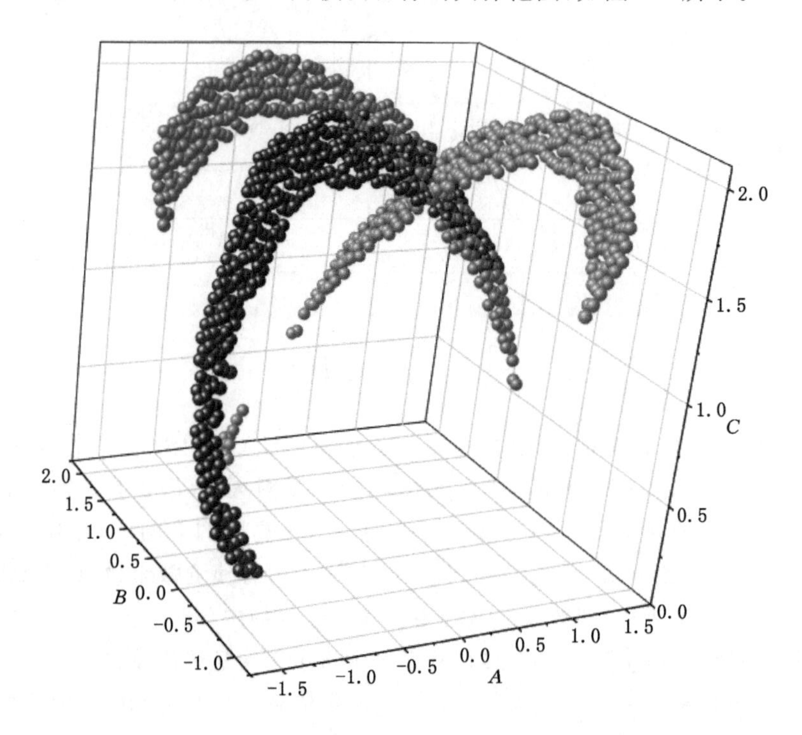

图 2-5　时延带相交确定目标三维坐标示意图

由图 2-5 可知，时延带在不同的坐标位置处都得到不同的分布点，但是与三个坐标都有重合的部分并不多，重合处的坐标位置即满足上述方程的解，其为目标人体的三维坐标位置，即可通过这种方法确定侦测目标的具体位置。

2.4 本章小结

本章简要介绍了超宽带电磁波的基础及发展，以波动方程作为平面波解分析了其传输的主要参数及特点，提出了一种创新型的生命信息识别方法，并设计了相应基于超宽带雷达波的生命侦测仪，主要有以下几点结论：

(1) 明确了超宽带雷达波的频率范围，其在通信、地质勘探、水文监测方面的广泛应用表明超宽带信号可有效穿透介质进行生命信号的侦测。但是根据麦克斯韦方程组及演化的波动方程可知，超宽带雷达波在传输过程中会发生能量损耗，这对有效信息的识别会产生一定的影响。

(2) 研究多种生命体征信号与超宽带雷达波侦测之间的异同，结合井下塌方时周围环境的特点，对超宽带雷达波穿透煤样侦测过程进行分析；研究加载了生命信息雷达波的提取与分析，建立穿墙定位模型，以三维坐标体系为背景，结合时延带相交定位原理求解目标人体的三维坐标。

参考文献

[1] 葛利嘉，曾凡鑫，刘郁林，等. 超宽带无线通信[M]. 北京：国防工业出版社，2005.

[2] 杨显清，赵家升，王园. 电磁场与电磁波[M]. 北京：国防工业出版社，2003.

[3] SHI D Y, WANG R. Unconditional superconvergence analysis of a two-grid finite element method for nonlinear wave equations[J]. Applied numerical mathematics, 2020,150:38-50.

[4] LV H,LU G H,JING X J,et al. A new ultra-wideband radar for detecting survivors buried under earthquake rubbles[J]. Microwave and optical technology letters,2010, 52(11):2621-2624.

[5] 陈唯实，李敬. 基于空域特性的低空空域雷达目标检测[J]. 航空学报，2015，36(9)：3060-3068.

[6] ARAKAWA T, TSUJIKAWA M. Noise suppression system, method and program: US9613631[P]. 2017-04-04.

[7] BOROVKOVA O,KALISH A,KNYAZEV G,et al. An amplification of the magneto-optical effects in the magneto-plasmonic structures with gain [C]//2016 10th International Congress on Advanced Electromagnetic Materials in Microwaves and Optics (METAMATERIALS). September 19-22, 2016. Creete, Greece. New York: IEEE,2016:70-72.

[8] CHANG L. Non-contract estimation of respiration and heartbeat rate using ultra-wideband signals [D]. Virginia, US: Virginia Polytechnic Institute and State University,2008.

[9] 王君超，费翔宇，郭福强，等. 穿墙侦察雷达人体目标的定位与跟踪[J]. 现代雷达，2011，33(11)：10-13.

第3章 煤的电性参数实验研究

利用电介质物理学,分析了在外加电场作用下电介质极化与电介质损耗微观机理,以及有机固体电介质导电中离子导电的离子迁移率与电子导电的电子迁移率和导电率的关系,这些可作为解释煤电性参数(介电常数)在各种影响因素条件下变化规律的理论基础。煤的电性参数包括电阻率、介电常数和磁导率,而煤系地层含磁性介质少,磁导率变化不大(其相对值一般可视为1)。所以煤的电性参数仅选取煤的电阻率和介电常数作为研究参数。前人对于影响煤的电性参数的一些内部因素(如煤的变质程度、湿度、温度和煤的破坏类型等)进行了较为深入的研究,但是针对煤在外加力场条件下其电性参数的变化规律的研究还很少。本章主要是在外界影响因素和外加力场的条件下研究煤的电性参数的变化规律。

3.1 煤的电性参数实验

(1) 介电常数

电荷在介质中以两种形式存在,即约束电荷和自由电荷。电场中,在电场力和原子力作用下一些电荷被约束,只能在一定范围内运动,即束缚电荷。有且只受电场力作用的电荷为自由电荷。当介质外围有电场存在时,在电场的作用下介质中的约束电荷在一定范围内运动,致使其分布发生改变,这种现象称为电介质极化。通常状况下,介质均具有一定的极化和导电性能,即所有的物体既是导体又是电介质。通常以介电常数来表征物质的介电性质。

介电常数是在真空中的外加电场与介质中最终电场的比值,通常用字母 ε 表征,其单位为 F/m。

介质的电极化程度通常用介电常数来表征,本质是对电荷的束缚本领。其值越小,对电荷的束缚本领越弱,即绝缘能力越弱。

介电常数分为:

① 绝对介电常数。

$$\varepsilon = \frac{1}{c\mu_0} \tag{3-1}$$

式中 μ_0 ——真空磁导率;

c ——真空中的光速。

② 介电常数,由式(2-6)不难看出 D 与 E 的比值即 ε。

$$\varepsilon = \frac{D}{E} \tag{3-2}$$

或

$$\varepsilon = \varepsilon_0 (1 + \chi_e) \tag{3-3}$$

式中　ε_0 ——真空中的介电常数，8.54×10^{-9} F/m；

χ_e ——介质的极化率。

③ 复介电常数 ε_r，是介电常数与真空中的介电常数 ε_0 的比值。

$$\varepsilon_r = \frac{\varepsilon}{\varepsilon_0} = \varepsilon' - j\varepsilon'' \tag{3-4}$$

其中，ε' 为实部，一般称为相对介电常数，表征介质对电磁波的存储能力；ε'' 为虚部，称为介质的损耗因子，表征介质对电磁波的损耗。从式(3-4)不难看出，介质的复介电常数是无量纲量，且通常为复数。在外电场作用下，损耗介质中的电荷由于位置移动带来摩擦，使得部分电磁能转化为热能，转化量可用 ε'' 表征。这种现象致使电磁波逐步减弱，阻尼作用使电磁波的传播速度降低，且对一些传播行为有一定影响。ε'' 可表示为：

$$\varepsilon'' = \frac{\sigma}{\omega} \tag{3-5}$$

式中　σ ——介质的电导率；

ω ——角频率。

从式(3-4)和式(3-5)可看出，频率对介电常数有影响，若外场频率发生改变，其值也会随之改变。介电常数与电导率成正比，即电导率越高介电常数的虚部越大，说明介质对电磁波的吸收能力越强。因此，可以看出不同的相对介电常数有不同的侦测结果。

(2) 电导率

电导率与电阻率互为倒数，即

$$\sigma = \frac{1}{\rho} \tag{3-6}$$

电导率是揭示物质导电能力的参量，单位为 S/m。物质的电导率越高，说明该物质的导电能力越好，相关性越大；电导率为 0($\sigma=0$)的介质为绝缘体，电导率趋于无穷大($\sigma \to \infty$)的导体为超导体，处于绝缘体和超导体之间的物质称为导电介质。因此，当雷达在地下介质中侦测时，地下物质的电导率将会对电磁波的传播带来一定的影响。

3.1.1　实验原理

本实验采用的是交流阻抗测量法[1]，主要仪器是 E4991A 阻抗分析仪。稳态导通情况下，采用基于离散傅立叶变换(discrete Fourier transform，DFT)的相敏侦测器进行阻抗测量。首先，在圆饼状煤样片的两侧均匀涂一层导电银胶，待银胶干后，将样品放入样品架，使两侧银胶分别触至正负两个电极，两电极间的电势差除以流过样品的电流即可得到样品的复阻抗(Z)与相位角(θ)，而后依据耗散因子、导纳、感抗、容抗与阻抗等物理量之间的公式进行合理转换，最后给出电阻 R、电抗 X、电容 C、耗散因数 D 等参数。

介电常数是研究电磁波在煤中传播规律的重要物理量。介电常数是复数，在与其复数形式相关的变换中可以得出阻抗分析仪的一些基本参数[2]，计算公式如下：

$$M^* = j\omega C_0 Z^* \tag{3-7}$$

$$\varepsilon^* = (M^*)^{-1} \tag{3-8}$$

$$Y^* = (Z^*)^{-1} \tag{3-9}$$

$$Y^* = j\omega C_0 \varepsilon^* \tag{3-10}$$

其中，M^* 为复电模，Y^* 为复导纳，ε^* 为复介电常数，Z^* 为复阻抗。测试片截面积 $S=1.286\ \mathrm{cm}^2$，厚度 $L=1\ \mathrm{mm}$，C_0为空气电容，ε_0 为真空的介电常数，将待测物理量作为电容与电导的关联，介电常数的计算方法如下：

$$Y^* = G + \mathrm{j}\omega C_\mathrm{p} = \mathrm{j}\omega\varepsilon^* = \mathrm{j}\omega\left(\frac{C_\mathrm{p}}{C_0} - \mathrm{j}\frac{G}{\omega C_0}\right) \tag{3-11}$$

$$\varepsilon^* = \varepsilon' - \mathrm{j}\varepsilon'' = \frac{C_\mathrm{p}}{C_0} - \mathrm{j}\frac{G}{\omega C_0} \tag{3-12}$$

$$\varepsilon' = \frac{C_\mathrm{p}}{C_0} = \frac{L \cdot C_\mathrm{p}}{S \cdot \varepsilon_0} \tag{3-13}$$

$$\varepsilon'' = \frac{G}{\omega C_0} = \frac{1}{\omega C_0 R_\mathrm{p}} = \frac{L}{\omega\varepsilon_0 R_\mathrm{p} S} \tag{3-14}$$

测量时，仪器有两种连接方式，即串联与并联。C_s、Z_s分别是串联形式下的电容和阻抗，C_p、Z_p分别是并联形式下的电容和阻抗。根据设备参数 C、D 换算复介电常数是最基本的介电常数计算方法，计算过程如下：

$$\varepsilon' = \frac{L \cdot C_\mathrm{p}}{S \cdot \varepsilon_0} = \frac{L \cdot C_\mathrm{s}}{S \cdot \varepsilon_0 \cdot (1 + D^2)} \tag{3-15}$$

$$\begin{aligned}\varepsilon'' &= \frac{L}{\omega\varepsilon_0 R_\mathrm{p} S} = \frac{L}{\omega\varepsilon_0 R_\mathrm{s} S(1 + 1/D^2)} = \frac{L}{\omega\varepsilon_0 S \dfrac{1}{\omega C_\mathrm{s}}\cot(90^\circ - \arctan D)(1 + \dfrac{1}{D^2})} \\ &= \frac{L\tan(90^\circ - \arctan D)C_\mathrm{s}D^2}{\varepsilon_0 S(1 + D^2)} = \frac{L\tan(90^\circ - \arctan D)C_\mathrm{p}D^2}{\varepsilon_0 S}\end{aligned} \tag{3-16}$$

3.1.2 实验装置及过程

在西安交通大学电力设备电气绝缘国家重点实验室内进行了煤电性参数的测试。实验设备为 Concept 80 宽带介电谱测试系统，该系统主要包括控制软件、E4991A 阻抗分析仪和测试夹具三大部分，如图 3-1 所示。

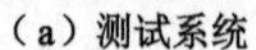

（a）测试系统

（b）测试夹具

（c）E4991A 阻抗分析仪

图 3-1 介电常数与电阻率测试系统

测试步骤如下：

① 开启系统电源，预热 1 h(确保测试系统稳定)；

② 双击电脑桌面上的 WinDETA 软件图标，选择 E4991A 阻抗分析仪；

③ 进行高频线路校准和腔校准，如图 3-2 所示；

④ 校准结束后，夹持好试样(褐煤、长焰煤、气煤、贫瘦煤及无烟煤)，将测试头底部放入温控腔，开始实验；

⑤ 每个样品测试结束,均要手动保存实验数据。

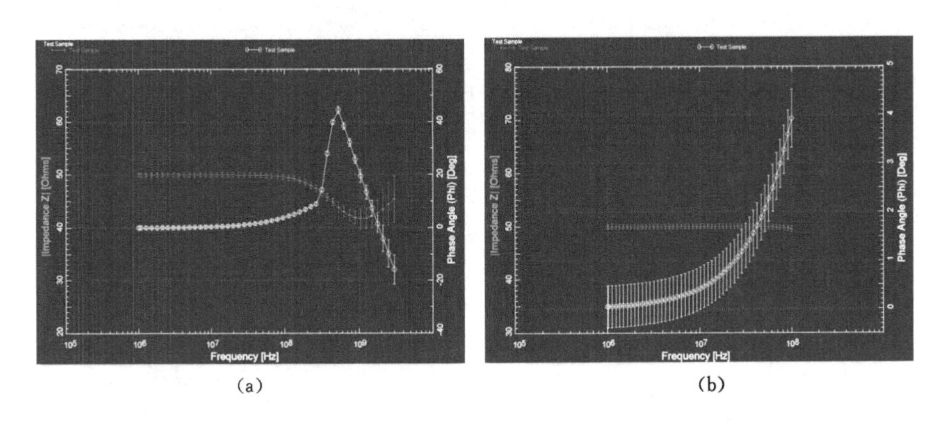

图 3-2　50 Ω 样片校准图

根据煤的变质程度,选取五种煤样进行测试。五种煤样分别为新疆大南湖 7# 煤矿褐煤、内蒙古唐家汇矿长焰煤、山东鲍店煤矿气煤、陕西桑树坪 2# 井贫瘦煤和山西黄岩汇矿无烟煤。将新鲜煤样破碎并筛选出直径不大于 0.074 mm(200 目)的煤粉;称取一定质量的煤粉放入压片机,制取直径为 1.28 cm、厚度为 1 mm 的煤样片;将导电银胶均匀涂在煤样片的两侧,待银胶晾干即可进行测试。样品制备与测量过程如图 3-3 所示。

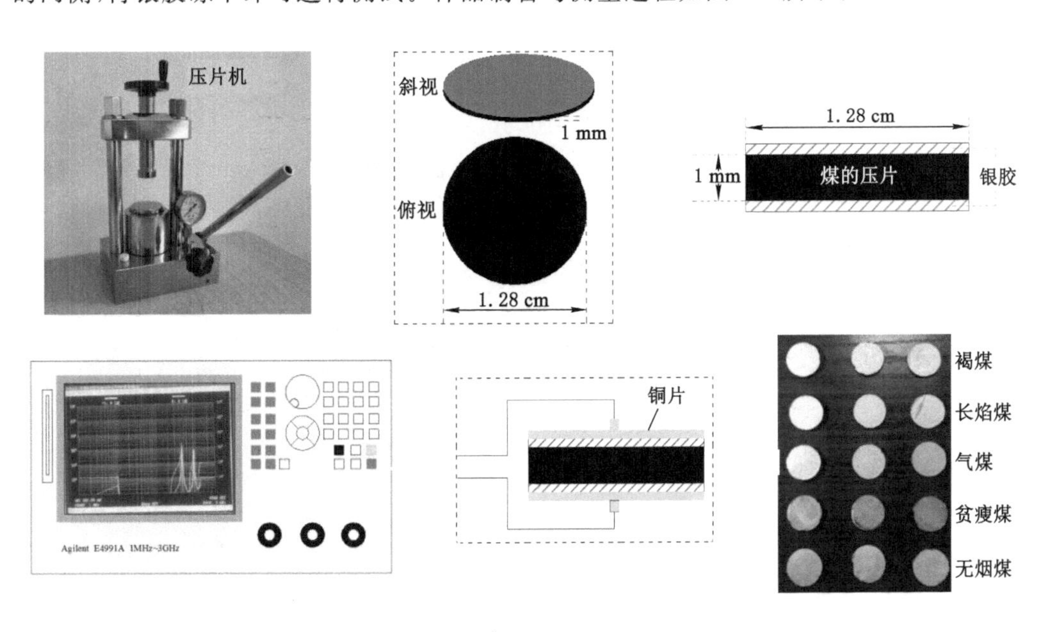

图 3-3　交流阻抗测量示意图

3.1.3　实验结果与分析

每种煤样测试 3～4 个样品,测试结果见图 3-4、表 3-1 至表 3-5。

从图中可以看出每种煤的多次测量结果差别不大,说明测量过程是正确的。长焰煤、气煤及贫瘦煤的损耗角正切不可用,褐煤与无烟煤的损耗角正切在低频阶段可用。

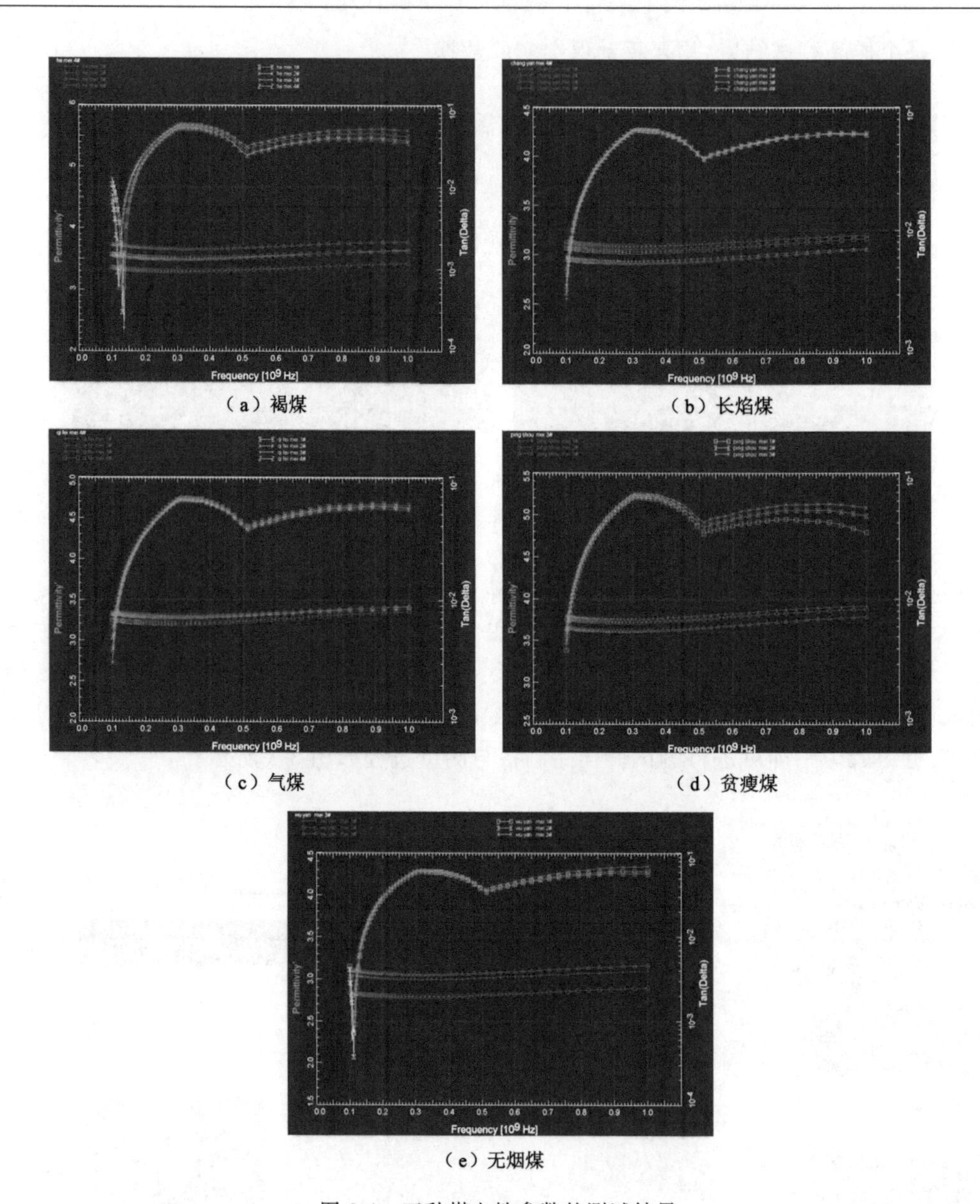

（a）褐煤　（b）长焰煤
（c）气煤　（d）贫瘦煤
（e）无烟煤

图 3-4　五种煤电性参数的测试结果

表 3-1　褐煤电性参数

频率/(×10^8 Hz)	介电常数/(F/m)				介电常数平均值/(F/m)	电导率/(S/cm)
	1	2	3	4		
10.00	3.65	3.43	3.78	3.64	3.63	8.23×10^{-5}
9.62	3.64	3.43	3.78	3.64	3.62	8.22×10^{-5}
9.25	3.63	3.42	3.78	3.63	3.62	8.10×10^{-5}
8.89	3.62	3.41	3.77	3.62	3.61	7.91×10^{-5}
8.55	3.62	3.41	3.77	3.62	3.61	7.52×10^{-5}
8.22	3.61	3.40	3.76	3.61	3.60	7.13×10^{-5}

表 3-1(续)

频率/(×10 8 Hz)	介电常数/(F/m)				介电常数平均值/(F/m)	电导率/(S/cm)
	1	2	3	4		
7.90	3.60	3.39	3.75	3.60	3.59	6.83×10^{-5}
7.60	3.59	3.38	3.74	3.59	3.58	6.52×10^{-5}
7.31	3.59	3.38	3.74	3.59	3.58	6.06×10^{-5}
7.03	3.58	3.37	3.73	3.58	3.57	5.61×10^{-5}
6.76	3.57	3.37	3.72	3.58	3.56	5.19×10^{-5}
6.50	3.56	3.36	3.71	3.57	3.55	4.82×10^{-5}
6.25	3.55	3.35	3.71	3.56	3.54	4.46×10^{-5}
6.01	3.55	3.35	3.70	3.56	3.54	4.05×10^{-5}
5.77	3.55	3.34	3.70	3.55	3.54	3.69×10^{-5}
5.55	3.54	3.34	3.69	3.55	3.53	3.40×10^{-5}
5.34	3.53	3.33	3.68	3.54	3.52	3.10×10^{-5}
5.13	3.52	3.32	3.68	3.53	3.51	2.74×10^{-5}
4.94	3.52	3.32	3.68	3.53	3.51	3.04×10^{-5}
4.75	3.52	3.32	3.67	3.53	3.51	3.38×10^{-5}
4.56	3.51	3.31	3.67	3.52	3.50	3.70×10^{-5}
4.39	3.51	3.31	3.67	3.52	3.50	3.84×10^{-5}
4.22	3.50	3.31	3.67	3.52	3.50	3.92×10^{-5}
4.06	3.50	3.31	3.67	3.52	3.50	3.93×10^{-5}
3.90	3.50	3.30	3.66	3.51	3.49	3.93×10^{-5}
3.75	3.49	3.30	3.66	3.51	3.49	3.93×10^{-5}
3.61	3.49	3.30	3.66	3.51	3.49	3.79×10^{-5}
3.47	3.49	3.30	3.66	3.51	3.49	3.68×10^{-5}
3.33	3.49	3.30	3.66	3.51	3.49	3.55×10^{-5}
3.21	3.49	3.29	3.66	3.50	3.49	3.44×10^{-5}
3.08	3.49	3.30	3.66	3.51	3.49	3.29×10^{-5}
2.96	3.49	3.30	3.66	3.51	3.49	3.07×10^{-5}
2.85	3.49	3.30	3.66	3.51	3.49	2.78×10^{-5}
2.74	3.49	3.30	3.66	3.51	3.49	2.50×10^{-5}
2.64	3.49	3.30	3.66	3.51	3.49	2.24×10^{-5}
2.53	3.49	3.30	3.67	3.51	3.49	2.00×10^{-5}
2.44	3.50	3.31	3.67	3.51	3.50	1.78×10^{-5}
2.34	3.50	3.30	3.67	3.51	3.50	1.58×10^{-5}
2.25	3.49	3.30	3.67	3.51	3.49	1.40×10^{-5}
2.17	3.50	3.31	3.68	3.52	3.50	1.23×10^{-5}
2.08	3.51	3.31	3.68	3.52	3.51	1.08×10^{-5}

表 3-1(续)

频率/(×10^8 Hz)	介电常数/(F/m)				介电常数平均值/(F/m)	电导率/(S/cm)
	1	2	3	4		
2.00	3.51	3.31	3.68	3.52	3.51	9.45×10^{-6}
1.93	3.51	3.31	3.68	3.52	3.51	8.23×10^{-6}
1.85	3.51	3.32	3.68	3.53	3.51	7.03×10^{-6}
1.78	3.51	3.32	3.69	3.53	3.51	5.89×10^{-6}
1.71	3.52	3.32	3.69	3.53	3.52	4.89×10^{-6}
1.65	3.52	3.32	3.69	3.53	3.52	4.04×10^{-6}
1.58	3.52	3.32	3.69	3.53	3.52	3.26×10^{-6}
1.52	3.52	3.33	3.70	3.54	3.52	2.52×10^{-6}
1.46	3.53	3.33	3.70	3.54	3.53	1.86×10^{-6}
1.41	3.53	3.33	3.70	3.54	3.53	1.27×10^{-6}
1.35	3.53	3.33	3.70	3.54	3.53	7.82×10^{-7}
1.30	3.54	3.34	3.71	3.55	3.54	5.71×10^{-7}
1.25	3.54	3.34	3.71	3.55	3.54	5.64×10^{-7}
1.20	3.54	3.34	3.72	3.56	3.54	6.25×10^{-7}
1.16	3.54	3.34	3.72	3.56	3.54	8.98×10^{-7}
1.11	3.55	3.34	3.72	3.56	3.54	1.24×10^{-6}
1.07	3.55	3.35	3.73	3.56	3.54	1.50×10^{-6}
1.03	3.56	3.35	3.73	3.57	3.55	1.70×10^{-6}
1.00	3.56	3.36	3.73	3.57	3.56	1.90×10^{-6}

表 3-2　长焰煤电性参数

频率/(×10^8 Hz)	介电常数/(F/m)				介电常数平均值/(F/m)	电导率/(S/cm)
	1	2	3	4		
10.00	3.06	3.20	3.05	3.16	3.12	1.06×10^{-4}
9.62	3.06	3.20	3.05	3.16	3.12	1.03×10^{-4}
9.25	3.06	3.19	3.04	3.15	3.11	9.87×10^{-5}
8.89	3.05	3.18	3.03	3.14	3.10	9.46×10^{-5}
8.55	3.04	3.18	3.03	3.14	3.10	8.90×10^{-5}
8.22	3.04	3.18	3.02	3.13	3.09	8.37×10^{-5}
7.90	3.03	3.17	3.01	3.13	3.09	7.93×10^{-5}
7.60	3.02	3.16	3.00	3.12	3.08	7.51×10^{-5}
7.31	3.02	3.16	3.00	3.11	3.07	6.97×10^{-5}
7.03	3.01	3.15	2.99	3.11	3.07	6.44×10^{-5}
6.76	3.00	3.15	2.98	3.10	3.06	5.96×10^{-5}
6.50	3.00	3.14	2.97	3.09	3.05	5.54×10^{-5}

表 3-2(续)

频率/(×10^8 Hz)	介电常数/(F/m)				介电常数平均值/(F/m)	电导率/(S/cm)
	1	2	3	4		
6.25	2.99	3.14	2.97	3.08	3.05	5.15×10^{-5}
6.01	2.99	3.13	2.96	3.08	3.04	4.71×10^{-5}
5.77	2.98	3.13	2.96	3.08	3.04	4.33×10^{-5}
5.55	2.98	3.13	2.95	3.07	3.03	4.02×10^{-5}
5.34	2.97	3.12	2.95	3.06	3.03	3.70×10^{-5}
5.13	2.97	3.11	2.94	3.06	3.02	3.31×10^{-5}
4.94	2.96	3.11	2.94	3.06	3.02	3.52×10^{-5}
4.75	2.96	3.11	2.94	3.05	3.02	3.77×10^{-5}
4.56	2.96	3.10	2.93	3.05	3.01	4.02×10^{-5}
4.39	2.95	3.10	2.93	3.05	3.01	4.10×10^{-5}
4.22	2.95	3.10	2.93	3.04	3.01	4.14×10^{-5}
4.06	2.95	3.10	2.93	3.04	3.01	4.10×10^{-5}
3.90	2.95	3.09	2.92	3.04	3.00	4.07×10^{-5}
3.75	2.94	3.09	2.92	3.03	3.00	4.04×10^{-5}
3.61	2.95	3.09	2.92	3.04	3.00	3.90×10^{-5}
3.47	2.94	3.09	2.92	3.04	3.00	3.77×10^{-5}
3.33	2.94	3.09	2.92	3.03	3.00	3.64×10^{-5}
3.21	2.94	3.08	2.91	3.03	2.99	3.51×10^{-5}
3.08	2.94	3.08	2.92	3.03	2.99	3.37×10^{-5}
2.96	2.94	3.09	2.92	3.03	3.00	3.16×10^{-5}
2.85	2.94	3.09	2.92	3.03	3.00	2.89×10^{-5}
2.74	2.94	3.09	2.92	3.03	3.00	2.63×10^{-5}
2.64	2.94	3.09	2.92	3.03	3.00	2.39×10^{-5}
2.53	2.95	3.09	2.92	3.04	3.00	2.17×10^{-5}
2.44	2.95	3.09	2.92	3.04	3.00	1.97×10^{-5}
2.34	2.95	3.09	2.92	3.04	3.00	1.78×10^{-5}
2.25	2.94	3.09	2.92	3.00	2.99	1.61×10^{-5}
2.17	2.95	3.09	2.92	3.04	3.00	1.45×10^{-5}
2.08	2.95	3.10	2.93	3.04	3.01	1.31×10^{-5}
2.00	2.95	3.10	2.93	3.04	3.01	1.18×10^{-5}
1.93	2.95	3.10	2.92	3.04	3.00	1.06×10^{-5}
1.85	2.95	3.10	2.93	3.04	3.01	9.50×10^{-5}
1.78	2.96	3.10	2.93	3.05	3.01	8.43×10^{-5}
1.71	2.96	3.10	2.93	3.05	3.01	7.47×10^{-5}
1.65	2.96	3.10	2.93	3.05	3.01	6.63×10^{-5}

表 3-2(续)

频率/($\times10^8$ Hz)	介电常数/(F/m)				介电常数平均值/(F/m)	电导率/(S/cm)
	1	2	3	4		
1.58	2.95	3.10	2.93	3.05	3.01	5.88×10^{-6}
1.52	2.96	3.11	2.93	3.05	3.01	5.17×10^{-6}
1.46	2.96	3.11	2.94	3.05	3.02	4.52×10^{-6}
1.41	2.96	3.11	2.94	3.05	3.02	3.94×10^{-6}
1.35	2.96	3.11	2.93	3.05	3.01	3.42×10^{-6}
1.30	2.97	3.11	2.94	3.06	3.02	2.91×10^{-6}
1.25	2.97	3.12	2.94	3.06	3.02	2.47×10^{-6}
1.20	2.97	3.12	2.94	3.06	3.02	2.09×10^{-6}
1.16	2.97	3.12	2.94	3.06	3.02	1.71×10^{-6}
1.11	2.97	3.12	2.94	3.06	3.02	1.35×10^{-6}
1.07	2.98	3.12	2.95	3.07	3.03	1.06×10^{-6}
1.03	2.98	3.13	2.95	3.07	3.03	8.34×10^{7}
1.00	2.98	3.13	2.95	3.07	3.03	6.03×10^{-7}

表 3-3 气煤电性参数

频率/($\times10^8$ Hz)	介电常数/(F/m)				介电常数平均值/(F/m)	电导率/(S/cm)
	1	2	3	4		
10.00	3.39	3.42	3.43	3.36	3.40	1.07×10^{-4}
9.62	3.39	3.42	3.42	3.36	3.40	1.05×10^{-4}
9.25	3.38	3.41	3.41	3.35	3.39	1.02×10^{-4}
8.89	3.38	3.41	3.41	3.34	3.39	9.82×10^{-5}
8.55	3.37	3.40	3.40	3.33	3.38	9.28×10^{-5}
8.22	3.37	3.40	3.39	3.33	3.37	8.77×10^{-5}
7.90	3.36	3.39	3.38	3.32	3.36	8.35×10^{-5}
7.60	3.35	3.38	3.37	3.31	3.35	7.94×10^{-5}
7.31	3.35	3.38	3.37	3.30	3.35	7.39×10^{-5}
7.03	3.34	3.37	3.36	3.30	3.34	6.85×10^{-5}
6.76	3.34	3.36	3.35	3.29	3.34	6.36×10^{-5}
6.50	3.33	3.36	3.34	3.28	3.33	5.92×10^{-5}
6.25	3.32	3.35	3.34	3.27	3.32	5.51×10^{-5}
6.01	3.32	3.35	3.33	3.26	3.32	5.05×10^{-5}
5.77	3.32	3.34	3.33	3.26	3.31	4.65×10^{-5}
5.55	3.31	3.34	3.32	3.25	3.31	4.32×10^{-5}
5.34	3.30	3.33	3.31	3.24	3.30	3.99×10^{-5}
5.13	3.30	3.33	3.31	3.24	3.30	3.59×10^{-5}

表 3-3(续)

频率/(×10^8 Hz)	介电常数/(F/m)				介电常数平均值/(F/m)	电导率/(S/cm)
	1	2	3	4		
4.94	3.30	3.32	3.30	3.24	3.29	3.82×10^{-5}
4.75	3.29	3.32	3.30	3.23	3.29	4.10×10^{-5}
4.56	3.29	3.31	3.29	3.22	3.28	4.36×10^{-5}
4.39	3.29	3.31	3.29	3.22	3.28	4.46×10^{-5}
4.22	3.29	3.31	3.29	3.22	3.28	4.49×10^{-5}
4.06	3.28	3.31	3.29	3.22	3.28	4.47×10^{-5}
3.90	3.28	3.31	3.28	3.22	3.27	4.43×10^{-5}
3.75	3.28	3.30	3.28	3.21	3.27	4.40×10^{-5}
3.61	3.28	3.30	3.28	3.21	3.27	4.25×10^{-5}
3.47	3.28	3.30	3.28	3.21	3.27	4.11×10^{-5}
3.33	3.28	3.30	3.28	3.21	3.27	3.97×10^{-5}
3.21	3.27	3.30	3.27	3.20	3.26	3.84×10^{-5}
3.08	3.28	3.30	3.27	3.21	3.27	3.68×10^{-5}
2.96	3.28	3.30	3.28	3.21	3.27	3.45×10^{-5}
2.85	3.28	3.30	3.28	3.21	3.27	3.15×10^{-5}
2.74	3.28	3.30	3.28	3.21	3.27	2.87×10^{-5}
2.64	3.28	3.30	3.27	3.21	3.27	2.61×10^{-5}
2.53	3.28	3.30	3.28	3.21	3.27	2.37×10^{-5}
2.44	3.28	3.30	3.28	3.21	3.27	2.15×10^{-5}
2.34	3.28	3.30	3.28	3.21	3.27	1.95×10^{-5}
2.25	3.28	3.30	3.28	3.21	3.27	1.76×10^{-5}
2.17	3.28	3.31	3.28	3.21	3.27	1.58×10^{-5}
2.08	3.29	3.31	3.29	3.22	3.28	1.43×10^{-5}
2.00	3.29	3.31	3.29	3.22	3.28	1.29×10^{-5}
1.93	3.28	3.31	3.28	3.21	3.27	1.17×10^{-5}
1.85	3.29	3.31	3.29	3.22	3.28	1.04×10^{-5}
1.78	3.29	3.32	3.29	3.22	3.28	9.22×10^{-6}
1.71	3.29	3.32	3.29	3.22	3.28	8.19×10^{-6}
1.65	3.29	3.32	3.29	3.22	3.28	7.27×10^{-6}
1.58	3.29	3.32	3.29	3.22	3.28	6.45×10^{-6}
1.52	3.29	3.32	3.30	3.23	3.29	5.67×10^{-6}
1.46	3.30	3.32	3.30	3.23	3.29	4.96×10^{-6}
1.41	3.30	3.33	3.30	3.23	3.29	4.32×10^{-6}
1.35	3.29	3.32	3.30	3.23	3.29	3.75×10^{-6}
1.30	3.30	3.33	3.30	3.23	3.29	3.20×10^{-6}

表 3-3(续)

频率/(×10^8 Hz)	介电常数/(F/m)				介电常数平均值/(F/m)	电导率/(S/cm)
	1	2	3	4		
1.25	3.30	3.33	3.31	3.23	3.29	2.71×10^{-6}
1.20	3.30	3.33	3.31	3.24	3.30	2.28×10^{-6}
1.16	3.30	3.33	3.31	3.24	3.30	1.88×10^{-6}
1.11	3.30	3.33	3.31	3.24	3.30	1.49×10^{-6}
1.07	3.31	3.34	3.31	3.24	3.30	1.17×10^{-6}
1.03	3.31	3.34	3.31	3.24	3.30	9.08×10^{-7}
1.00	3.31	3.34	3.32	3.24	3.30	6.82×10^{-7}

表 3-4 贫瘦煤电性参数

频率/(×10^8 Hz)	介电常数/(F/m)				介电常数平均值/(F/m)	电导率/(S/cm)
	1	2	3	4		
10.00	3.90	3.87	3.88	3.78	3.86	9.44×10^{-5}
9.62	3.90	3.87	3.88	3.78	3.86	9.53×10^{-5}
9.25	3.90	3.86	3.87	3.77	3.85	9.50×10^{-5}
8.89	3.89	3.85	3.86	3.76	3.84	9.37×10^{-5}
8.55	3.89	3.85	3.86	3.76	3.84	9.01×10^{-5}
8.22	3.88	3.84	3.85	3.75	3.83	8.65×10^{-5}
7.90	3.87	3.83	3.84	3.74	3.82	8.35×10^{-5}
7.60	3.86	3.82	3.83	3.73	3.81	8.05×10^{-5}
7.31	3.86	3.82	3.83	3.72	3.81	7.57×10^{-5}
7.03	3.85	3.81	3.82	3.72	3.8	7.08×10^{-5}
6.76	3.84	3.80	3.81	3.71	3.79	6.63×10^{-5}
6.50	3.83	3.79	3.80	3.70	3.78	6.22×10^{-5}
6.25	3.82	3.78	3.79	3.69	3.77	5.83×10^{-5}
6.01	3.82	3.78	3.79	3.68	3.77	5.38×10^{-5}
5.77	3.81	3.77	3.78	3.68	3.76	4.98×10^{-5}
5.55	3.81	3.77	3.78	3.67	3.76	4.67×10^{-5}
5.34	3.80	3.75	3.76	3.66	3.74	4.33×10^{-5}
5.13	3.79	3.75	3.76	3.65	3.74	3.94×10^{-5}
4.94	3.79	3.75	3.76	3.65	3.74	4.23×10^{-5}
4.75	3.78	3.74	3.75	3.64	3.73	4.56×10^{-5}
4.56	3.77	3.73	3.74	3.64	3.72	4.88×10^{-5}
4.39	3.77	3.73	3.74	3.63	3.72	5.01×10^{-5}
4.22	3.77	3.73	3.74	3.63	3.72	5.07×10^{-5}
4.06	3.77	3.73	3.74	3.63	3.72	5.05×10^{-5}

表 3-4(续)

频率/(×10⁸ Hz)	介电常数/(F/m)				介电常数平均值/(F/m)	电导率/(S/cm)
	1	2	3	4		
3.90	3.76	3.72	3.73	3.63	3.71	5.02×10^{-5}
3.75	3.75	3.71	3.72	3.62	3.70	4.50×10^{-5}
3.61	3.76	3.72	3.73	3.62	3.71	4.83×10^{-5}
3.47	3.76	3.72	3.73	3.62	3.71	4.68×10^{-5}
3.33	3.75	3.71	3.72	3.62	3.70	4.53×10^{-5}
3.21	3.75	3.71	3.72	3.61	3.70	4.38×10^{-5}
3.08	3.75	3.71	3.72	3.61	3.70	4.20×10^{-5}
2.96	3.75	3.71	3.72	3.61	3.70	3.94×10^{-5}
2.85	3.75	3.71	3.72	3.61	3.70	3.61×10^{-5}
2.74	3.75	3.71	3.72	3.61	3.70	3.29×10^{-5}
2.64	3.75	3.71	3.72	3.61	3.70	3.00×10^{-5}
2.53	3.75	3.71	3.72	3.62	3.70	2.73×10^{-5}
2.44	3.75	3.71	3.72	3.62	3.70	2.48×10^{-5}
2.34	3.75	3.71	3.72	3.62	3.70	2.25×10^{-5}
2.25	3.75	3.71	3.72	3.61	3.70	2.04×10^{-5}
2.17	3.75	3.71	3.73	3.62	3.70	1.84×10^{-5}
2.08	3.76	3.72	3.73	3.62	3.71	1.66×10^{-5}
2.00	3.76	3.72	3.73	3.62	3.71	1.50×10^{-5}
1.93	3.75	3.71	3.73	3.62	3.70	1.36×10^{-5}
1.85	3.76	3.72	3.73	3.62	3.71	1.22×10^{-5}
1.78	3.76	3.63	3.73	3.62	3.71	1.08×10^{-5}
1.71	3.76	3.64	3.74	3.63	3.71	9.64×10^{-6}
1.65	3.76	3.64	3.74	3.63	3.71	8.60×10^{-6}
1.58	3.76	3.63	3.73	3.62	3.71	7.65×10^{-6}
1.52	3.76	3.64	3.74	3.63	3.71	6.75×10^{-6}
1.46	3.77	3.64	3.74	3.63	3.72	5.93×10^{-6}
1.41	3.77	3.64	3.74	3.63	3.72	5.18×10^{-6}
1.35	3.77	3.64	3.74	3.63	3.72	4.52×10^{-6}
1.30	3.77	3.64	3.74	3.63	3.72	3.89×10^{-6}
1.25	3.77	3.65	3.75	3.64	3.72	3.34×10^{-6}
1.20	3.78	3.65	3.75	3.64	3.73	2.84×10^{-6}
1.16	3.78	3.65	3.75	3.64	3.73	2.37×10^{-6}
1.11	3.78	3.65	3.75	3.64	3.73	1.92×10^{-6}
1.07	3.78	3.65	3.76	3.64	3.73	1.53×10^{-6}
1.03	3.78	3.66	3.76	3.65	3.73	1.24×10^{-6}
1.00	3.78	3.66	3.76	3.65	3.73	9.58×10^{-6}

表 3-5　无烟煤电性参数

频率/(×10⁸ Hz)	介电常数/(F/m)				介电常数平均值/(F/m)	电导率/(S/cm)
	1	2	3	4		
10.00	3.09	3.07	2.90	3.17	3.06	1.07×10^{-4}
9.62	3.09	3.07	2.90	3.17	3.06	1.03×10^{-4}
9.25	3.08	3.06	2.89	3.16	3.05	9.88×10^{-5}
8.89	3.07	3.05	2.88	3.15	3.04	9.41×10^{-5}
8.55	3.07	3.05	2.88	3.15	3.04	8.81×10^{-5}
8.22	3.07	3.04	2.87	3.14	3.03	8.23×10^{-5}
7.90	3.06	3.03	2.87	3.13	3.02	7.76×10^{-5}
7.60	3.05	3.02	2.86	3.12	3.01	7.30×10^{-5}
7.31	3.05	3.02	2.85	3.12	3.01	6.74×10^{-5}
7.03	3.04	3.02	2.85	3.12	3.01	6.19×10^{-5}
6.76	3.04	3.01	2.84	3.11	3.00	5.70×10^{-5}
6.50	3.03	3.00	2.83	3.10	2.99	5.26×10^{-5}
6.25	3.03	3.00	2.83	3.09	2.99	4.86×10^{-5}
6.01	3.02	2.99	2.83	3.09	2.98	4.42×10^{-5}
5.77	3.02	2.99	2.82	3.09	2.98	4.03×10^{-5}
5.55	3.02	2.99	2.82	3.08	2.98	3.72×10^{-5}
5.34	3.01	2.98	2.81	3.07	2.97	3.40×10^{-5}
5.13	3.00	2.97	2.81	3.07	2.96	3.01×10^{-5}
4.94	3.00	2.97	2.81	3.07	2.96	3.21×10^{-5}
4.75	3.00	2.97	2.80	3.07	2.96	3.45×10^{-5}
4.56	2.99	2.96	2.80	3.06	2.95	3.70×10^{-5}
4.39	2.99	2.96	2.80	3.06	2.95	3.78×10^{-5}
4.22	2.99	2.96	2.80	3.06	2.95	3.81×10^{-5}
4.06	2.99	2.96	2.80	3.06	2.95	3.78×10^{-5}
3.90	2.99	2.96	2.79	3.06	2.95	3.75×10^{-5}
3.75	2.98	2.97	2.79	3.05	2.94	3.72×10^{-5}
3.61	2.99	2.96	2.79	3.06	2.95	3.59×10^{-5}
3.47	2.99	2.96	2.79	3.06	2.95	3.46×10^{-5}
3.33	2.99	2.96	2.79	3.06	2.95	3.34×10^{-5}
3.21	2.98	2.95	2.79	3.05	2.94	3.22×10^{-5}
3.08	2.98	2.95	2.79	3.05	2.94	3.08×10^{-5}
2.96	2.99	2.96	2.79	3.06	2.95	2.88×10^{-5}
2.85	2.99	2.96	2.79	3.06	2.95	2.61×10^{-5}
2.74	2.99	2.96	2.79	3.06	2.95	2.36×10^{-5}
2.64	2.99	2.96	2.79	3.06	2.95	2.13×10^{-5}

表 3-5(续)

频率/(×10^8 Hz)	介电常数/(F/m)				介电常数平均值/(F/m)	电导率/(S/cm)
	1	2	3	4		
2.53	2.99	2.96	2.79	3.06	2.95	1.92×10^{-5}
2.44	2.99	2.96	2.80	3.06	2.95	1.72×10^{-5}
2.34	2.99	2.96	2.80	3.06	2.95	1.54×10^{-5}
2.25	2.99	2.96	2.79	3.06	2.95	1.38×10^{-5}
2.17	3.01	2.80	2.94	3.05	2.96	1.22×10^{-5}
2.08	3.01	2.80	2.94	3.05	2.96	1.09×10^{-5}
2.00	3.01	2.80	2.94	3.05	2.96	9.70×10^{-6}
1.93	3.01	2.80	2.94	3.05	2.96	8.60×10^{-6}
1.85	3.01	2.80	2.94	3.05	2.96	7.51×10^{-6}
1.78	3.02	2.81	2.96	3.07	2.97	6.50×10^{-6}
1.71	3.02	2.81	2.96	3.07	2.97	5.61×10^{-6}
1.65	3.02	2.81	2.96	3.07	2.97	4.82×10^{-6}
1.58	3.02	2.81	2.96	3.07	2.97	4.12×10^{-6}
1.52	3.02	2.81	2.96	3.08	2.97	3.45×10^{-6}
1.46	3.03	2.82	2.97	3.09	2.98	2.86×10^{-6}
1.41	3.03	2.81	2.97	3.09	2.98	2.33×10^{-6}
1.35	3.03	2.81	2.97	3.08	2.98	1.85×10^{-6}
1.30	3.03	2.81	2.97	3.09	2.98	1.38×10^{-6}
1.25	3.04	2.82	2.97	3.09	2.98	9.93×10^{-7}
1.20	3.04	2.83	2.98	3.09	2.99	6.33×10^{-7}
1.16	3.04	2.82	2.98	3.09	2.99	2.94×10^{-7}
1.11	3.04	2.82	2.98	3.09	2.99	1.20×10^{-7}
1.07	3.05	2.83	2.98	3.09	2.99	2.51×10^{-7}
1.03	3.05	2.83	2.99	3.10	2.99	4.38×10^{-7}
1.00	3.05	2.84	3.99	3.10	3.00	6.31×10^{-7}

3.2　煤的介电常数特征

由图 3-5 可以看出，不同变质程度煤的介电常数具有相似规律，即介电常数随测试频率的增大先减小后增大；300 MHz 左右介电常数值最小($\varepsilon_{褐煤}=3.49$ F/m、$\varepsilon_{长焰煤}=2.99$ F/m、$\varepsilon_{气煤}=3.27$ F/m、$\varepsilon_{贫瘦煤}=3.70$ F/m、$\varepsilon_{无烟煤}=2.94$ F/m)，1 GHz 附近介电常数值最大($\varepsilon_{褐煤}=3.63$ F/m、$\varepsilon_{长焰煤}=3.12$ F/m、$\varepsilon_{气煤}=3.40$ F/m、$\varepsilon_{贫瘦煤}=3.86$ F/m、$\varepsilon_{无烟煤}=3.06$ F/m)。同一测试频率下，贫瘦煤的介电常数最大，然后依次为褐煤、气煤、长焰煤，无烟煤的介电常数最小，如图 3-6 所示。对介电常数和频率进行拟合，发现满足三次多项式关系，相关系数如表 3-6 所列。

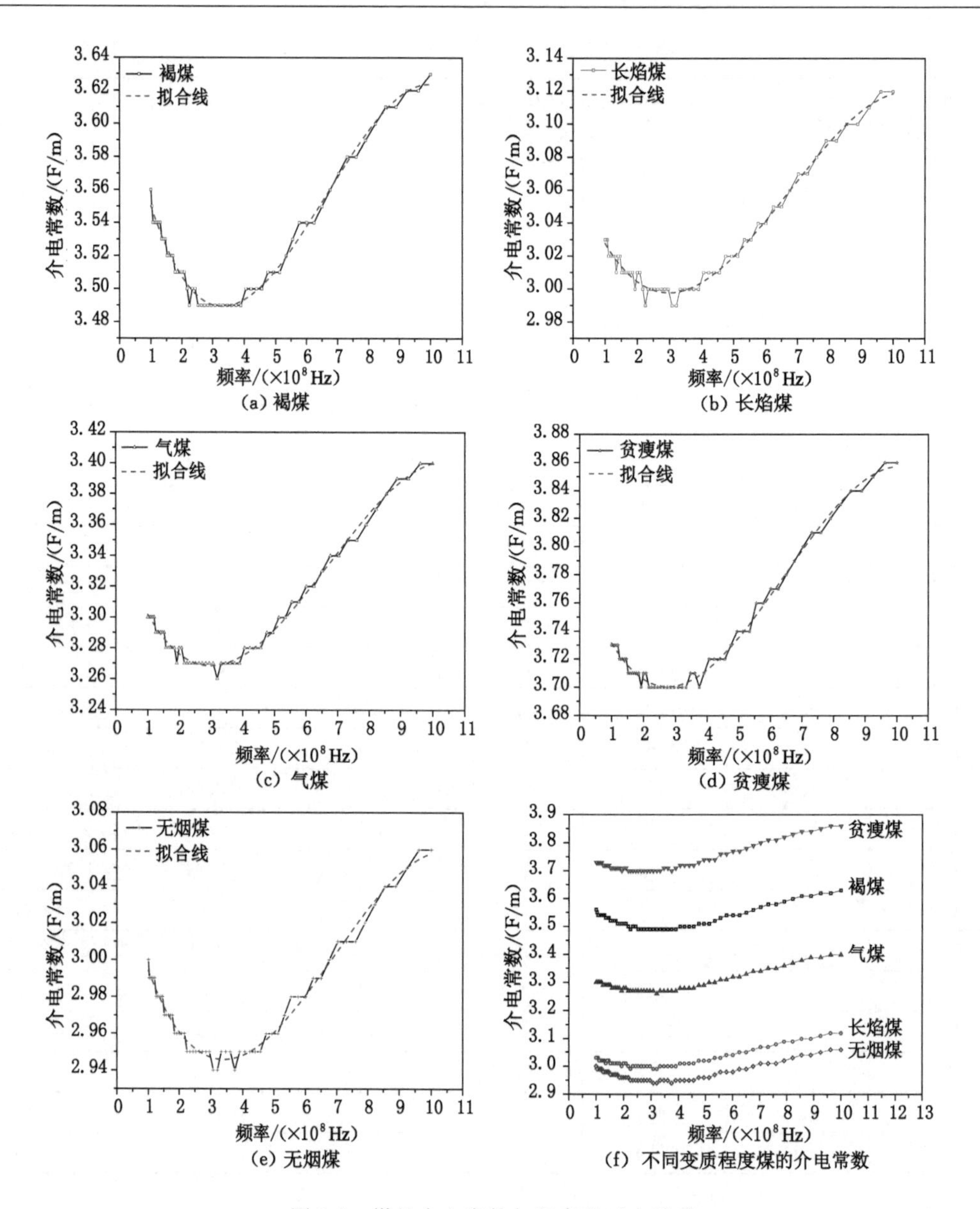

图 3-5　煤的介电常数与频率的对应关系

$$\varepsilon = C_3 f^3 + C_2 f^2 + C_1 f + C_0 \quad (f \in [100\ \mathrm{MHz}, 1.0\ \mathrm{GHz}]) \tag{3-17}$$

表 3-6　介电常数与频率拟合信息

类别	C_3	C_2	C_1	C_0	R^2/%
褐煤	-9.24×10^{-4}	0.018 38	−0.091 36	3.623 96	98.98
长焰煤	-5.82×10^{-4}	0.011 73	−0.054 27	3.070 76	98.77
气煤	-6.34×10^{-4}	0.012 81	−0.059 63	3.349 16	99.21
贫瘦煤	-7.90×10^{-4}	0.015 23	−0.065 81	3.782 74	99.40
无烟煤	-6.42×10^{-4}	0.013 36	−0.068 55	3.049 68	98.49

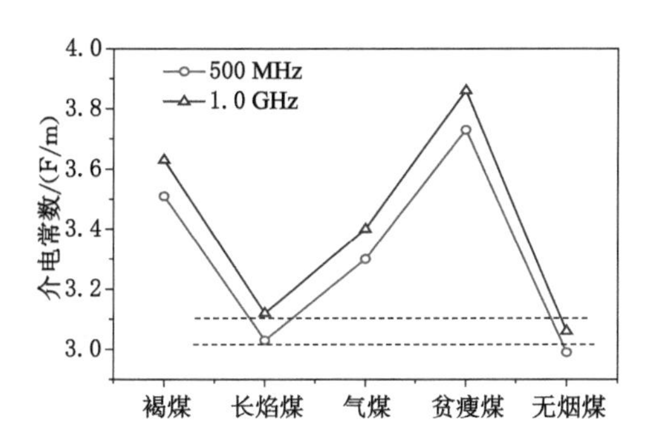

图 3-6　500 MHz 和 1 GHz 测试频率下不同变质程度煤的介电常数

3.3　煤的电阻率特征

利用 Origin 软件，采用数据拟合的方法，对表 3-1 至表 3-5 中煤的电阻率随频率的变化关系进行分析，结果如图 3-7 所示。

由图 3-7 可以看出，随测试频率的增加不同变质程度煤的电阻率均呈总体下降趋势，在 500 MHz 处有一上突变点，据此可以把电阻率随频率的变化趋势分为两个阶段，拟合发现第一阶段符合三次多项式，第二阶段符合二次多项式，如式(3-18)与表 3-7 所列；300 MHz 之前，各种煤的电阻率差别相对较大；700 MHz 之后，各种煤的电阻率趋于平缓且差值较

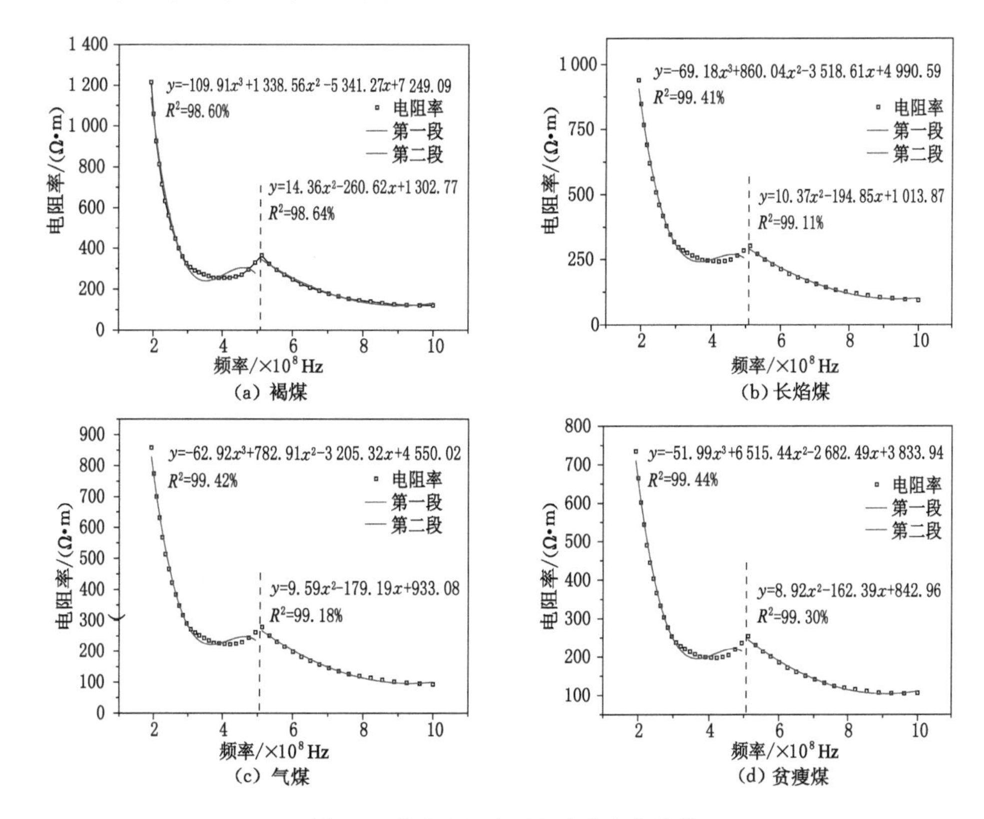

图 3-7　煤的电阻率随频率的变化趋势

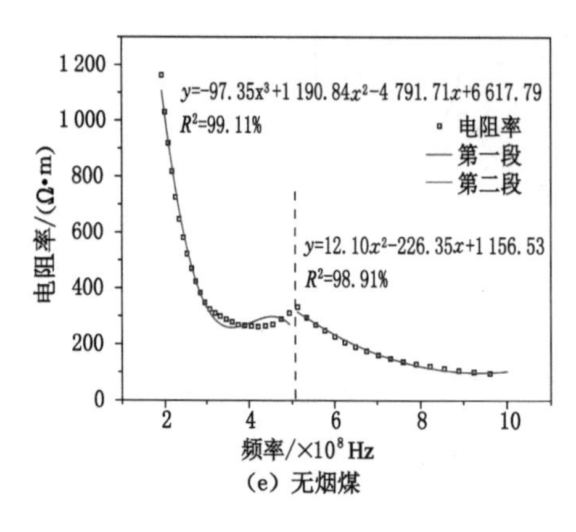

(e) 无烟煤

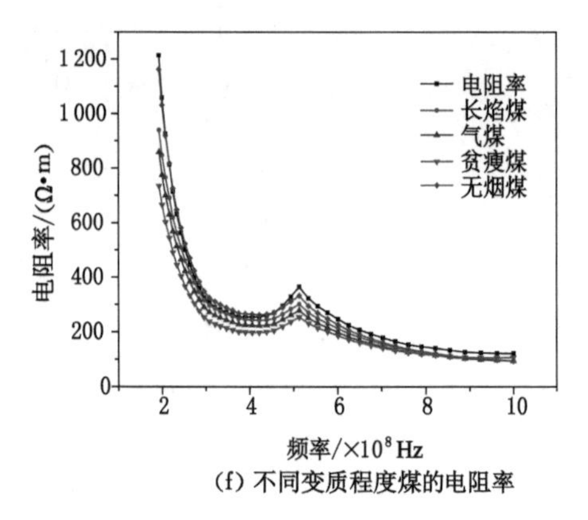

(f) 不同变质程度煤的电阻率

图 3-7 (续)

小。随着测试场强度(即外电场)的增加,煤结构基团中处于被束状态的电子可能转变为自由激发电子,因而使煤中的自由基(即未成对电子)显著增加,进而使得电阻率减小。

$$\rho=\begin{cases}C_{13}f^3+C_{12}f^2+C_{11}f+C_{10} & (f\in[100\ \text{MHz},500\ \text{MHz}])\\ C_{22}f^2+C_{21}f+C_{20} & (f\in(500\ \text{MHz},1.0\ \text{GHz}])\end{cases}\tag{3-18}$$

表 3-7 电阻率与频率拟合信息

分段函数	系数	褐煤	长焰煤	气煤	贫瘦煤	无烟煤
第一段	C_{13}	−109.91	−69.18	62.92	−51.99	−97.35
	C_{12}	1 338.56	860.04	782.91	6 515.44	1 190.84
	C_{11}	−5 341.27	−3 518.61	−3 205.32	−2 682.49	−4 791.71
	C_{10}	7 249.09	4 990.59	4 550.02	3 833.94	6 617.79
	R^2	98.60%	99.41%	99.42%	99.44%	99.11%
第二段	C_{22}	14.36	10.37	9.59	8.92	12.10
	C_{21}	−260.62	−194.85	−179.19	−162.39	−226.35
	C_{20}	1 302.77	1 013.87	933.08	842.96	1 156.53
	R^2	98.64%	99.11%	99.18%	99.30%	98.91%

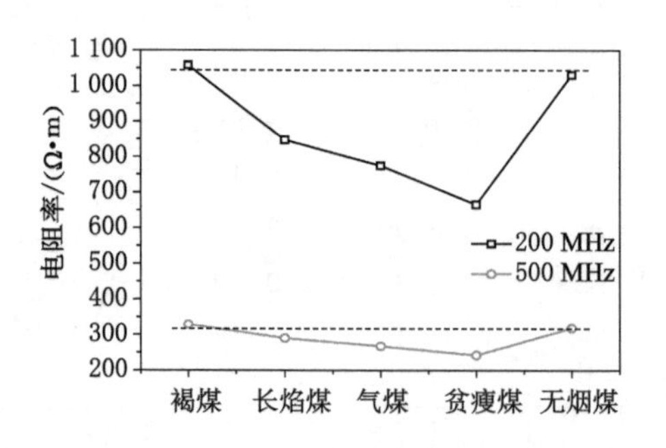

图 3-8 不同变质程度煤的电阻率

随煤变质程度的增加煤的电阻率逐渐减小(无烟煤除外),即 $\rho_{褐煤}>\rho_{长焰煤}>\rho_{气煤}>$

$\rho_{贫瘦煤}$，如图3-8所示。说明煤碳化程度是影响煤电阻率的主要因素。前人研究结果表明[3-4]，无烟煤中矿物杂质的电阻率高于有机质的电阻率。此外，无烟煤还是电阻型吸波材料[5]。这些可能是使山西无烟煤电阻率较大的因素。

3.4 本章小结

本章的主要研究内容为煤介质电性参数，在麦克斯韦理论的基础上推导出了介电常数和电导率（电阻率），利用高精度的阻抗分析仪测试了不同变质程度煤（褐煤、长焰煤、气煤、贫瘦煤及无烟煤）的介电常数与电阻率，研究了介电常数随频率和煤质的变化关系、电阻率随频率和煤质的变化关系。主要工作与结论总结如下：

（1）通过对安培定律、法拉第定律和高斯定律组成的麦克斯韦电磁场方程组的推导，发现介电常数、磁导率和电导率是表征煤介质电磁性质的三个主要参数。

（2）煤的介电常数随测试频率的增大先减小后增大；在300 MHz左右介电常数值最小（$\varepsilon_{褐煤}=3.49$ F/m、$\varepsilon_{长焰煤}=2.99$ F/m、$\varepsilon_{气煤}=3.27$ F/m、$\varepsilon_{贫瘦煤}=3.70$ F/m、$\varepsilon_{无烟煤}=2.94$ F/m），1.0 GHz附近介电常数值最大（$\varepsilon_{褐煤}=3.63$ F/m、$\varepsilon_{长焰煤}=3.12$ F/m、$\varepsilon_{气煤}=3.40$ F/m、$\varepsilon_{贫瘦煤}=3.86$ F/m、$\varepsilon_{无烟煤}=3.06$ F/m）；同一测试频率下，贫瘦煤的介电常数最大，然后依次为褐煤、气煤、长焰煤，无烟煤的介电常数最小；介电常数与频率满足三次多项式关系。

（3）不同变质程度煤的电阻率随测试频率的增加均呈整体下降趋势；在500 MHz处有突变点，据此可以把电阻率随频率的变化趋势分为两个阶段，第一阶段符合三次多项式，第二段符合二次多项式；700 MHz之后，各种煤的电阻率逐渐趋于平缓且差值较小。

参考文献

[1] 王业率.稳态磁场交流阻抗测量系统及其电磁兼容研究[D].武汉：华中科技大学，2014.

[2] SINCLAIR D C，WEST A R. Impedance and modulus spectroscopy of semiconducting $BaTiO_3$ showing positive temperature coefficient of resistance[J]. Journal of applied physics，1989，66(8)：3850-3856.

[3] 邵震杰，任文忠，陈家良.煤田地质学[M].北京：煤炭工业出版社，1993.

[4] 岳建华.矿井直流电法勘探[M].徐州：中国矿业大学出版社，1999.

[5] 冯秀梅，陈津，李宁，等.微波场中无烟煤和烟煤电磁性能研究[J].太原理工大学学报，2007，38(5)：405-407，411.

第 4 章　煤介电常数的影响因素

为了掌握 $\varepsilon = F(f)$ 中系数随煤变质程度的变化关系，需要研究煤介电常数的影响因素。因为受水分、灰分、矿物质、表面结构与孔隙等因素的影响[1-3]，不同变质程度煤的介电常数值不同。由此根据第 3 章第 2 节煤介电常数的测试结果，五种不同变质程度煤的介电常数在 1.0 GMz 频率下均高于 500 MHz，不同变质程度的煤在不同频率下的变化趋势相同，此时贫瘦煤的介电常数最高，无烟煤介电常数最低，如图 4-1 所示。为了明确引起不同变质程度煤介电常数发生变化的原因，本章利用煤的工业分析、元素分析、扫描电镜（SEM）及压汞（MIP）实验，通过主成分分析法，建立了表征介电常数影响因素的主成分关系，给出了主成分得分与介电常数间的映射规律。

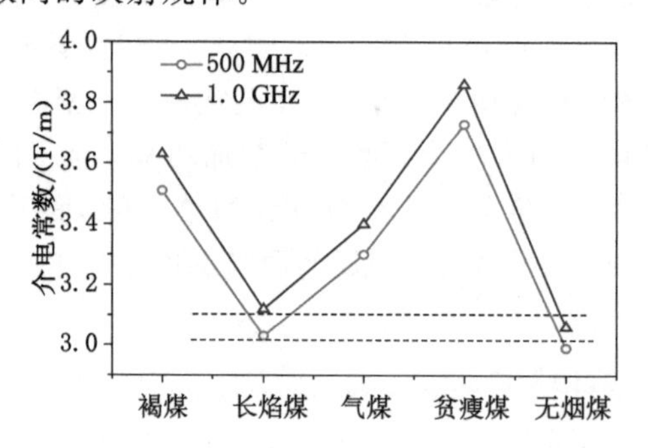

图 4-1　500 MHz 和 1 GHz 测试频率下不同变质程度煤的介电常数

4.1　煤的工业组分和元素对介电常数的影响

4.1.1　实验原理

煤的工业分析实验原理：煤在加热时，首先水分被蒸发出来；继续加热过程中，煤分子结构中的 C（碳元素）、H（氢元素）、O（氧元素）、N（氮元素）、S（硫元素）等所组成的有机质或无机质分解产生气体并挥发出来，这些气体称为挥发分；挥发分析出后，剩下的是焦渣和灰分。煤的工业分析就是在规定的实验条件下测定煤中水分（M_{ad}）、灰分（A_{ad}）、挥发分（V_{ad}）质量含量的百分数，煤中固定碳（FC_{ad}）的质量含量百分数是以 100%减去 M_{ad}、A_{ad}、V_{ad} 质量含量的百分数而计算得出的。

煤的元素分析实验原理：一定量的煤样在 O_2 流中燃烧，生成的 H_2O 和 CO_2 分别用吸水剂和 CO_2 吸收剂吸收，观察吸收剂的增加量，由此可推算出煤中 C 和 H 的含量。煤样中 S 和 Cl 对 C 测定的干扰在三节炉中用 $PbCrO_4$（铬酸铅）、银丝卷消除，在二节炉中用 $AgMnO_4$（高锰酸银）热解产物消除。称取干燥煤样，加入混合催化剂和硫酸，加热分解，N

转化为 H_5NO_4S(硫酸氢铵)。加入过量的 NaOH(氢氧化钠)溶液。把 NH_3(氨气)蒸出并吸收在 H_3BO_3(硼酸)溶液中,用硫酸标准溶液滴定。根据硫酸的用量,计算煤中 N 的含量。O 可以通过以上元素的含量计算得到。

4.1.2　实验设备及样品制备

煤样分别为新疆大南湖 7# 煤矿褐煤、内蒙古唐家汇矿长焰煤、山东鲍店煤矿气煤、陕西桑树坪 2# 井贫瘦煤和山西黄岩汇矿无烟煤。将新鲜煤样破碎并筛选出直径不大于 0.074 mm(200 目)的煤粉,绝氧环境下保存待用。

实验设备:5E-MAG6700 全自动工业分析仪(图 4-2 和图 4-3)主要由分析仪、计算机、打印机三部分组成。分析系统将远红外装置和电子天平联合,在一定时间和气体氛围下,测量受热过程中的样品,而后由此可计算出样品的水分、灰分及挥发分等工业组分指标。计算机即可同时控制分析仪 Ⅰ 与 Ⅱ 测定煤样的 V_{ad}、M_{ad}、A_{ad},又可单独控制分析仪 Ⅰ 或 Ⅱ 测定煤样的 V_{ad}、M_{ad}、A_{ad}。测挥发分的 Ⅰ 仪和测水分、灰分的 Ⅱ 仪要严格一一对应放置样品。美国力可公司生产的 TCH600 氮氧氢分析仪,如图 4-4 所示;CS844 碳硫分析仪,如图 4-5 所示。

图 4-2　5E-MAG6700 全自动工业分析仪

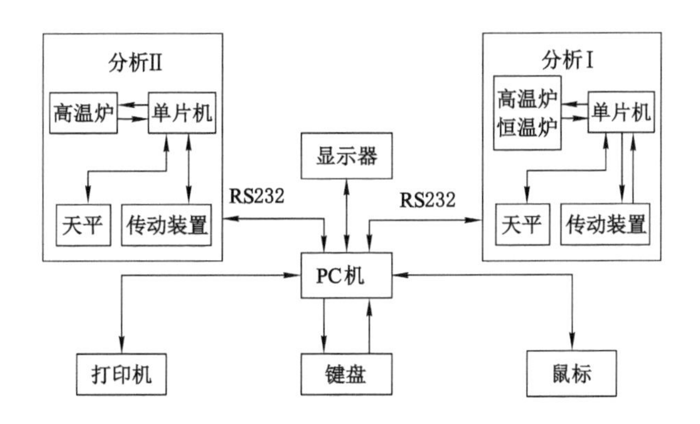

图 4-3　5E-MAG6700 全自动工业分析仪的结构示意图

4.1.3　实验结果与分析

褐煤、长焰煤、气煤、贫瘦煤及无烟煤的工业分析和部分元素分析结果如表 4-1 所列。

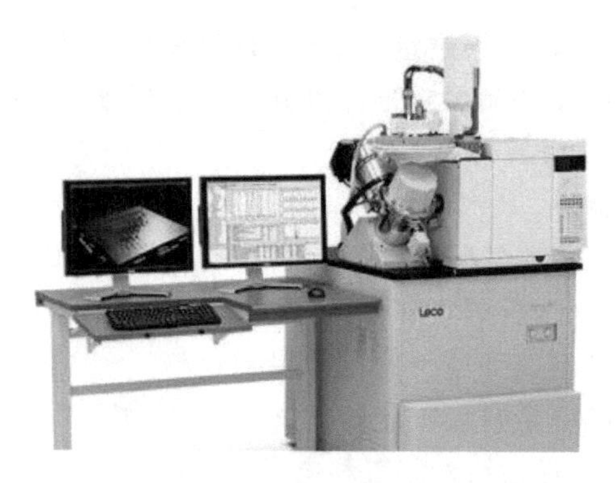

图 4-4　TCH600 氮氢氧分析仪

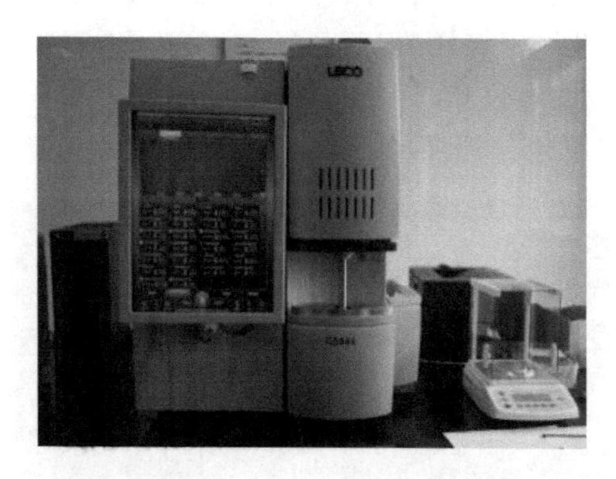

图 4-5　CS844 碳硫分析仪

表 4-1　煤的工业分析与元素分析数据

煤质	工业分析/%					元素分析/(%,daf)				
	M_{ad}	A_{ad}	V_{ad}	FC_{ad}	矿物质含量	C	H	O	N	S
褐煤	8.80	36.62	24.68	29.90	39.70	38.94	4.01	22.00	1.15	0.27
长焰煤	5.77	11.93	32.32	49.98	13.20	64.86	5.63	19.20	1.73	0.58
气煤	2.33	15.92	35.45	46.30	17.47	63.92	4.85	17.40	2.37	0.51
贫瘦煤	0.53	24.49	12.95	62.03	28.32	62.51	3.76	17.00	1.61	3.41
无烟煤	1.20	8.84	7.85	82.11	10.37	81.82	3.79	4.90	0.85	1.49

由表 4-1 可以看出，水分(M_{ad})与煤介电常数之间没有直接的线性或非线性映射关系：贫瘦煤水分含量低而介电常数最大，主要因为贫瘦煤的电子导电是依靠组成其基本物质成分中的自由电子[1]，说明水分不是影响介电常数的决定性因素；褐煤水分含量最高，介电常数位于第二，这是由于褐煤孔隙中水溶液的离子导电，说明水分是影响煤介电常数的重要因素。固定碳与煤介电常数之间没有直接的线性或非线性映射关系。前人研究表明，碳含量越高，物质的介电常数越低，这可能是无烟煤介电常数最小的原因之一；除贫瘦煤外，褐煤、气煤、长焰煤、无烟煤遵循碳含量高而介电常数低这一规律，说明碳是煤介电常数的影响因素之一。通过分析发现，煤的灰分(A_{ad})、挥发分(V_{ad})和矿物质含量与煤的介电常数均呈三次多项式关系，如图 4-6～图 4-8 所示。

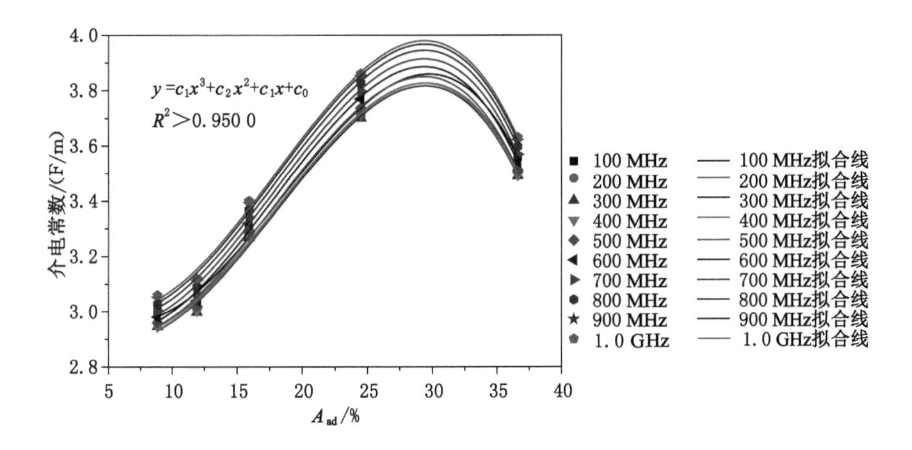

图 4-6　A_{ad}与 ε 对应关系

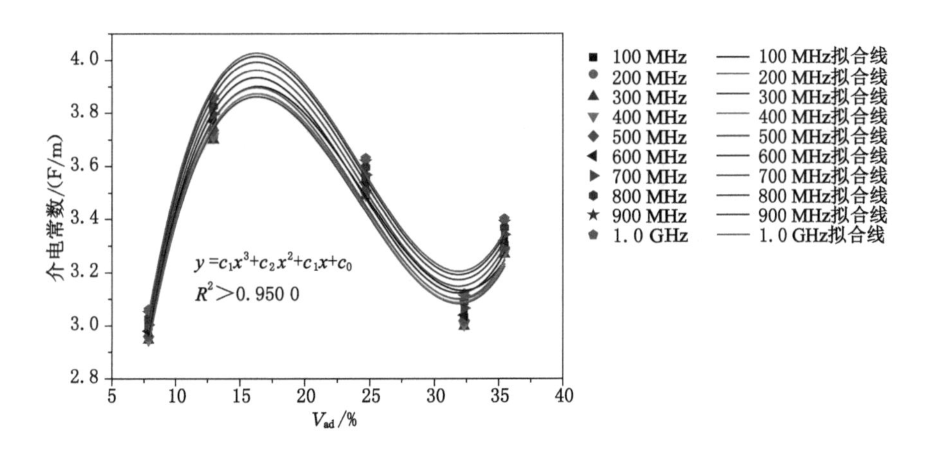

图 4-7　V_{ad}与 ε 对应关系

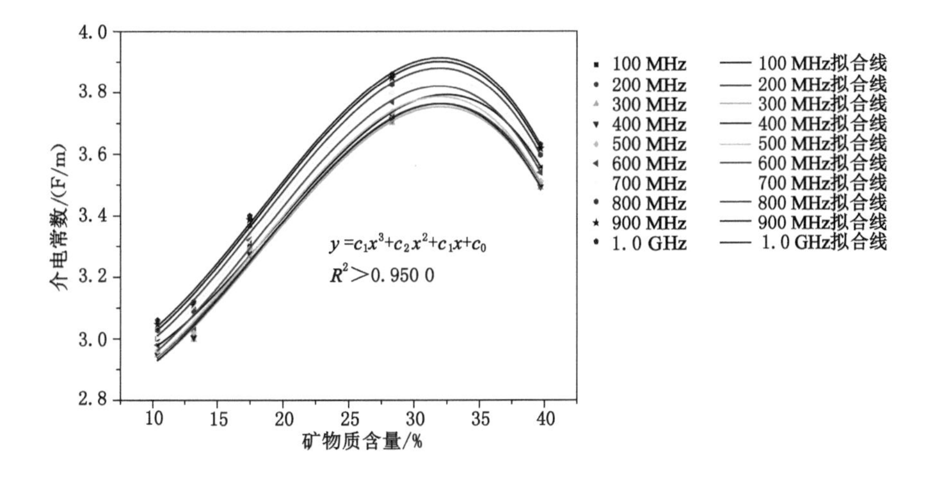

图 4-8　矿物质含量与 ε 对应关系

4.2 煤表面结构对介电常数的影响

4.2.1 实验原理与测试

实验原理:由电子枪发射出来,在加速电压的作用下经过磁透镜系统会聚成特别细的电子束,对煤样进行扫描,在电子束的作用下煤样表面会有一些次级电子被激发出来,激发量受入射角影响,说明和煤样的表面结构有关。传感器将次级电子进行汇聚,在闪烁器的作用下将其转变成光信号,然后在电倍增管与放大器作用下将其转换成电信号,由此控制荧光屏上电子束的强度,呈现出与电子束同步扫描图像。图像的视觉效果是立体的,它表达了样品的表面结构信息。

实验设备:扫描电镜使用日本生产的 Hitachi S-3400N,如图 4-9 所示。

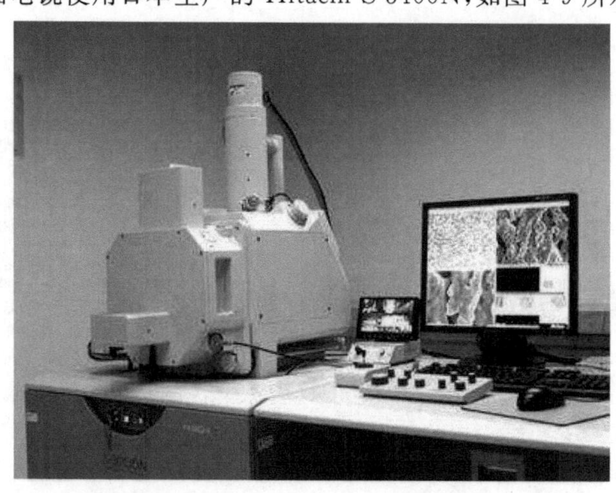

图 4-9 Hitachi S-3400N 扫描电镜

实验步骤:① 称取煤样,开启电源;② 启动 SEM 程序,打开 sample 操作视窗,单击"VENT"键放气;③ 用导电胶将预备好的样品固定在样品台上,而后置入样品仓;④ 在 sample 视窗上点击"EVAC"键进行抽真空,点击进入 stage 视窗,将样品台调至适当位置;⑤ 开启高压,选择关注区域,而后调节焦距,合理调动放大倍数、亮度、对比度,然后观测,记录数据。

4.2.2 结果与分析

褐煤、长焰煤、气煤、贫瘦煤及无烟煤的表面裂隙扫描结果如图 4-10~图 4-14 所示,放大倍数分别为 100 倍、300 倍及 500 倍。由图中可以看出,褐煤的表面没有像长焰煤和气煤表面那样的大裂隙,但小裂隙发育充分;贫瘦煤与无烟煤表面整体相对平整,局部有中等裂隙。

数字图像由像素点排列组合而成,所有像素点根据其数值的不同均有其自身的色度。二值图中的像素点只有黑与白两类色度,分为 256 个级别,在矩阵中用数字 0 和 1 来表征,以二进制表示。0 表示黑,255 表示白,它们之间的整数表示介于黑与白之间的灰度。

首先选取恰当的灰度阈值,将扫描电镜中观察的煤样表面微观结构图像处理成二值数字图像,进而对煤表面三维微观形态及分形特征进行研究。以图 4-10~图 4-14 中 500 倍扫描电镜图像为例进行分析,结果如图 4-15~图 4-19 所示。

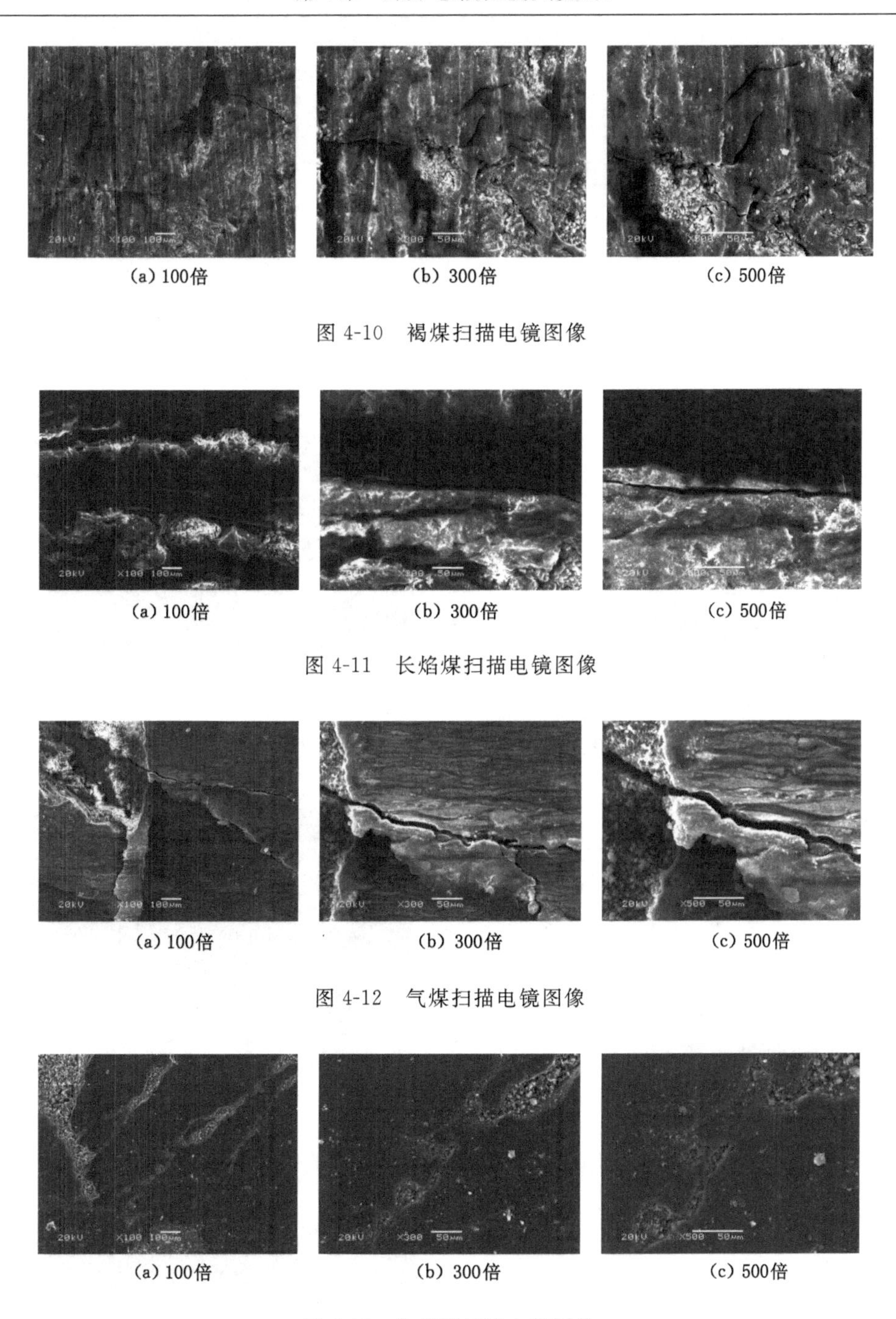

(a) 100倍　(b) 300倍　(c) 500倍

图 4-10　褐煤扫描电镜图像

(a) 100倍　(b) 300倍　(c) 500倍

图 4-11　长焰煤扫描电镜图像

(a) 100倍　(b) 300倍　(c) 500倍

图 4-12　气煤扫描电镜图像

(a) 100倍　(b) 300倍　(c) 500倍

图 4-13　贫瘦煤扫描电镜图像

从扫描电镜图像的二值图中可以看出，煤表面三维结构凹凸处颜色较亮，灰度值较高，接近于 255。计算图中白色像素所占比例，得到褐煤、长焰煤、气煤、贫瘦煤及无烟煤的表面三维微结构所占百分比分别为 10.479%、29.390%、16.401%、5.396%及 3.819%。

分形盒维数定义如下：如果 A 是 R^n 空间的子集，而且满足任意的、非空的、有界的属性，若存在任意的 $r>0$ 的数，那么覆盖 A 所需边长为 r 的 n 维立方体的最小数目是 $N_r(A)$。如果存在 d，若当 $r\to 0$ 时：

(a) 100倍　　(b) 300倍　　(c) 500倍

图 4-14　无烟煤扫描电镜图像

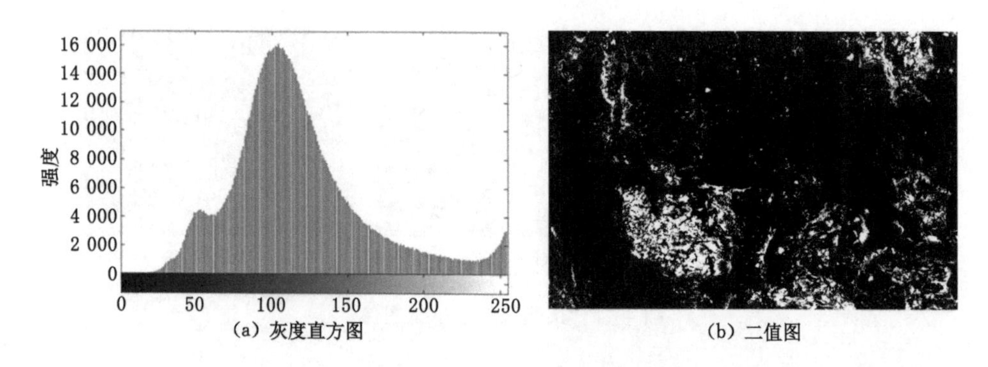

(a) 灰度直方图　　(b) 二值图

图 4-15　褐煤扫描电镜图像的灰度直方图与二值图

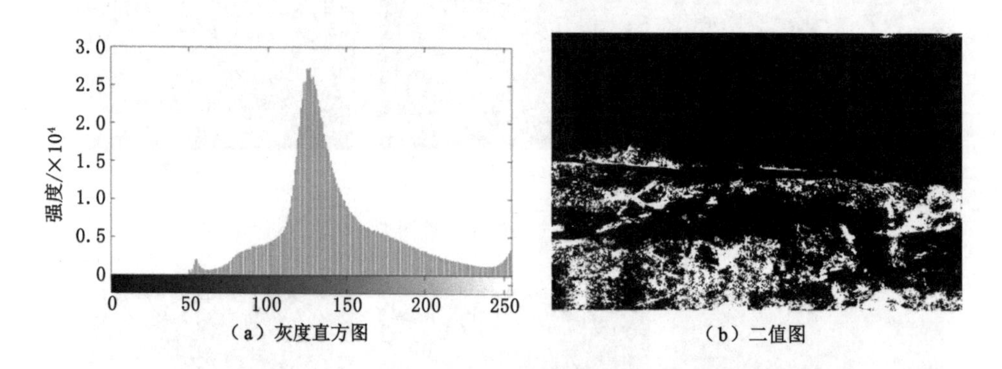

(a) 灰度直方图　　(b) 二值图

图 4-16　长焰煤扫描电镜图像的灰度直方图与二值图

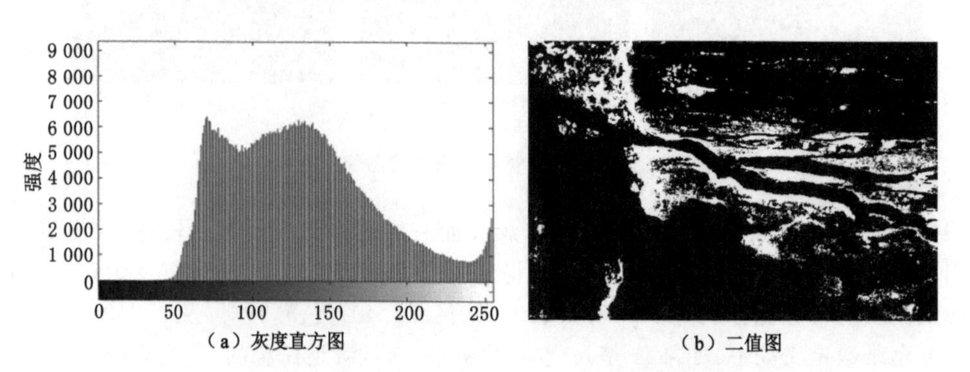

(a) 灰度直方图　　(b) 二值图

图 4-17　气煤扫描电镜图像的灰度直方图与二值图

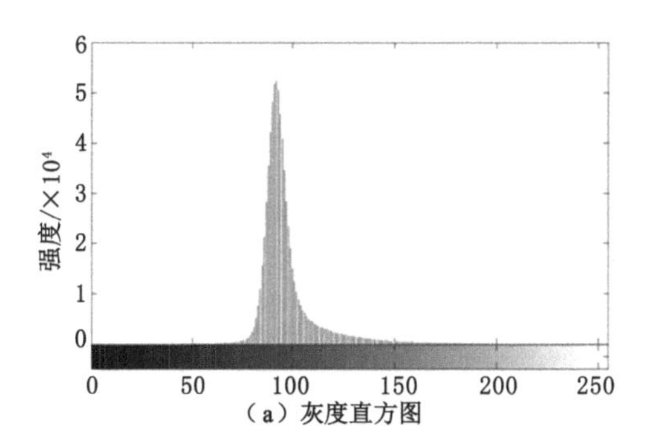

（a）灰度直方图

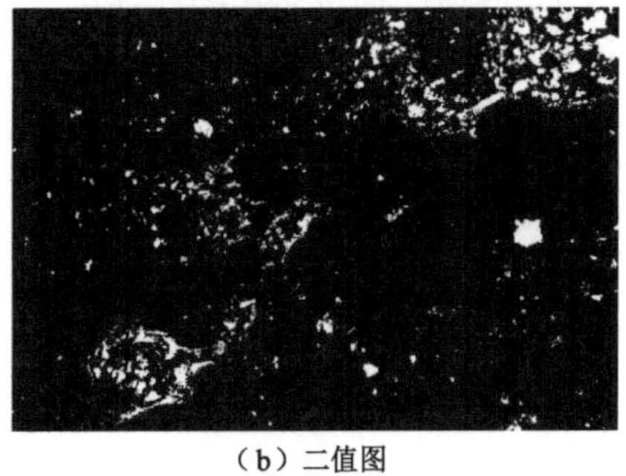
（b）二值图

图 4-18 贫瘦煤扫描电镜图像的灰度直方图与二值图

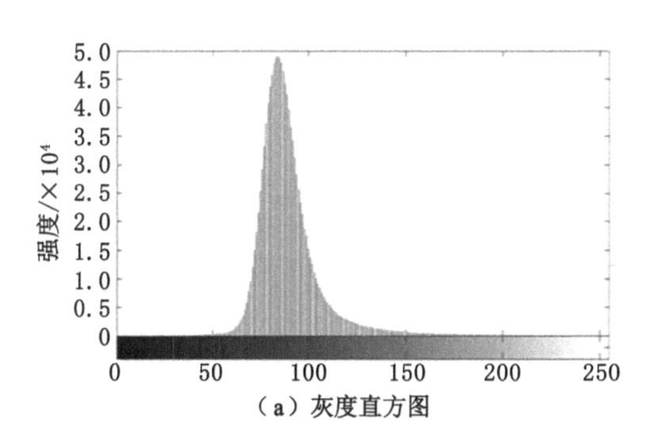

（a）灰度直方图

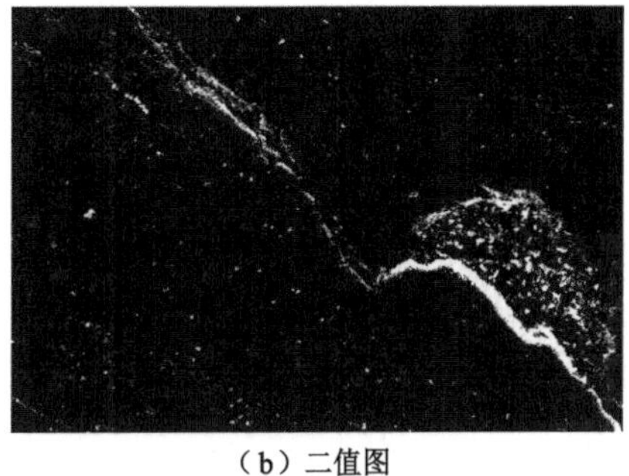
（b）二值图

图 4-19 无烟煤扫描电镜图像的灰度直方图与二值图

$$N_r(A) \propto 1/r^d \tag{4-1}$$

那么称 d 为 A 的盒维数。此时，存在唯一一个正数 k，使得：

$$\lim_{r \to 0} \frac{N_r(A)}{1/r^d} = k \tag{4-2}$$

对式(4-2)两边分别取对数，则可得：

$$d = \lim_{r \to 0} \frac{\lg k - \lg N_r(A)}{\lg r} = \lim_{r \to 0} \frac{N_r(A)}{1/r^d} = k \tag{4-3}$$

用不同尺寸的盒子对图 4-15～图 4-19 中的二值图进行覆盖，如图 4-20～图 4-24 中(a)

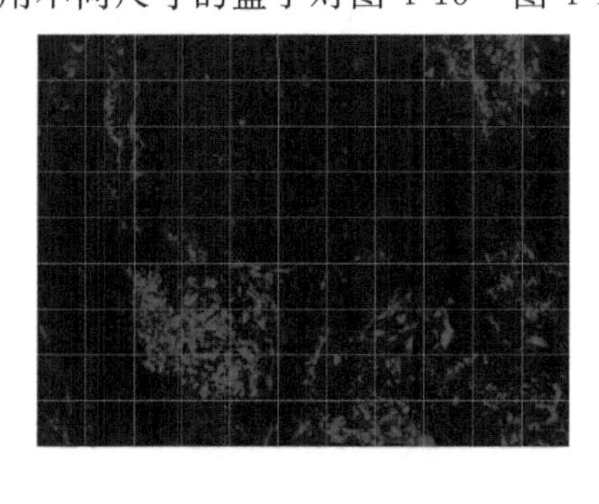
（a）11×9 盒覆盖图

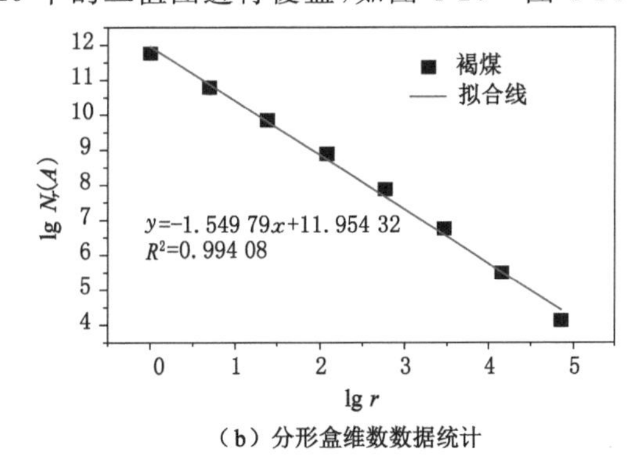

（b）分形盒维数数据统计

图 4-20 褐煤盒覆盖图与分形盒维数数据统计图

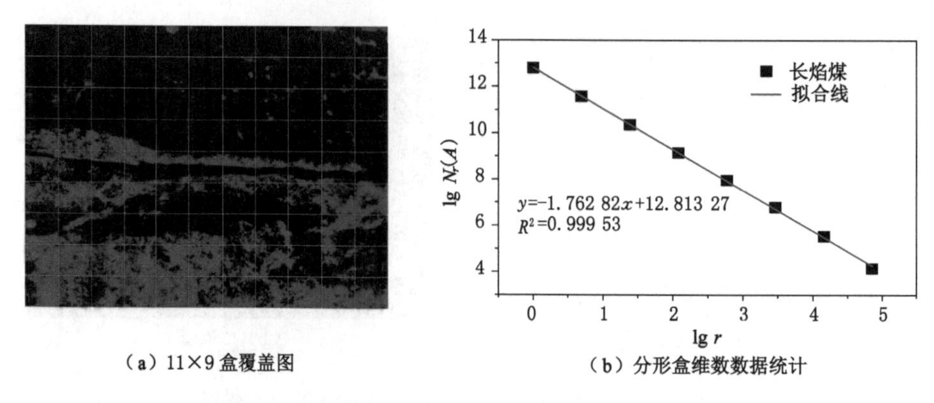

（a）11×9盒覆盖图　　（b）分形盒维数数据统计

图 4-21　长焰煤盒覆盖图与分形盒维数数据统计图

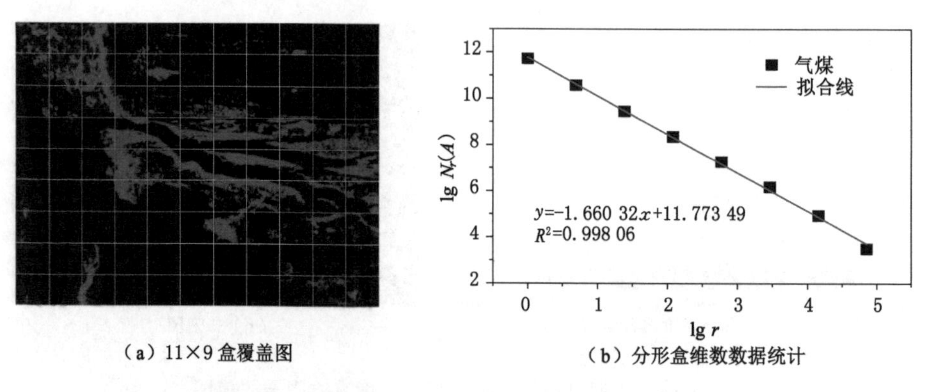

（a）11×9盒覆盖图　　（b）分形盒维数数据统计

图 4-22　气煤盒覆盖图与分形盒维数数据统计图

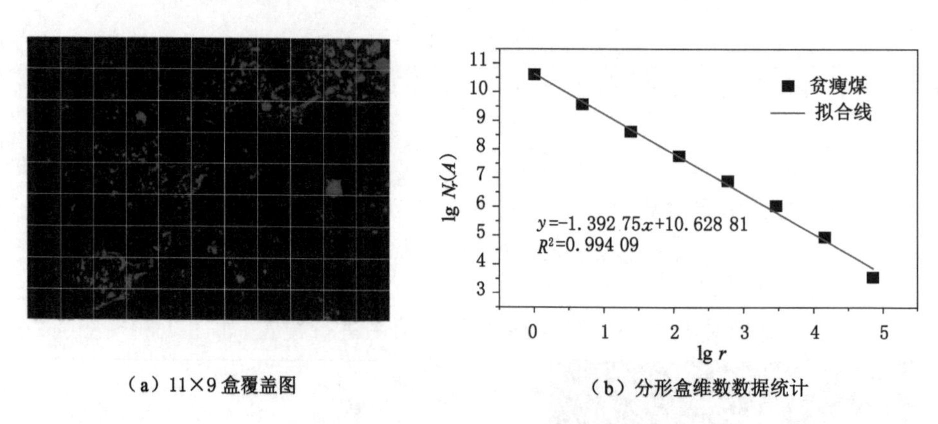

（a）11×9盒覆盖图　　（b）分形盒维数数据统计

图 4-23　贫瘦煤盒覆盖图与分形盒维数数据统计图

所示的盒子数为99的盒覆盖图。逐步减小盒子的边长长度，统计不同 r 值时覆盖 A 分别所需的盒子个数 $N_r(A)$，在以 $\lg r$ 为横坐标、以 $\lg N_r(A)$ 为纵坐标的笛卡尔坐标系中画出 $(\lg r, \lg N_r(A))$，而后求出上述这些点的拟合线，得到线的斜率绝对值，可以得到子集 A 的分形盒维数，如图 4-20～图 4-24 中(b)所示。

根据式(4-2)计算得到褐煤、长焰煤、气煤、贫瘦煤及无烟煤的表面微结构分形盒维数为1.549 8、1.762 8、1.660 3、1.392 8及1.305 0。分形盒维数可以描述煤表面微结构及其变化规律，它与结构的复杂性、非均匀性、表面粗糙程度、规则性有关。其值越大，煤表面微结

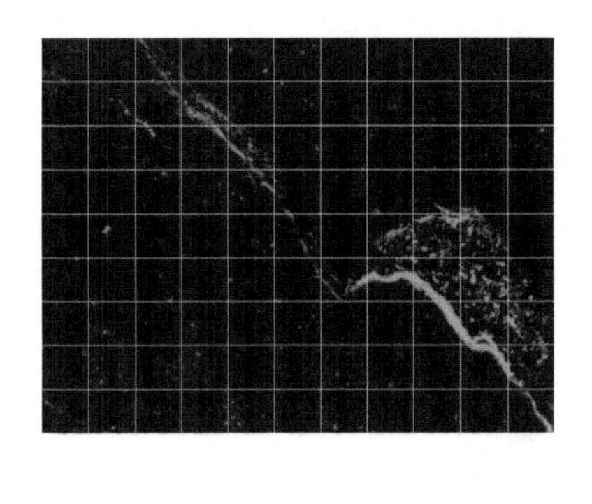

（a）11×9 盒覆盖图

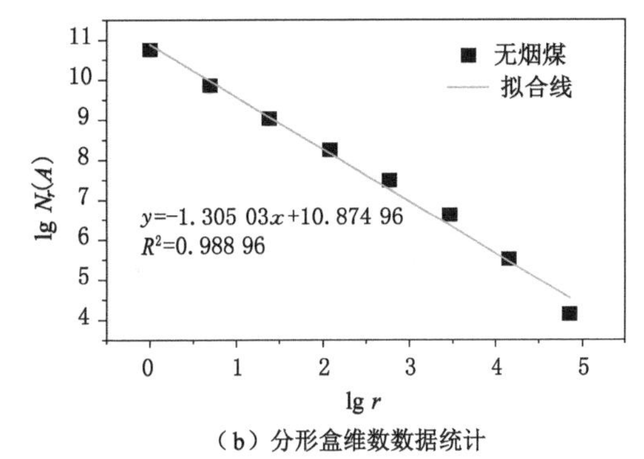

（b）分形盒维数数据统计

图 4-24　无烟煤盒覆盖图与分形盒维数数据统计图

构越不规则，结构的非均匀性越强。因此，长焰煤表面微结构的光滑性和规则性最差，无烟煤表面微结构的光滑性和规则性相对最好，中间由差到好依次为气煤、褐煤及贫瘦煤。除无烟煤外，煤表面微结构分形盒维数与介电常数具有良好的负相关性，即分形盒维数越大介电常数越小。因无烟煤不符合这一规律，说明煤表面结构分形盒维数是介电常数的重要因素而非决定性因素。

4.3　煤孔隙结构对介电常数的影响

4.3.1　实验原理与测试

实验原理：多孔介质的孔径大小与孔隙体积可以通过水银压入法进行测试，在此基础上可推算出介质中孔径分布状况。L. C. Drake 与 H. L. Ritter 率先提出了水银压入法。它的理论依据是水银无法对固体表面润湿，在对水银施压的情况下，水银进入多孔介质的孔隙中，材料的孔径愈小，水银进入所需的压力愈大。

不妨将多孔介质看成不同直径的圆筒状毛管，依据液体在毛管中的升高与降低理论，毛管的半径 r 与水银所受压力 p 之间的关系为：

$$r=\frac{2\sigma\cos\theta}{p} \tag{4-4}$$

式中　r——毛管的半径，nm；

σ——汞的表面张力，N/m，25 ℃时为 0.48 N/m，50 ℃时为 0.472 N/m；

θ——水银与多孔介质的润湿角，其范围为 135°～142°；

p——水银所受的压力，N/m^2。

实验设备：实验所用压汞仪的型号为 Autopore 9500，由美国麦克仪器公司生产，如图 4-25 所示。

实验步骤：取适量样品放入压汞仪，实验从 0.003 MPa 开始逐步施加压力，直至 242 MPa 结束，并自动记录注入煤样的水银体积，每个煤样采集 120 个压力点，每点稳定 5 s，仪器按照设定程序自动记录和保存数据，依次完成 5 个煤样的测试，如图 4-26～图 4-30 所示。

4.3.2　结果与分析

根据文献[4]，雷多特将煤体孔隙分为四个等级：微孔（<10 nm）、过渡孔（10～100 nm）、中

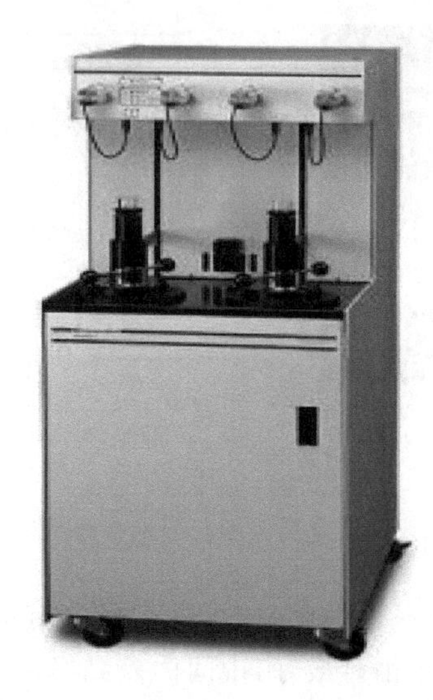

图 4-25 Autopore 9500 型压汞仪

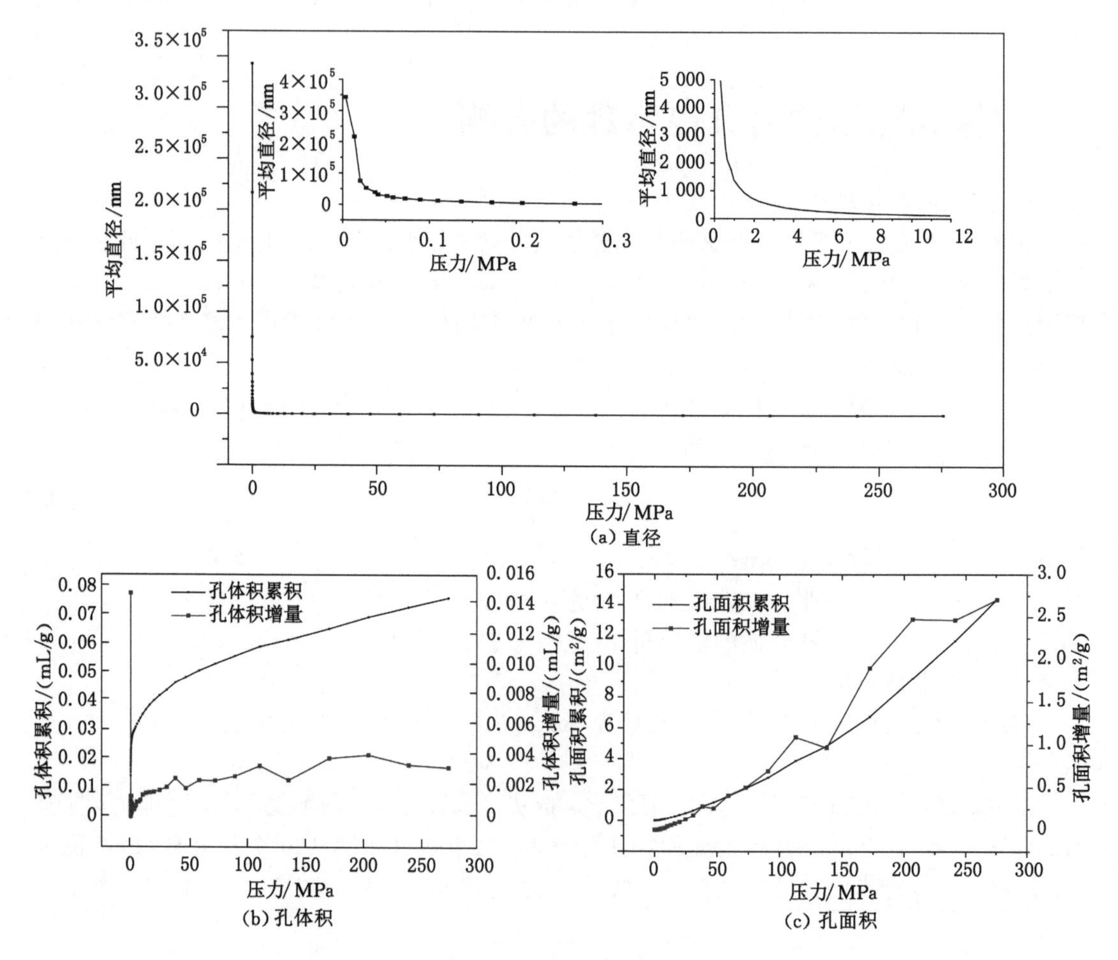

图 4-26 褐煤压汞数据图

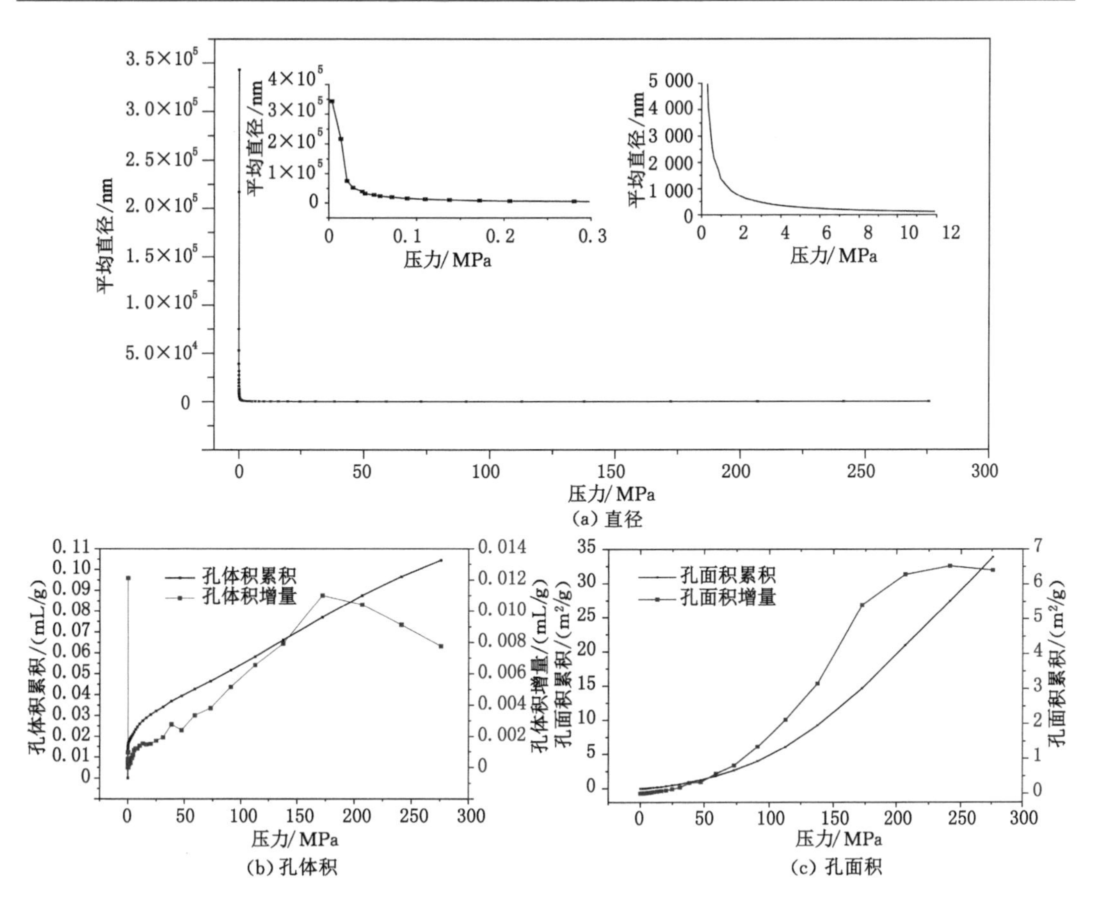

图 4-27　长焰煤压汞数据图

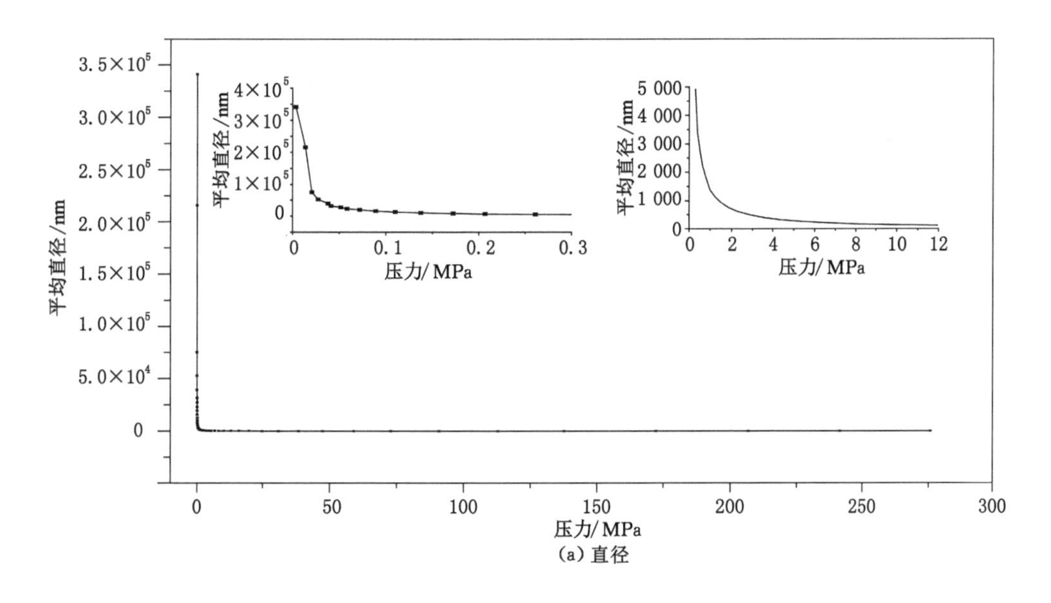

图 4-28　气煤压汞数据图

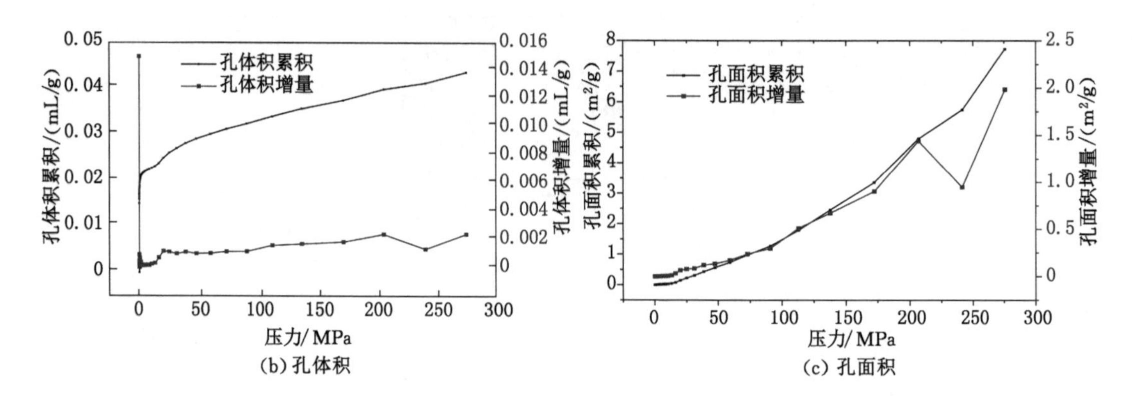

(b) 孔体积　　(c) 孔面积

图 4-28 （续）

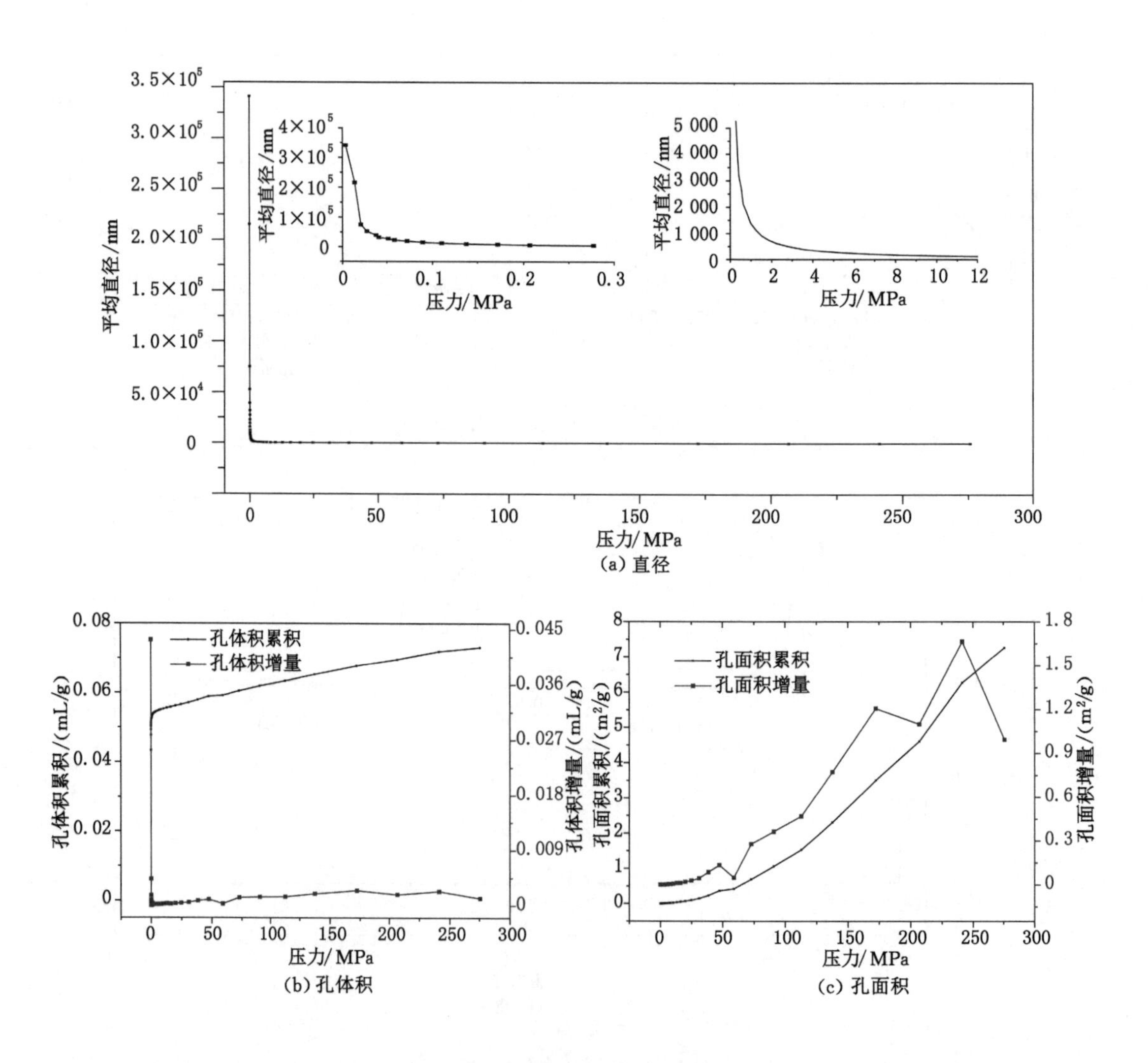

(a) 直径

(b) 孔体积　　(c) 孔面积

图 4-29　贫瘦煤压汞数据图

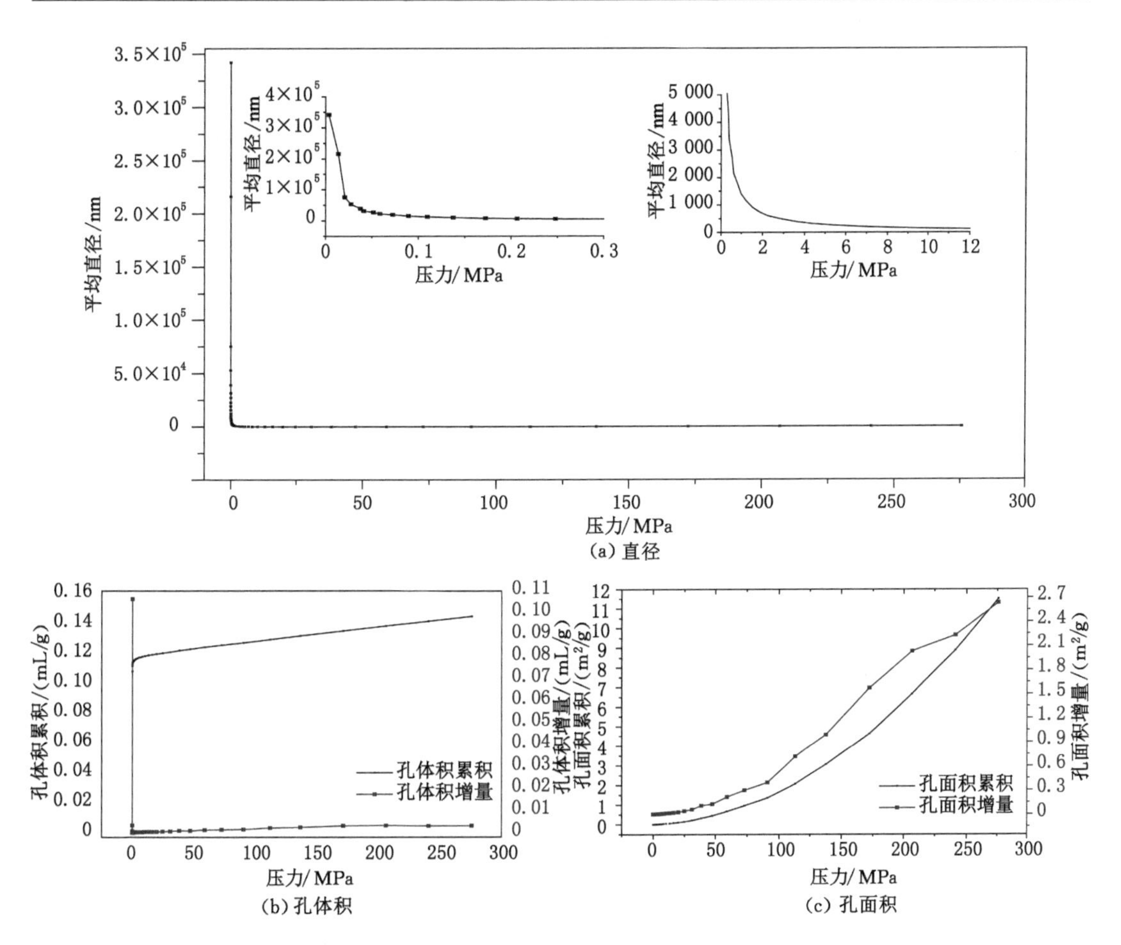

图 4-30　无烟煤压汞数据图

孔(100～1 000 nm)、大孔(>1 000 nm)。五种变质程度煤的孔隙测试如表 4-2 所列。

表 4-2　煤的压汞实验数据统计

类别		微孔	过渡孔	中孔	大孔	孔隙率/%	比表面积/(m^2/g)
褐煤	孔体积/(mL/g)	0.014 70	0.024 58	0.009 33	0.028 42	10.114 8	25.981
	比例/%	19.08	31.91	12.11	36.90		
长焰煤	孔体积/(mL/g)	0.038 30	0.038 61	0.009 45	0.018 04	13.341 2	51.102
	比例/%	36.69	36.98	9.05	17.28		
气煤	孔体积/(mL/g)	0.007 96	0.012 63	0.002 06	0.021 02	6.162 1	14.524
	比例/%	18.23	28.92	4.72	48.13		
贫瘦煤	孔体积/(mL/g)	0.007 82	0.009 73	0.002 08	0.053 50	9.185 6	15.754
	比例/%	10.69	13.31	2.84	73.16		
无烟煤	孔体积/(mL/g)	0.012 88	0.013 00	0.003 59	0.113 42	16.199 3	24.052
	比例/%	9.01	9.10	2.51	79.38		

由表 4-2 可以看出，无烟煤的孔隙率最大，其次是长焰煤，然后是褐煤、贫瘦煤与气煤。孔隙率越大，孔隙中充填的空气越多，而空气的介电常数为 1 F/m，远低于煤的介电常数。因此，孔隙率大的煤，其介电常数小，无烟煤、长焰煤、褐煤与贫瘦煤严格遵循这一规律。气煤的孔隙率最小，介电常数并非最大，说明孔隙率是煤介电常数的重要因素，但不是决定因素。

4.4 介电常数影响因素的主成分分析

1901 年，Pearson 首先引入主成分分析(principal component analysis，PCA)。1933 年，Hotelling 在 Pearson 的基础上关于这一问题又取得了较大进展。降维是它的主导思想，即将多个影响因素用少数几个综合变量来表达，筛选出的几个主成分能表征初始变量的大部分特征，一般情况下是初始变量的线性组合，为了保障主成分中包含信息的不重复性，要求各主要成分之间互不相关。

4.4.1 PCA 简介

(1) 几何意义

假设从二维数据库 $x=(x_1,x_2)'$ 中抽取一个容量为 n 的样本，在笛卡尔坐标系中描述出样本中观测值的散点图，如图 4-31 所示。从图中不难看出，观测值的散点大体上散落于一个椭圆内，很明显 x_1 和 x_2 表现出线性的关系。样本中 n 个观测点在 X_1 与 X_2 方向上具有类似的离散度。这里我们用 x_1 与 x_2 的方差来表述离散度，方差的高低映射出变量所隐含的不同原始数据特征，这里的 x_1 与 x_2 隐含了大致相等的信息量，若去掉任何一个，损失的信息量都将会比较大。

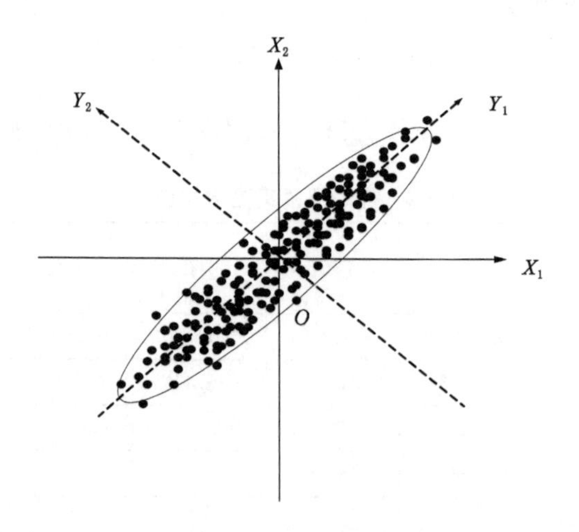

图 4-31 PCA 的几何意义示意图

固定坐标原点，将坐标轴按时针的反方向旋转，当 X_1 轴与椭圆的长轴 Y_1 重合，此时 X_2 轴恰好与椭圆的短轴 Y_2 重合，旋转的角度定为 θ，则有

$$\begin{cases} y_1 = x_1\cos\theta + x_2\sin\theta \\ y_2 = -x_1\sin\theta + x_2\cos\theta \end{cases} \tag{4-5}$$

不难得到，n 个观察值在新坐标中与 y_1 和 y_2 坐标基本没有相关性，而且 y_2 的方差比 y_1 的方差小得多，也就是说 y_1 蕴含了原始信息中的大部分特征，此时丢掉变量 y_2，信息的损失是比较小的。这里 y_1 被称作第一主成分，y_2 被称作第二主成分。

(2) 总体的主成分

① 主成分求解

设 $\bar{\boldsymbol{x}} = (x_1, x_2, \cdots, x_p)$ 为一个 p 维向量，假设存在 x 的期望与协方差矩阵，且其值已知，记 $E(x) = \mu$，$\mathrm{var}(x) = \Sigma$，考虑如下线性变换

$$\begin{cases} y_1 = \boldsymbol{a}_{11} x_1 + \boldsymbol{a}_{12} x_2 + \cdots + \boldsymbol{a}_{1p} x_p = \boldsymbol{a}'_1 \bar{\boldsymbol{x}} \\ y_2 = \boldsymbol{a}_{21} x_1 + \boldsymbol{a}_{22} x_2 + \cdots + \boldsymbol{a}_{2p} x_p = \boldsymbol{a}'_2 \bar{\boldsymbol{x}} \\ \qquad\vdots \\ y_p = \boldsymbol{a}_{p1} x_1 + \boldsymbol{a}_{p2} x_2 + \cdots + \boldsymbol{a}_{pp} x_p = \boldsymbol{a}'_p \bar{\boldsymbol{x}} \end{cases} \tag{4-6}$$

其中，$\boldsymbol{a}_1, \boldsymbol{a}_2, \cdots, \boldsymbol{a}_p$ 均为单位向量。下面求 $\boldsymbol{a}_1$，使得 y_1 的方差达到最大。

设 $\lambda_1 \geqslant \lambda_2 \geqslant \cdots \geqslant \lambda_p \geqslant 0$ 为 Σ 的 p 个特征值，$\boldsymbol{t}_1, \boldsymbol{t}_2, \cdots, \boldsymbol{t}_p$ 为相应的正交单位特征向量，即

$$\begin{cases} \sum \boldsymbol{t}_i = \lambda_i \boldsymbol{t}_i \\ \boldsymbol{t}'_i \boldsymbol{t}_i = 1, i \neq j; i, j = 1, 2, \cdots, p \\ \boldsymbol{t}'_i \boldsymbol{t}_j = 0 \end{cases} \tag{4-7}$$

由矩阵理论不难得到：

$$\Sigma = \boldsymbol{T\Lambda T}' = \sum_{i=1}^{p} \lambda_i \boldsymbol{t}_i \boldsymbol{t}'_i \tag{4-8}$$

其中 $\boldsymbol{T} = (t_1, t_2, \cdots, t_\mathrm{p})$ 为正交矩阵，$\boldsymbol{\Lambda}$ 是对角线元素为 $\lambda_1, \lambda_2, \cdots, \lambda_p$ 的对角阵。考虑 y_1 的方差

$$\begin{aligned} \mathrm{var}(y_1) &= \mathrm{var}(\boldsymbol{a}'_1 x) = c'_1 \mathrm{var}(x) \boldsymbol{a}_1 = \sum_{i=1}^{p} \lambda_i \boldsymbol{a}'_1 \boldsymbol{t}_i \boldsymbol{t}'_i \boldsymbol{a}_1 \\ &= \sum_{i=1}^{p} \lambda_i (\boldsymbol{a}'_1 \boldsymbol{t}_i)^2 \leqslant \lambda_1 \sum_{i=1}^{p} (\boldsymbol{a}'_1 \boldsymbol{t}_i)^2 \\ &= \lambda_1 \boldsymbol{a}'_1 \Big(\sum_{i=1}^{p} \boldsymbol{t}_i \boldsymbol{t}'_i\Big) \boldsymbol{a}_1 = \lambda_1 \boldsymbol{a}'_1 \boldsymbol{TT}' \boldsymbol{a}_1 = \lambda_1 \boldsymbol{a}'_1 \boldsymbol{a}_1 = \lambda_1 \end{aligned} \tag{4-9}$$

由式(4-9)可知，当 $\boldsymbol{a}_1 = \boldsymbol{t}_1$ 时，$y_1 = \boldsymbol{t}'_1 x$ 的方差达到最大，最大值为 λ_1。称 $y_1 = \boldsymbol{t}'_1 x$ 为第一主成分。若第一主成分不足以表征原始数据信息，则应考虑第二主成分。接下来求 $\boldsymbol{a}_2$，在 $\mathrm{cov}(y_1, y_2) = 0$ 条件下，使得 y_2 的方差达到最大。由

$$\mathrm{cov}(y_1, y_2) = \mathrm{cov}(\boldsymbol{t}'_1 x, \boldsymbol{a}'_2 x) = \boldsymbol{t}'_1 \Sigma \boldsymbol{a}_2 = \boldsymbol{a}'_2 \Sigma \boldsymbol{t}_1 = \lambda_1 \boldsymbol{a}'_2 \boldsymbol{t}_1 = 0 \tag{4-10}$$

可得 $\boldsymbol{a}'_1 \boldsymbol{t}_1 = 0$，于是

$$\begin{aligned} \mathrm{var}(y_2) &= \mathrm{var}(\boldsymbol{a}'_2 x) = \boldsymbol{a}'_2 \mathrm{var}(x) \boldsymbol{a}_2 = \sum_{i=1}^{p} \lambda_i \boldsymbol{a}'_2 \boldsymbol{t}_i \boldsymbol{t}'_i \boldsymbol{a}_2 = \sum_{i=1}^{p} \lambda_i (\boldsymbol{a}'_2 \boldsymbol{t}_i)^2 \\ &\leqslant \lambda_2 \sum_{i=1}^{p} (\boldsymbol{a}'_2 \boldsymbol{t}_i)^2 = \lambda_2 \boldsymbol{a}'_2 \Big(\sum_{i=1}^{p} \boldsymbol{t}_i \boldsymbol{t}'_i\Big) \boldsymbol{a}_2 = \lambda_2 \boldsymbol{a}'_2 \boldsymbol{TT}' \boldsymbol{a}_2 = \lambda_2 \boldsymbol{a}'_2 \boldsymbol{a}_2 = \lambda_2 \end{aligned} \tag{4-11}$$

由式(4-11)可知，当 $\boldsymbol{a}_2 = \boldsymbol{t}_2$ 时，$y_2 = \boldsymbol{t}'_2 x$ 的方差达到最大，最大值为 λ_2。称 $y_2 = \boldsymbol{t}'_2 x$ 为第二主成分。类似的，在约束 $\mathrm{cov}(y_k, y_i) = 0 (k = 1, 2, \cdots, i-1)$ 下可得，当 $\boldsymbol{a}_i = \boldsymbol{t}_i$ 时，

$y_i = \boldsymbol{t}'_i x$ 的方差达到最大，最大值为 λ_i。称 $y_i = \boldsymbol{t}'_i x$ 为第 i 主成分。

② 主成分的性质

主成分向量的协方差矩阵为对角阵，记

$$\boldsymbol{y} = \begin{pmatrix} y_1 \\ y_2 \\ \vdots \\ y_p \end{pmatrix} = \begin{pmatrix} \boldsymbol{t}'_1 x \\ \boldsymbol{t}'_2 x \\ \vdots \\ \boldsymbol{t}'_p x \end{pmatrix} = (\boldsymbol{t}_1, \boldsymbol{t}_2, \cdots, \boldsymbol{t}_p)' x = \boldsymbol{T}' x \tag{4-12}$$

则

$$\begin{cases} E(y) = E(\boldsymbol{T}'x) = \boldsymbol{T}'\mu \\ \mathrm{var}(\boldsymbol{T}'x) = \boldsymbol{T}'\mathrm{var}(x)\boldsymbol{T} = \boldsymbol{T}'\Sigma\boldsymbol{T} = \boldsymbol{\Lambda} \end{cases} \tag{4-13}$$

说明主成分向量的协方差矩阵是对角阵。主成分的总方差等于原始变量的总方差，设协方差矩阵 $\boldsymbol{\Sigma} = (\sigma_{ij})$，则 $\mathrm{var}(x_i) = \sigma_{ij}$，$(i = 1, 2, \cdots, p)$，于是

$$\sum_{i=1}^{p} \mathrm{var}(y_i) = \sum_{i=1}^{p} \lambda_i = tr(\boldsymbol{\Sigma}) = \sum_{i=1}^{p} \sigma_{ii} = \sum_{i=1}^{p} \mathrm{var}(x_i) \tag{4-14}$$

因此，主成分的个数有 p 个，它们之间互不相关，上述主成分方差的和与原始数据的总方差相等，这说明 p 个相互之间没有相关性的主成分蕴含了原始数据中的所有信息，但是主成分所包含的信息更为集中。

总方差中第 i 个主成分 y_i 的方差所占的比例 $\lambda_i / \sum_{i=1}^{p} \lambda_i$，$(i = 1, 2, \cdots, p)$ 称为主成分 y_i 的贡献率。主成分的贡献率表征的是主成分对原始变量信息的综合性能。由贡献率定义可知，p 个主成分的贡献率逐次降低，即对原始变量信息的综合性能逐次减弱。

前 $m(m \leqslant p)$ 个主成分的贡献率之和称为前 m 个主成分的累积贡献率，它表征了前 m 个主成分综合原始变量信息的能力。因为主成分分析的宗旨是降低维数，所以在信息损失不大的状况下，用少量的几个主成分来代替原始变量，以进行后续分析。

4.4.2 介电常数因素的主成分分析

通过工业分析、元素分析、SEM 分析及 MIP 分析，发现水分、灰分、挥发分、固定碳、碳含量、表面结构分形维数、孔隙率等是煤介电常数的影响因素。利用 MATLAB 软件，采用主成分分析法研究影响煤介电常数的主成分。计算结果如表 4-3 所列。

由表 4-3 中“结果 1”可以看出，第一个主成分的贡献率为 60.583 1%，前两个主成分的累积贡献率达到 86.715 5%。用“结果 2”中前两个主成分对其影响因素进行分析，两个主成分的表达式如下：

$$\begin{cases} y_1 = -0.354\,4x_1 - 0.365\,8x_2 - 0.282\,9x_3 + 0.448\,7x_4 - 0.353\,4x_5 + 0.438\,5x_6 - 0.255\,2x_7 + 0.277\,4x_8 \\ y_2 = 0.052\,0x_1 - 0.409\,1x_2 + 0.534\,6x_3 - 0.103\,2x_4 - 0.430\,8x_5 + 0.172\,0x_6 + 0.560\,3x_7 - 0.066\,0x_8 \end{cases} \tag{4-15}$$

从第一主成分表达式来看，它在标准化变量 x_1、x_2、x_5 上有相近的负载荷，在 x_3 和 x_7 上有相近的负载荷，在 x_4 和 x_6 上有相近的正载荷。这反映的是多个方面对煤介电常数的影响，首先是水分、灰分及矿物质对煤介电常数的影响，其次是挥发分和表面结构对煤介电常数的影响，最后是固定碳和碳含量对介电常数的影响。说明当 x_1、x_2、x_5、x_3 和 x_7 增大时，y_1 减小；当 x_4 和 x_6 增大时，y_1 增大。

表 4-3　煤介电常数的影响因素主成分分析计算表

结果 1				结果 2			
特征值	差值	贡献率/%	累积贡献率/%	标准化变量	主成分 1	主成分 2	主成分 3
4.846 6	2.756 1	60.583 1	60.583 1	水分	−0.354 4	0.052 0	0.607 7
2.090 6	1.068 0	26.132 4	86.715 5	灰分	−0.365 8	−0.409 1	−0.034 5
1.022 6	0.982 5	12.782 8	99.498 3	挥发分	−0.282 9	0.534 6	−0.106 5
0.040 1	0.040 1	0.501 7	100.000 0	固定碳	0.448 7	−0.103 2	−0.023 3
0	0	0	100.000 0	矿物质含量	−0.353 4	−0.430 8	−0.059 8
0	0	0	100.000 0	碳含量	0.438 5	0.172 0	−0.072 8
0	0	0	100.000 0	表面结构	−0.255 2	0.560 3	0.083 5
0	0	0	100.000 0	孔隙率	0.277 4	−0.066 0	0.775 7

计算 500 MHz 时，五种变质程度煤介电常数的影响因素的第一主成分和第二主成分得分之和，结果如表 4-4 所列。除褐煤外，介电常数随主成分得分的增加而减小，即呈现负相关规律。褐煤的变质程度最低，煤内有腐殖质等，查阅文献发现这可能是对褐煤电性参数影响因素之一。

表 4-4　主成分得分之和与介电常数对应情况

煤种	贫瘦煤	褐煤	气煤	长焰煤	无烟煤
介电常数	3.73	3.51	3.30	3.03	2.99
第一主成分和第二主成分得分之和	23.88	−19.24	39.01	47.02	68.78

4.5　本章小结

本章主要内容为煤介电常数影响因素分析，利用工业分析、元素分析、扫描电镜(SEM)及压汞(MIP)实验，通过主成分分析法分析了介电常数与影响因素间的关系。主要工作及结论总结如下：

(1) 水分(M_{ad})与煤介电常数之间没有直接的线性或非线性映射关系，水分不是影响煤介电常数决定性因素而是重要因素；固定碳与煤介电常数之间没有直接的线性或非线性映射关系，固定碳是煤介电常数的影响因素之一；碳与煤介电常数之间没有直接的线性或非线性映射关系，碳元素含量是煤介电常数的影响因素之一；煤的灰分(A_{ad})、挥发分(V_{ad})和矿物质含量与煤介电常数均呈三次多项式关系。

(2) 通过煤的 SEM 分析发现：褐煤、长焰煤、气煤、贫瘦煤及无烟煤的表面微结构分形盒维数为 1.549 8、1.762 8、1.660 3、1.392 8 及 1.305 0。除无烟煤外，表面微结构分形盒维数与煤介电常数具有良好的一致性，即分形盒维数越大介电常数越小。因无烟煤不符合这一规律，说明煤表面结构分形盒维数是介电常数的重要因素而非决定性因素。

(3) 通过压汞实验分析发现：无烟煤的孔隙率最大，其次是长焰煤，然后是褐煤、贫瘦煤与气煤。孔隙率大的介电常数小，无烟煤、长焰煤、褐煤与贫瘦煤严格遵循这一规律。气煤的孔隙率最小，介电常数并非最大，说明孔隙率是煤介电常数的重要因素，但不是决定因素。

（4）通过主成分分析法，利用 MATLAB 软件，将煤介电常数的影响因素水分、灰分、发挥分、固定碳、矿物质含量、碳元素含量、煤表面结构分形盒维数及孔隙率等降为二维，即第一主成分和第二主成分，并给出了主成分表达式。煤介电常数随主成分得分的增加而减小，即呈负相关特性。

参考文献

[1] 王云刚，魏建平，刘明举. 构造软煤电性参数影响因素的分析[J]. 煤炭科学技术，2010，38(8)：77-80.

[2] WANG QY，ZHANG X，GU F. Investigation on interior moisture distribution inducing dielectric anisotropy of coals[J]. Fuel processing technology，2008，89(6)：633-641.

[3] LIU H，WANG W J. Measurement model of total moisture in coal based on permittivity[C]//Computer Application and System Modeling（ICCASM），2010 International Conference on. [S. l.：s. n.]，2010：398-401.

[4] 刘延保. 基于细观力学试验的含瓦斯煤体变形破坏规律研究[D]. 重庆：重庆大学，2009.

第 5 章　煤电阻率的影响因素

为了掌握 $\rho = F(f)$ 中系数与煤变质程度的变化关系，需要研究煤电阻率的影响因素。因为受微晶结构、元素种类及含量、碳结构等因素的影响[1-2]，不同变质程度煤的电阻率也不同。由此根据 3.3 节煤电阻率的测试分析，200 MHz 与 500 MHz 频率下五种变质程度煤的电阻率，如图 5-1 所示。由图可以看出，除无烟煤外，煤的电阻率随变质程度的增加而降低；无烟煤的电阻率与褐煤的电阻率相近。为了明确引起不同变质程度煤的电阻率发生变化的原因，本章利用煤的全元素分析、X 射线衍射(XRD)及碳谱核磁共振(^{13}C NMR)等实验，得到了煤中矿物质、微晶结构、金属元素种类及含量、C 谱结构，分析了上述因素对煤的电阻率的影响。

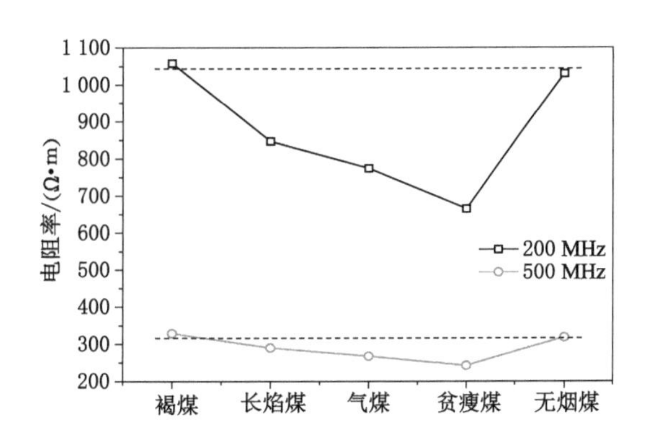

图 5-1　不同变质程度煤的电阻率

5.1　晶体结构对电阻率的影响

5.1.1　实验原理与测试

实验原理：当一束单色 X 射线照射到煤样晶体时，由于晶体是由原子规则排列成的晶胞组成，原子间的距离与入射 X 射线波长有相同数量级，故由不同原子散射的 X 射线相互干涉，在某些特殊方向上产生强 X 射线衍射，衍射线在空间分布的方位和强度，与晶体结构密切相关[3]。

实验设备及参数：实验采用德国 BRUKER-AXS 公司生产的 D8 ADVANCE X 射线衍射仪(图 5-2)，Cu 靶，测试电压 40 kV，测试电流 40 mA，采用 Ni 片滤掉 Kβ 射线，接收狭缝为 0.2 mm，闪烁计数器计数。采用连续式扫描方式，扫描速度为 3°/min，步长 0.020°，角度 0°～90°。

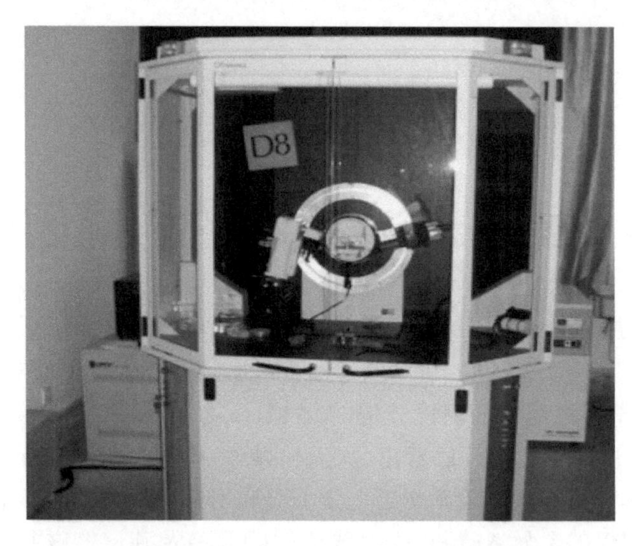

图 5-2　D8 ADVANCE X 射线多晶衍射仪

5.1.2　结果与分析

实验各煤样的 XRD 图谱如图 5-3～图 5-7 所示。

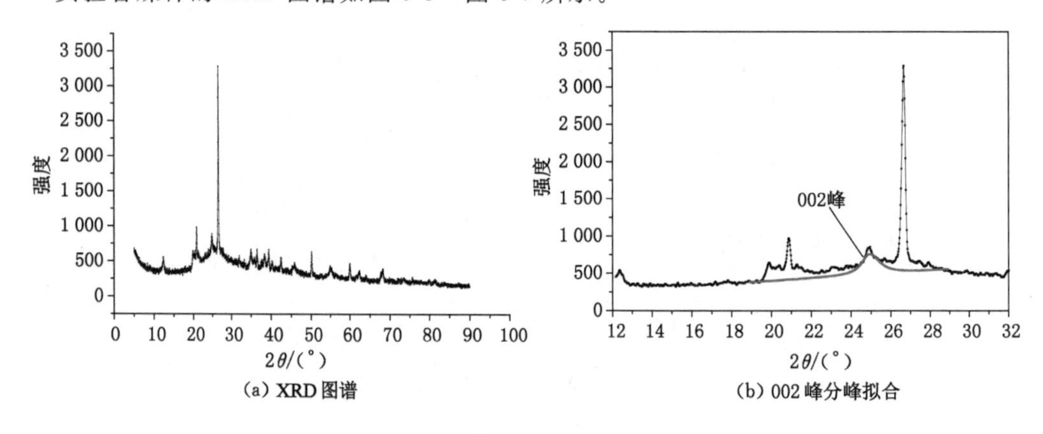

图 5-3　褐煤 XRD 谱图和 002 峰

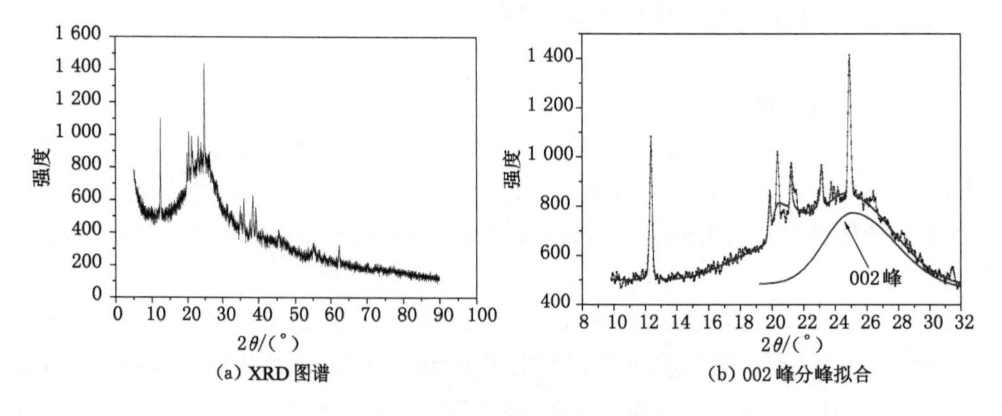

图 5-4　长焰煤 XRD 谱图和 002 峰

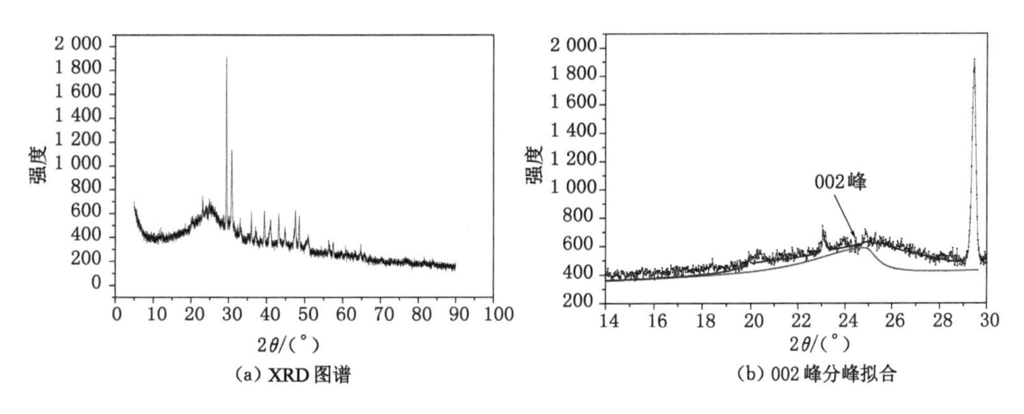

图 5-5　气煤 XRD 谱图和 002 峰

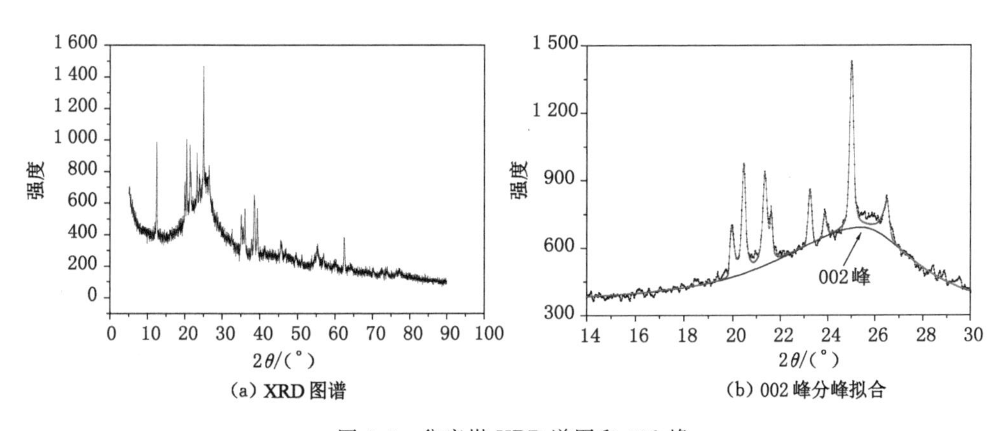

图 5-6　贫瘦煤 XRD 谱图和 002 峰

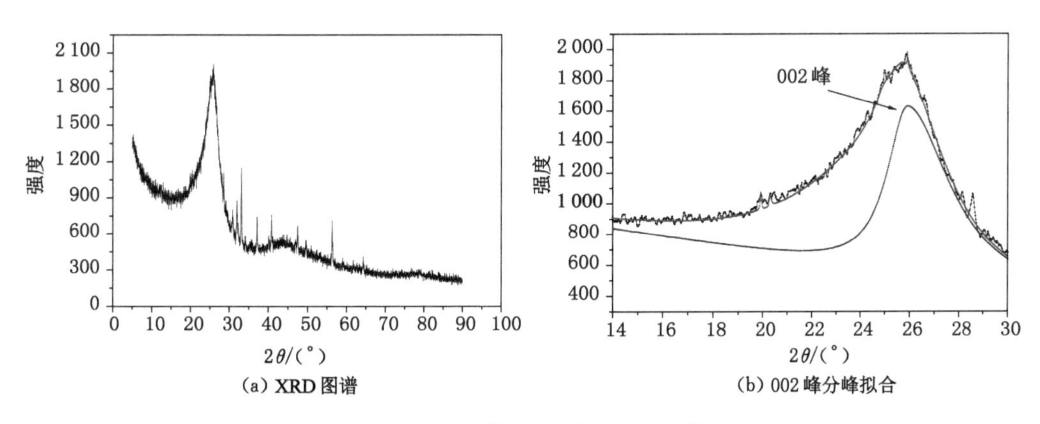

图 5-7　无烟煤 XRD 谱图和 002 峰

(1) 煤样所含矿物质成分分析

煤中的矿物质来源主要有原生、再生、外来浸入三种，它的存在形式主要有：与煤中有机质化学结合、溶解于煤孔隙水中、离散型矿物质颗粒。

利用 MID Jade6.0 分析软件，按照标准图谱对测试结果展开分析，研究煤样的图谱衍射峰位与强度，各种煤所含矿物质种类和含量各有不同，具体分析结果见表 5-1。由表可以看出，褐煤与贫瘦煤中含有石英，而石英的介电常数大于煤的介电常数，这可能是褐煤与贫瘦煤的介电常数较大的原因之一。

表 5-1 煤样所含主要矿物质种类

序号	煤样	矿物质种类
1	哈密褐煤	石英、高岭石、氧化钴、铵氟化镝水合物、蓝铜矾、锶镓钛氧化物、硫化汞、蓝晶石、纤维锌矿
2	鄂尔多斯长焰煤	高岭石、二重高岭石、白铅矿、磁铁矿、钙锰硅合金、砷酸铁、砷酸铬
3	菏泽气煤	方解石、铁白云石、白云石、黄铁矿、黄铜矿
4	渭南贫瘦煤	高岭石、石英、硫化汞、针铁矿、菱锶矿、水锰矿、白铅矿、锐钛矿、硬石膏、氧化镁、碳酸钡矿、板钛矿、菱锌矿、文石、白矾
5	晋中无烟煤	黄铁矿、蓝晶石、闪锌矿、水锰矿、硫化汞、碳酸钡矿、方沸石、硬石膏、锐钛矿、板钛矿、赤铁矿、针铁矿、菱铁矿、白铁矿、白铅矿

(2) 煤样 XRD 图谱特性分析

在煤的形成过程中,由于地域环境的差别,受压力和温度的影响程度具有差异性,这使得煤分子芳香微晶结构具有多样性,XRD 实验显示其图谱特征呈现不同结果。煤结构中的芳香微晶部分和石墨结构中的晶体部分具有一定的相似性,谱峰值对应的角度数及其特征与石墨有诸多相似,由此煤的 XRD 图谱可以参考石墨的分析方法。

煤结构中芳香微晶有两类存在形式,分别为紧密堆砌和分散。分类的主要特征参数有层间距(d_{002}与d_{100})、延展度(L_a)、堆砌高度(L_c)和有效堆砌芳香片数(M_c)。根据布拉格方程[4-5],上述参数的计算公式如下:

$$d_{002} = \frac{\lambda}{2\sin\theta_{002}} \tag{5-1}$$

$$d_{100} = \frac{\lambda}{2\sin\theta_{100}} \tag{5-2}$$

$$L_c = \frac{0.96\lambda}{\beta_{002}\cos\theta_{002}} \tag{5-3}$$

$$L_a = \frac{1.84\lambda}{\beta_{100}\cos\theta_{100}} \tag{5-4}$$

$$M_c = \frac{L_c}{d_{002}} \tag{5-5}$$

式中 λ——X 射线波长,Å,铜靶取 1.540 56 Å;

θ_{002},θ_{100}——002 和 100 峰对应的布拉格角,(°);

β_{002},β_{100}——002 和 100 峰的半高宽,rad。

理想的石墨结构为密排六方,石墨化度 g 表征碳原子形成密排六方石墨晶体结构的程度[6],富兰克林曾经推出人造石墨物质的晶格常数与石墨化度 g' 之间映射关系,经过简化可以得到下式:

$$g' = \frac{0.3440 - c_0/2}{0.0086} = \frac{0.3440 - d_{002}}{0.0086} \tag{5-6}$$

式中 g'——石墨化度,%;

c_0——六方晶系石墨 c 轴的点阵常数，nm，其数值为碳层间距 d_{002} 的2倍。

当 $c_0=0.670\ 8$ nm 时，$g'=100\%$；当 $c_0=0.688\ 0$ nm 时，$g'=0\%$。当 g' 越接近于100%，则说明该物质的结构更加趋于石墨化晶体。

根据式(5-1)～式(5-6)，煤样的芳香微晶结构参数和煤化度计算结果如表5-2所列。不难得出，d_{002} 值随煤变质程度的增加而逐渐减小，且逐渐逼近于理想石墨的层间距(0.335 4 nm)；L_c 与 L_a 逐渐增加；M_c 逐渐增大至7层左右；石墨化度值为负值说明几种煤的 c 轴点阵常数大于0.344 0 nm。这说明变质程度低的煤结构中桥键、侧链、官能团的含量多，分子内部排列的有序性比较差，芳香环缩合度的程度比较弱，脂肪结构的含量程度高，分子中的晶体结构不完整；变化程度越深，说明煤的成煤历程越长，在这个过程中煤结构中强度稍差的脂肪侧链发生脱落，芳香环在纵、横两个方向上均发生了缩聚反应，芳香层结构的相对占有率增加，而且分子中结构排列的有序性逐渐趋于良好，煤中芳香微晶体的结构逐步往石墨晶体的结构方向逼近。

表5-2　煤样X射线衍射数据解析

煤样	$d_{002}/(\times10^{-1}$ nm)	$d_{100}/(\times10^{-1}$ nm)	$L_c/(\times10^{-1}$ nm)	$L_a/(\times10^{-1}$ nm)	M_c	$g'/\%$
褐煤	3.67	2.13	8.73	15.61	2.38	−2.67
长焰煤	3.63	1.99	9.62	16.79	2.65	−2.21
气煤	3.59	2.05	13.3	17.72	3.70	−1.74
贫瘦煤	3.51	1.99	19.4	27.25	5.53	−0.81
无烟煤	3.48	2.08	24.7	30.69	7.20	−0.47

芳香层片数随煤变质程度的增加而增多，分子内 π 轨道彼此重叠，使得分子活动范围扩大，有可能发生转移，使煤的电阻率减小。随变质程度增加，d_{002} 逐渐减小，L_c 和 g' 逐渐增大，说明煤的石墨化程度和结构有序性逐渐增强。除无烟煤外，从微晶角度表征得到的结果和直接测得的电阻率结果相一致。

5.2　全元素对电阻率的影响

5.2.1　实验原理及测试

煤的全元素实验原理：测试工作开始时，启动设备，打开高压放电设备，使工作气体(Ar)发生电离，而后流经高频感应线圈时会释放出较大的热量同时有交变磁场生成，这促使电离气体的电子、离子以及处于基准态的氖原子之间出现重复剧烈的撞击，致使气体彻底电离形成一个与线圈状形似的等离子体炬曲面，此处的温度可达到6 000～10 000 ℃。待样品成溶液后，被超生雾化系统喷入等离子体炬中，样品可被分解成激发状态的原子、离子态，当上述处于激发状态的粒子被回收到稳定的基态时，需释放出一定的热能，即会产生一定波长的光谱，由于每种元素的谱线及其强度不同，据此可以测试每种元素的相应值，而后与标准溶液对比，即可获得煤中所有元素的种类与含量。

实验设备：电感耦合等离子体发射光谱(ICP-AES)仪，型号Agilent725，如图5-8所示。

ICP-AES仪实验步骤：① 观测氩气钢瓶压力表，是否大于1 MPa；② 开启水冷机和排

图 5-8　电感耦合等离子体发射光谱仪

风设备；③ 点燃等离子体，观察等离子情况；④ 在软件界面选择合适的方法并进行校准；⑤ 对煤样进行测试分析；⑥ 清洗设备，然后关机。

5.2.2　实验结果与分析

全元素实验结果如表 5-3～表 5-7 所列。

表 5-3　褐煤全元素分析

测定元素	测定结果/%	测定元素	测定结果/%	测定元素	测定结果/%
Ag(银)	<0.000 1	Al(铝)	0.180 0	As(砷)	<0.000 1
Au(金)	<0.000 1	B(硼)	0.004 1	Ba(钡)	0.006 2
Be(铍)	<0.000 1	Bi(铋)	<0.000 1	Ca(钙)	0.880 0
Cd(镉)	<0.000 1	Ce(铈)	<0.000 1	Co(钴)	<0.000 1
Cr(铬)	0.000 6	Cu(铜)	0.001 1	Dy(镝)	<0.000 1
Er(铒)	<0.000 1	Eu(铕)	<0.000 1	Fe(铁)	0.630 0
Ga(镓)	<0.000 1	Gd(钆)	<0.000 1	Ge(锗)	<0.000 1
Hf(铪)	<0.000 1	Hg(汞)	<0.000 1	In(铟)	<0.000 1
Ir(铱)	<0.000 1	K(钾)	0.054 0	La(镧)	0.001 4
Li(锂)	<0.000 1	Lu(镥)	<0.000 1	Mg(镁)	0.240 0
Mn(锰)	0.015 0	Mo(钼)	<0.000 1	Na(钠)	0.210 0
Nb(铌)	<0.000 1	Nd(钕)	<0.000 1	Ni(镍)	<0.000 1
P(磷)	0.011 0	Pb(铅)	0.000 5	Pt(铂)	<0.000 1
Pr(镨)	<0.000 1	Rb(铷)	<0.000 1	Re(铼)	<0.000 1
Rh(铑)	<0.000 1	Ru(钌)	<0.000 1	Sb(锑)	<0.000 1
Sc(钪)	<0.000 1	Se(硒)	<0.000 1	Sr(锶)	0.038 0
Sm(钐)	<0.000 1	Sn(锡)	<0.000 1	Ta(钽)	<0.000 1
Tb(铽)	<0.000 1	Te(碲)	<0.000 1	Ti(钛)	0.024 0
Tl(铊)	<0.000 1	Tm(铥)	<0.000 1	V(钒)	<0.000 1

表 5-3(续)

测定元素	测定结果/%	测定元素	测定结果/%	测定元素	测定结果/%
W(钨)	<0.000 1	Y(钇)	<0.000 1	Yb(镱)	<0.000 1
Zn(锌)	0.001 5	Zr(锆)	<0.000 1	Pd(钯)	<0.000 1
Ho(钬)	<0.000 1				

表 5-4　长焰煤全元素分析

测定元素	测定结果/%	测定元素	测定结果/%	测定元素	测定结果/%
Ag(银)	<0.000 1	Al(铝)	0.028 0	As(砷)	<0.000 1
Au(金)	<0.000 1	B(硼)	0.004 3	Ba(钡)	0.000 5
Be(铍)	<0.000 1	Bi(铋)	<0.000 1	Ca(钙)	0.250 0
Cd(镉)	<0.000 1	Ce(铈)	<0.000 1	Co(钴)	<0.000 1
Cr(铬)	0.000 6	Cu(铜)	0.000 5	Dy(镝)	<0.000 1
Er(铒)	<0.000 1	Eu(铕)	<0.000 1	Fe(铁)	0.098 0
Ga(镓)	<0.000 1	Gd(钆)	<0.000 1	Ge(锗)	<0.000 1
Hf(铪)	<0.000 1	Hg(汞)	<0.000 1	In(铟)	<0.000 1
Ir(铱)	<0.000 1	K(钾)	0.078	La(镧)	0.001 5
Li(锂)	<0.000 1	Lu(镥)	<0.000 1	Mg(镁)	0.019 0
Mn(锰)	0.001 5	Mo(钼)	<0.000 1	Na(钠)	0.013 0
Nb(铌)	<0.000 1	Nd(钕)	<0.000 1	Ni(镍)	<0.000 1
P(磷)	0.002 5	Pb(铅)	0.000 2	Pt(铂)	<0.000 1
Pr(镨)	<0.000 1	Rb(铷)	<0.000 1	Re(铼)	<0.000 1
Rh(铑)	<0.000 1	Ru(钌)	<0.000 1	Sb(锑)	<0.000 1
Sc(钪)	<0.000 1	Se(硒)	<0.000 1	Sr(锶)	0.001 6
Sm(钐)	<0.000 1	Sn(锡)	<0.000 1	Ta(钽)	<0.0001
Tb(铽)	<0.000 1	Te(碲)	<0.000 1	Ti(钛)	0.018 0
Tl(铊)	<0.000 1	Tm(铥)	<0.000 1	V(钒)	<0.000 1
W(钨)	<0.000 1	Y(钇)	<0.000 1	Yb(镱)	<0.000 1
Zn(锌)	0.002 3	Zr(锆)	<0.000 1	Pd(钯)	<0.000 1
Ho(钬)	<0.000 1				

表 5-5　气煤全元素分析

测定元素	测定结果/%	测定元素	测定结果/%	测定元素	测定结果/%
Ag(银)	<0.000 1	Al(铝)	0.069 0	As(砷)	<0.000 1
Au(金)	<0.000 1	B(硼)	0.006 4	Ba(钡)	0.001 9
Be(铍)	<0.000 1	Bi(铋)	<0.000 1	Ca(钙)	4.670 0
Cd(镉)	<0.000 1	Ce(铈)	<0.000 1	Co(钴)	<0.000 1
Cr(铬)	0.000 6	Cu(铜)	0.000 5	Dy(镝)	<0.000 1

表 5-5(续)

测定元素	测定结果/%	测定元素	测定结果/%	测定元素	测定结果/%
Er(铒)	<0.000 1	Eu(铕)	<0.000 1	Fe(铁)	0.890 0
Ga(镓)	<0.000 1	Gd(钆)	<0.000 1	Ge(锗)	<0.000 1
Hf(铪)	<0.000 1	Hg(汞)	<0.000 1	In(铟)	<0.000 1
Ir(铱)	<0.000 1	K(钾)	0.009 8	La(镧)	0.000 6
Li(锂)	<0.000 1	Lu(镥)	<0.000 1	Mg(镁)	0.790 0
Mn(锰)	0.015 0	Mo(钼)	<0.000 1	Na(钠)	0.027 0
Nb(铌)	<0.000 1	Nd(钕)	<0.000 1	Ni(镍)	<0.000 1
P(磷)	0.048 0	Pb(铅)	0.000 3	Pt(铂)	<0.000 1
Pr(镨)	<0.000 1	Rb(铷)	<0.000 1	Re(铼)	<0.000 1
Rh(铑)	<0.000 1	Ru(钌)	<0.000 1	Sb(锑)	<0.000 1
Sc(钪)	<0.000 1	Se(硒)	<0.000 1	Sr(锶)	0.048 0
Sm(钐)	<0.000 1	Sn(锡)	<0.000 1	Ta(钽)	<0.000 1
Tb(铽)	<0.000 1	Te(碲)	<0.000 1	Ti(钛)	0.003 8
Tl(铊)	<0.000 1	Tm(铥)	<0.000 1	V(钒)	<0.000 1
W(钨)	<0.000 1	Y(钇)	<0.000 1	Yb(镱)	<0.000 1
Zn(锌)	0.000 7	Zr(锆)	<0.000 1	Pd(钯)	<0.000 1
Ho(钬)	<0.000 1				

表 5-6 贫瘦煤全元素分析

测定元素	测定结果/%	测定元素	测定结果/%	测定元素	测定结果/%
Ag(银)	<0.000 1	Al(铝)	0.066 0	As(砷)	<0.000 1
Au(金)	<0.000 1	B(硼)	0.000 6	Ba(钡)	0.000 9
Be(铍)	<0.000 1	Bi(铋)	<0.000 1	Ca(钙)	0.290 0
Cd(镉)	<0.000 1	Ce(铈)	<0.000 1	Co(钴)	<0.000 1
Cr(铬)	0.000 6	Cu(铜)	0.000 8	Dy(镝)	<0.000 1
Er(铒)	<0.000 1	Eu(铕)	<0.000 1	Fe(铁)	0.160 0
Ga(镓)	<0.000 1	Gd(钆)	<0.000 1	Ge(锗)	<0.000 1
Hf(铪)	<0.000 1	Hg(汞)	<0.000 1	In(铟)	<0.000 1
Ir(铱)	<0.000 1	K(钾)	0.008 8	La(镧)	0.000 6
Li(锂)	<0.000 1	Lu(镥)	<0.000 1	Mg(镁)	0.015 0
Mn(锰)	0.000 3	Mo(钼)	<0.000 1	Na(钠)	0.011 0
Nb(铌)	<0.000 1	Nd(钕)	<0.000 1	Ni(镍)	<0.000 1
P(磷)	0.002 9	Pb(铅)	0.000 5	Pt(铂)	<0.000 1
Pr(镨)	<0.000 1	Rb(铷)	<0.000 1	Re(铼)	<0.000 1
Rh(铑)	<0.000 1	Ru(钌)	<0.000 1	Sb(锑)	<0.000 1
Sc(钪)	<0.000 1	Se(硒)	<0.000 1	Sr(锶)	0.001 2

表 5-6(续)

测定元素	测定结果/%	测定元素	测定结果/%	测定元素	测定结果/%
Sm(钐)	<0.000 1	Sn(锡)	<0.000 1	Ta(钽)	<0.000 1
Tb(铽)	<0.000 1	Te(碲)	<0.000 1	Ti(钛)	0.001 1
T1(铊)	<0.000 1	Tm(铥)	<0.000 1	V(钒)	<0.000 1
W(钨)	<0.000 1	Y(钇)	<0.000 1	Yb(镱)	<0.000 1
Zn(锌)	0.001 2	Zr(锆)	<0.000 1	Pd(钯)	<0.000 1
Ho(钬)	<0.000 1				

表 5-7　无烟煤全元素分析

测定元素	测定结果/%	测定元素	测定结果/%	测定元素	测定结果/%
Ag(银)	<0.000 1	Al(铝)	0.014 0	As(砷)	<0.000 1
Au(金)	<0.000 1	B(硼)	0.000 3	Ba(钡)	0.000 9
Be(铍)	<0.000 1	Bi(铋)	<0.000 1	Ca(钙)	0.980 0
Cd(镉)	<0.000 1	Ce(铈)	<0.000 1	Co(钴)	<0.000 1
Cr(铬)	0.000 6	Cu(铜)	0.000 3	Dy(镝)	<0.000 1
Er(铒)	<0.000 1	Eu(铕)	<0.000 1	Fe(铁)	1.420 0
Ga(镓)	<0.000 1	Gd(钆)	<0.000 1	Ge(锗)	<0.000 1
Hf(铪)	<0.000 1	Hg(汞)	<0.000 1	In(铟)	<0.000 1
Ir(铱)	<0.000 1	K(钾)	0.006 9	La(镧)	0.000 2
Li(锂)	<0.000 1	Lu(镥)	<0.000 1	Mg(镁)	0.069 0
Mn(锰)	0.002 4	Mo(钼)	<0.000 1	Na(钠)	0.015 0
Nb(铌)	<0.000 1	Nd(钕)	<0.000 1	Ni(镍)	<0.000 1
P(磷)	0.590 0	Pb(铅)	0.000 3	Pt(铂)	<0.000 1
Pr(镨)	<0.000 1	Rb(铷)	<0.000 1	Re(铼)	<0.000 1
Rh(铑)	<0.000 1	Ru(钌)	<0.000 1	Sb(锑)	<0.000 1
Sc(钪)	<0.000 1	Se(硒)	<0.000 1	Sr(锶)	0.006 6
Sm(钐)	<0.000 1	Sn(锡)	<0.000 1	Ta(钽)	<0.000 1
Tb(铽)	<0.000 1	Te(碲)	<0.000 1	Ti(钛)	0.000 5
T1(铊)	<0.000 1	Tm(铥)	<0.000 1	V(钒)	<0.000 1
W(钨)	<0.000 1	Y(钇)	<0.000 1	Yb(镱)	<0.000 1
Zn(锌)	0.002 2	Zr(锆)	<0.000 1	Pd(钯)	<0.000 1
Ho(钬)	<0.000 1				

由表 5-3～表 5-7 可以得出，煤中金属元素（含过渡元素）有锂、铍、钠等共 66 种，如图 5-9 所示。

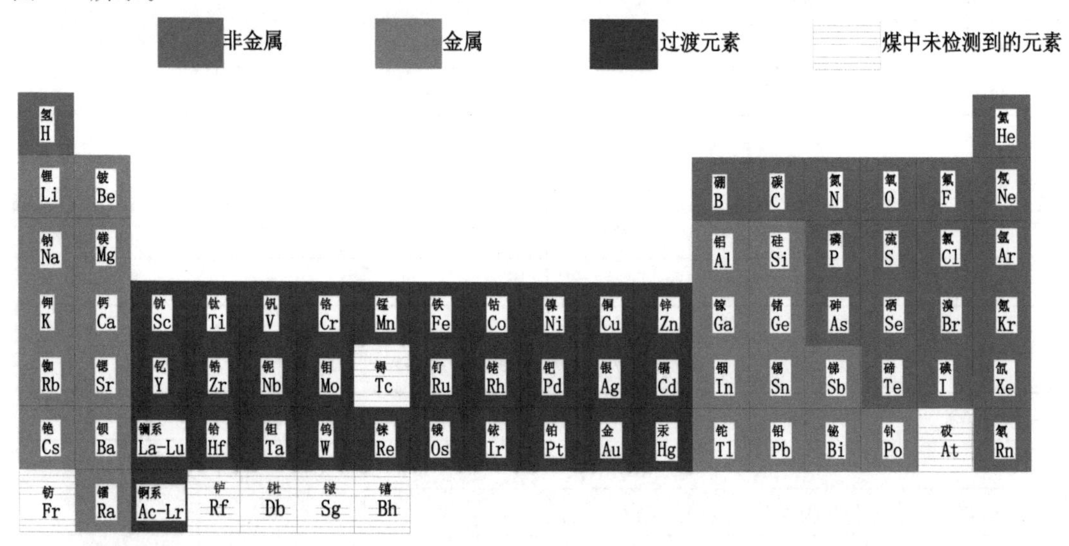

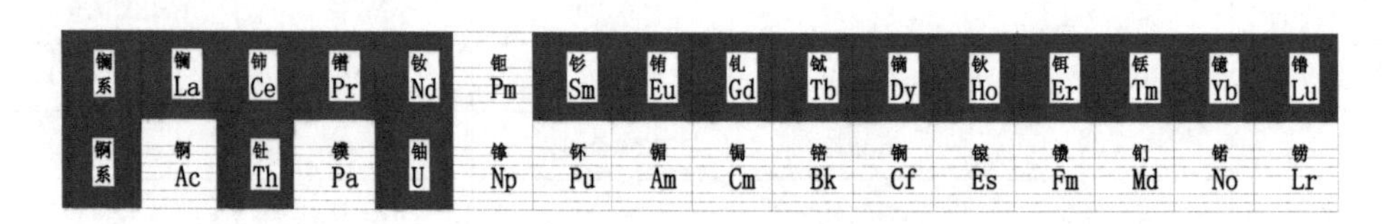

图 5-9　煤中金属元素种类

由表 5-3～表 5-7 可以看出，含量相对较多的元素有 Al、B、Ba、Ca、Cr、Cu、Fe、K、La、Mg、Mn、Na、P、Pb、Sr、Ti、Zn 等。上述元素在不同煤中含量如图 5-10 所示。

Al、Na、Ga、Fe、K、Mg、P 及 Ti 等元素在煤中的存在形式具有差异性，它们在煤中主要以盐酸类矿物与化合物等形式呈现。通过 XRD 矿物分析及前人研究发现，以上元素在五种煤中存在形式如下[7-8]：

Al：铝的存在形式主要有硅酸盐类、氢氧化物、有机结合态三种，硅酸盐类有石英、高岭土、多重高岭土等。

Na：钠在煤中的存在形式有盐酸、黏土矿物、有机结合态、硅酸盐等。有研究人员认为，在低阶煤中钠可能会以交换态的阳离子状态存在。

Ba：钡在煤中主要以重晶石等矿物质赋存，在变质程度相对较低的煤中钡元素多数被有机物所束缚或与有机物结合。

Ca：钙在煤中的存在形式主要有磷酸盐、碳酸盐、有机态、硫酸盐、硅酸盐等。R. B. Finkelman 认为[9]，在低阶煤中钙能以有机结合态存在。在煤中，大部分的钙存在于方解石中，主要分布于煤的裂隙中，但有时也会以晶簇状态呈现。

Fe：铁在煤中主要以硫化物、酸盐矿物、氢氧化物、氧化物、有机态等形式存在，如黄铁矿、铁白云石、针铁矿、赤铁矿、草酸铁矿等[10]。

K：钾在煤中的主要存在形式为伊利石、云母、钾盐、长石等，其中比较常见的是伊利石

(水云母与绢云母等),通常蕴含硼和钙,长石、(白/金/黑)云母、钾盐在煤中比较少见。

Mg:镁在煤中主要以碳酸盐、黏土矿物、有机结合态、其他含镁矿物等形式存在。其中,碳酸盐中以铁白云石为主,其他含镁矿物比较少见,代表性的有镁明矾、水氯镁石等。

P:磷在煤中主要以磷酸盐形式存在,其中主要代表为磷灰石与独居石。

Ti:钛属于强烈的造岩元素,主要以锐钛矿与金红石的状态赋存于煤中。

Cr:铬在煤中以矿物与有机结合态形式赋存[11]。研究表明,铬主要以无机形态赋存于硅(铝)酸盐等黏土矿物或硫酸铬等含铬细颗粒矿物中[12]。F. E. Huggins 等[13]认为铬主要

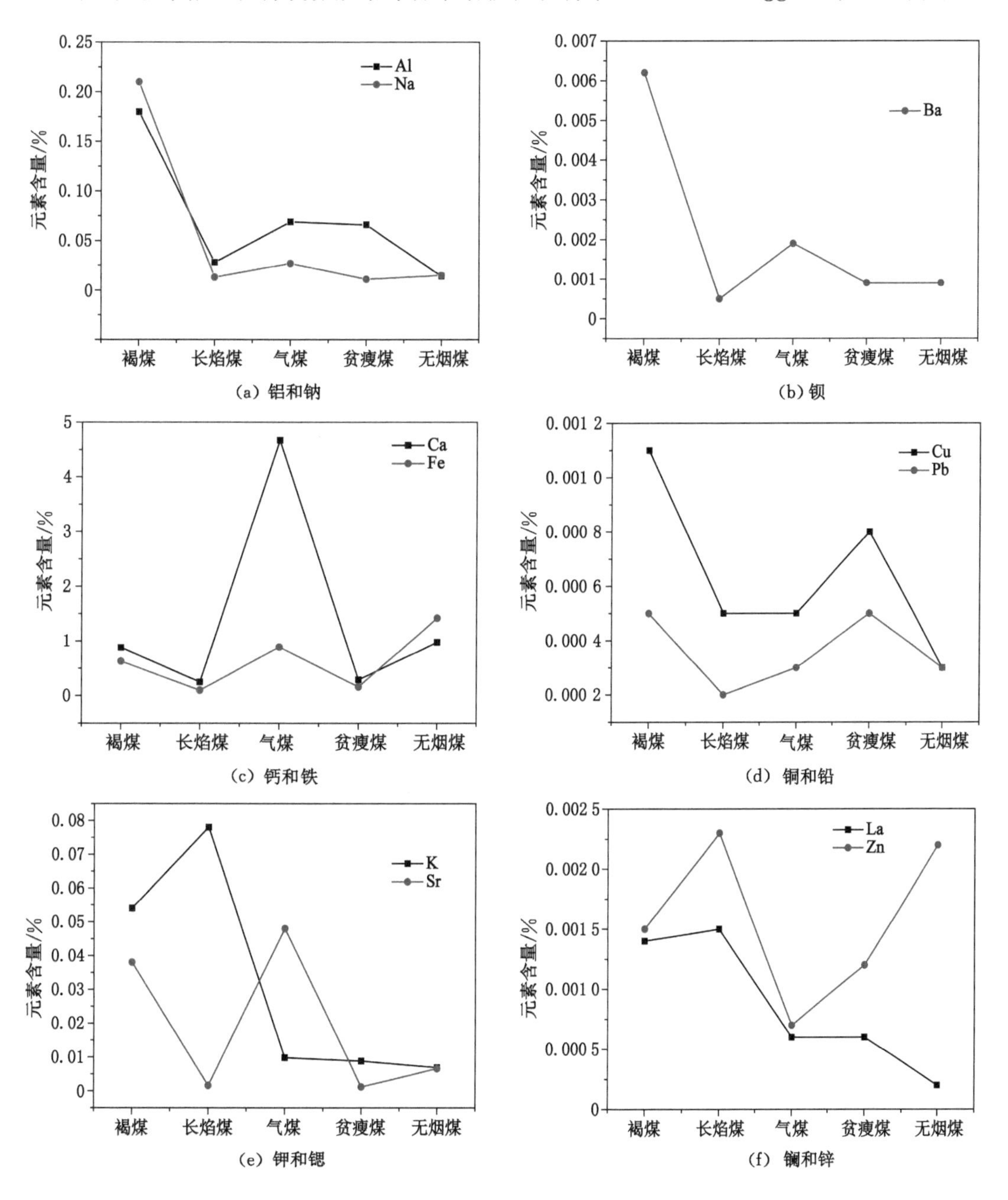

图5-10 重点金属元素变化趋势

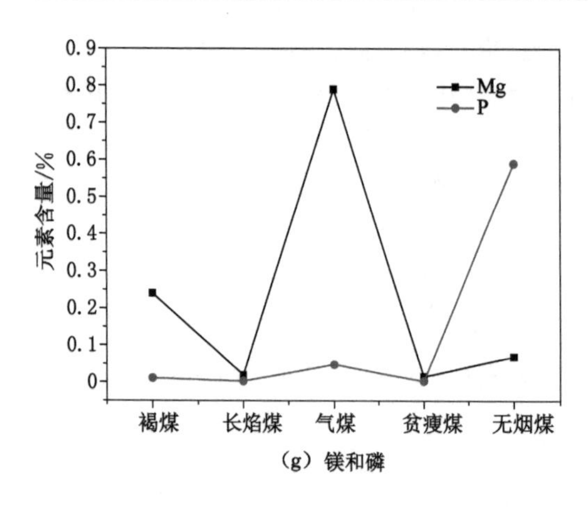

(g) 镁和磷

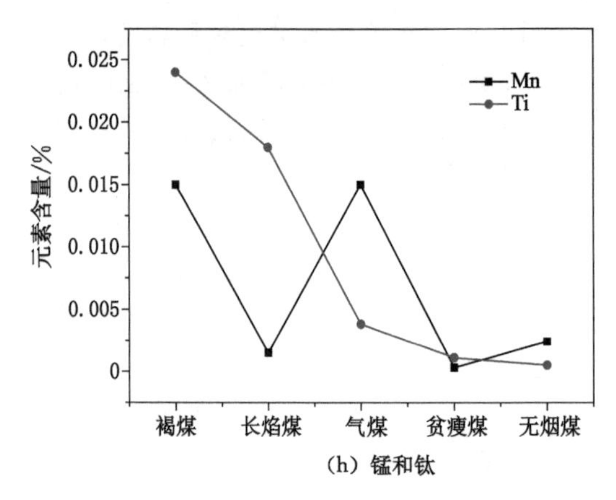

(h) 锰和钛

图 5-10 (续)

赋存于伊利石中。

Pb:铅主要赋存于充填在煤裂隙中的次生矿物晶体中,同时也有以细微颗粒赋存于黄铁矿中,以微米级颗粒赋存于有机质或黏土矿物中。

Cu(铜)和锌(Zn)是亲硫性元素,它们能在硫化物矿物质内呈类质同象赋存,也都可以被黏土矿物吸收。

Mn:锰与氧之间的亲和力较强,以方解石族与白云石族矿物的类质同象为主的形式存在。少量锰可与黏土结合,在黄铁矿里检测到锰。有些学者认为在低变质程度煤中锰可以与羧酸基团结合。

综上所述,煤中金属元素主要以化合物和有机质等形式存在,几乎不存在金属单质。然而只有金属单质才对煤的电阻率有影响,故可以忽略金属元素对煤电性参数的影响。

5.3 碳结构对电阻率的影响

5.3.1 实验原理及测试

核磁共振基本原理:当磁矩不等于零的原子核处于外加磁场中时,在磁场作用下会发生自旋能级塞曼分裂,设备对某一频率的射频辐射的吸收过程,即为核磁共振[14]。

为了掌握煤分子官能团结构特性对电性参数的影响,需要研究煤中官能团的信息,而这些信息无法从 H 谱中得到,只有从 C 谱中得到相关结构信息。因此,设计了煤结构的 ^{13}C NMR 实验。^{13}C 谱 θ(化学位移)范围为 0～200 ppm(1 ppm=10^{-6},下同)。各种碳的化学位移对应关系如图 5-11 所示。

实验设备:核磁共振波谱仪(NMR),型号 Bruker AVANCE Ⅲ 400,如图 5-12 所示。实验步骤:① 将煤样放入 NMR 管内;② 把磁子套在样品管上,而后用量规把磁子调到恰当位置;③ 开启空压机,点击运行 NMR 操作软件;④ 把样品管放置于探头中,然后设置好旋转速度;⑤ 开始采样,采集自由感应衰减(FID)信号;⑥ 进入数据处理流程,记录并保存数据;⑦ 测试完毕,清洗实验设备。

5.3.2 结果与分析

用 MestReNova 软件对实验数据进行分析与分峰解叠,结果如图 5-13～图 5-17 所示。

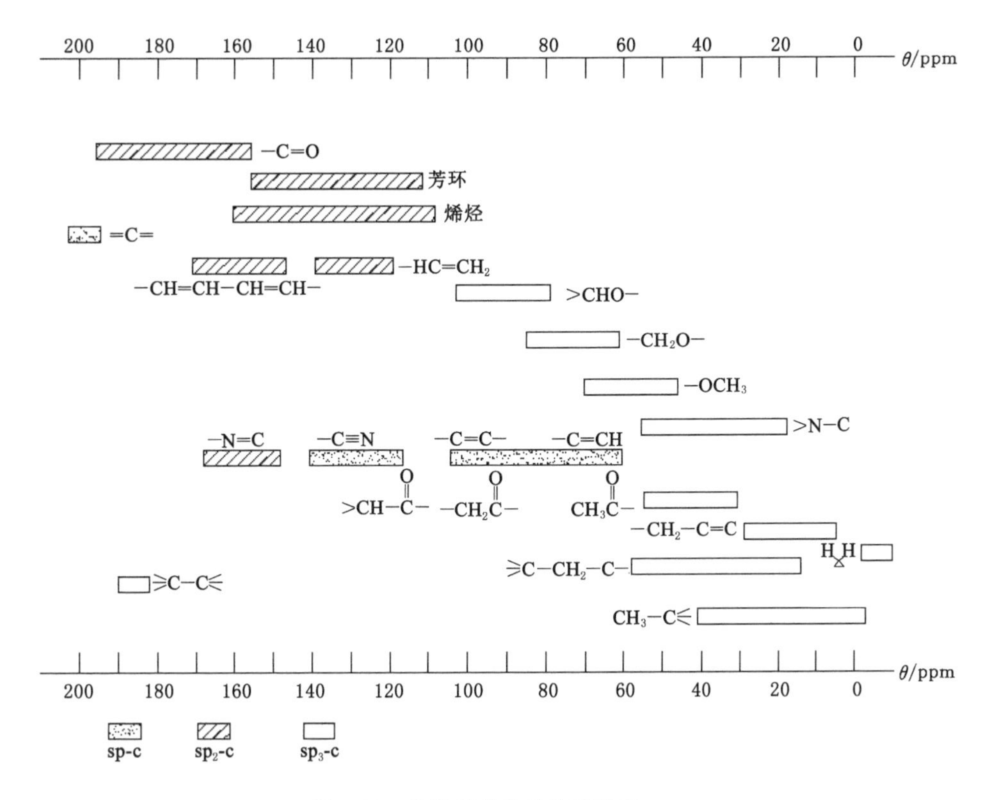

图 5-11　各类碳的化学位移范围

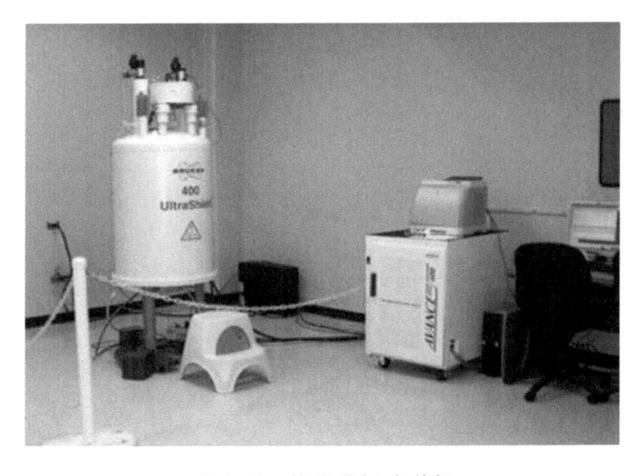

图 5-12　核磁共振波谱仪

图 5-13(a)为褐煤的^{13}C NMR 谱图，其中包括以下几个谱峰：第一个是化学位移为 0～55 ppm，属于脂肪类碳；第二个是化学位移为 100～165 ppm，属于带质子芳碳、桥接芳碳、侧枝芳碳、氧接芳碳的芳香类碳；第三个是化学位移为 165～188 ppm，峰形较小，一般归属于C═O 的贡献。最为显著的化学位移是在 30 ppm 处的亚甲基和芳甲基，其次是在 125 ppm 处的芳香族取代碳原子，再次是化学位移位于 170 ppm 处的 C═O。脂肪类碳原子的强度略大于芳香类碳原子，两者均远大于羰基、羧基的强度，表明脂肪类碳原子和芳香类碳原子在褐煤中占主要位置，羰基碳原子和羧基碳原子在褐煤中为桥键，起链接作用。

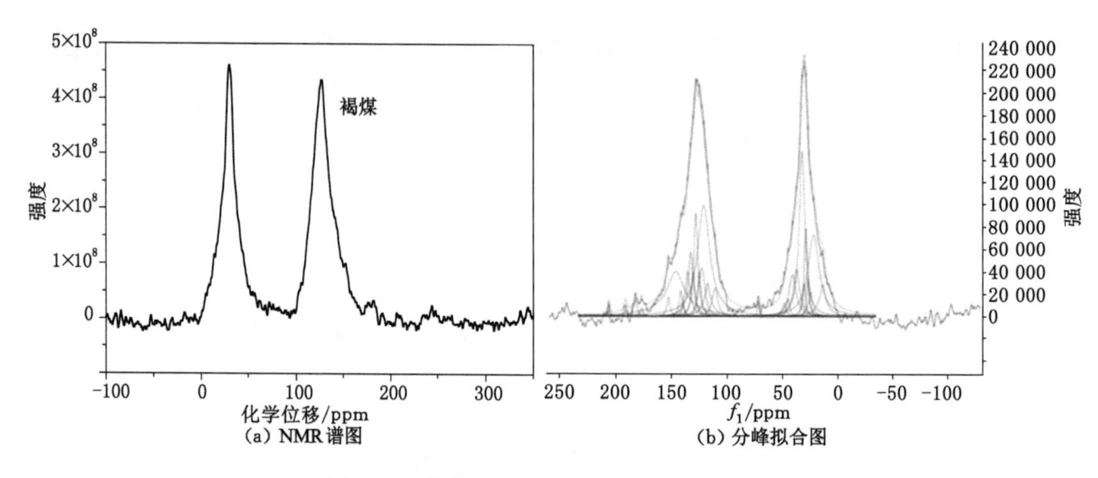

图 5-13　褐煤的^{13}C NMR 谱图和分峰拟合图

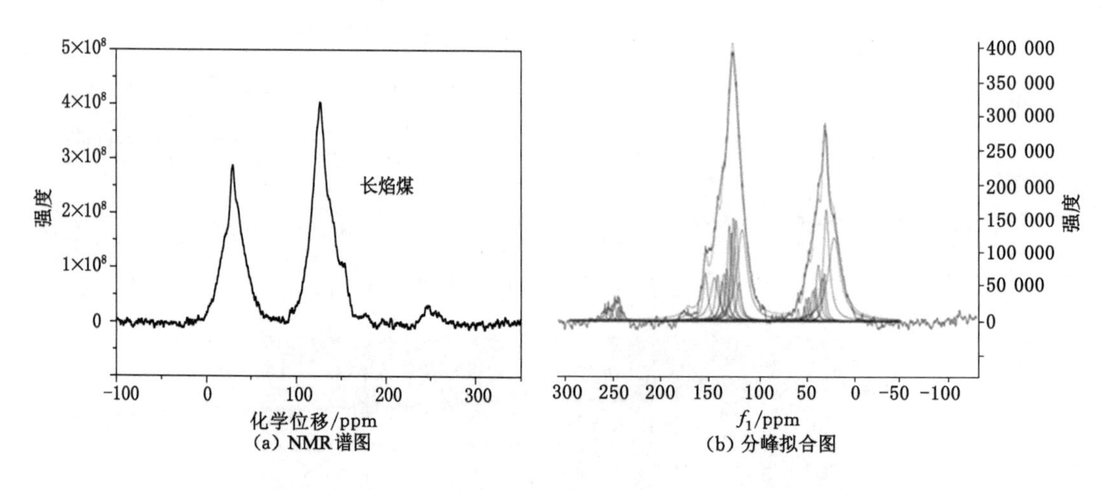

图 5-14　长焰煤的^{13}C NMR 谱图和分峰拟合图

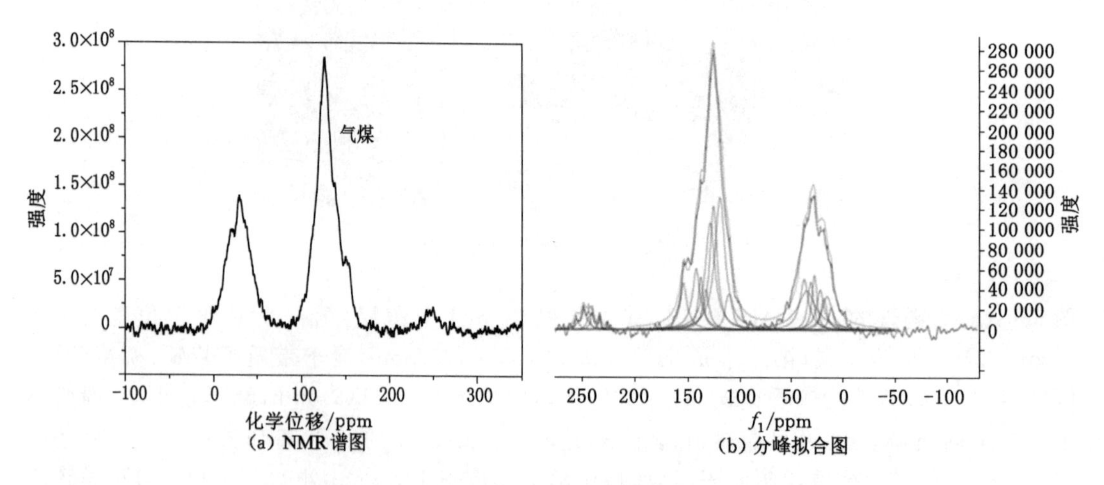

图 5-15　气煤的^{13}C NMR 谱图和分峰拟合图

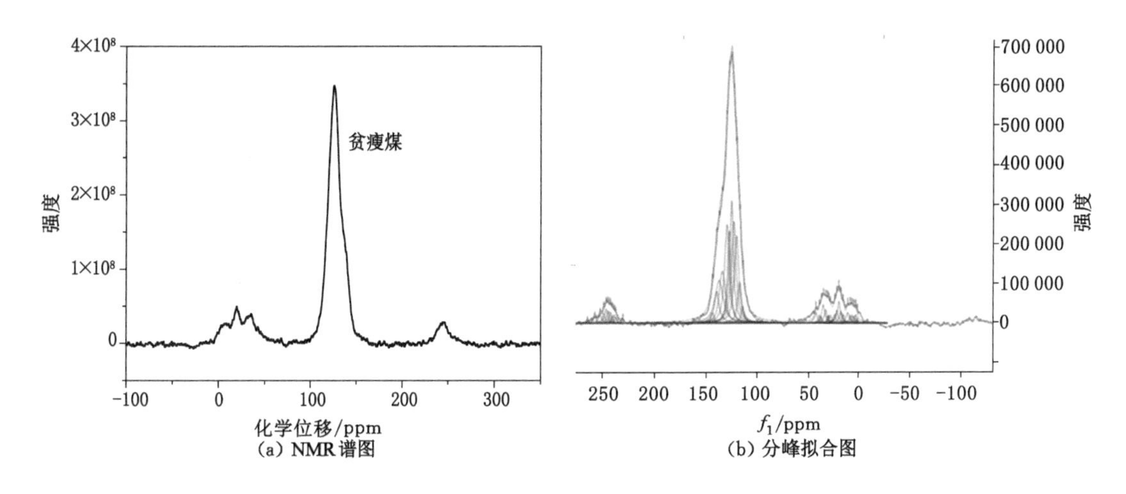

图 5-16　贫瘦煤的^{13}C NMR 谱图和分峰拟合图

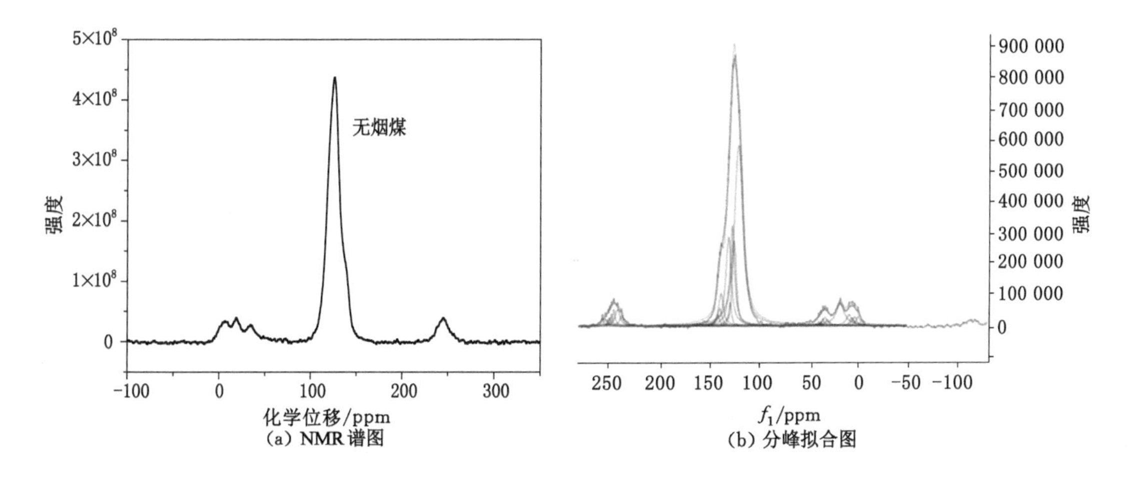

图 5-17　无烟煤的^{13}C NMR 谱图和分峰拟合图

图 5-14(a)为长焰煤的^{13}C NMR 谱图，其中包括以下几个谱峰：第一个是化学位移为 0～50 ppm，属于脂肪类碳；第二个是化学位移为 100～160 ppm，属于带质子芳碳、桥接芳碳、侧枝芳碳、氧接芳碳的芳香类碳；第三个是化学位移为 170～185 ppm，峰形较小，一般归属于羧基的贡献。最为显著的化学位移是在 125 ppm 处的芳香族取代碳原子，其次是在 25 ppm 处的亚甲基和芳甲基，再次是化学位移位于 178 ppm 处的羧基。芳香类碳原子强度大于脂肪类碳原子强度，均远大于羧基强度，表明芳香类碳原子和脂肪类碳原子在长焰煤中占主要位置，羰基碳原子在长焰煤中为桥键，起链接作用。

图 5-15(a)为气煤的^{13}C NMR 谱图，其中包括以下几个谱峰：第一个是化学位移为 0～50 ppm，属于脂肪类碳；第二个是化学位移为 100～160 ppm，属于带质子芳碳、桥接芳碳、侧枝芳碳、氧接芳碳的芳香类碳。芳香类碳原子强度大于脂肪类碳原子强度。

图 5-16(a)为贫瘦煤的^{13}C NMR 谱图，其中包括以下几个谱峰：第一个是化学位移为 0～50 ppm，属于脂肪类碳；第二个是化学位移为 100～160 ppm，属于带质子芳碳、桥接芳碳、侧枝芳碳、氧接芳碳的芳香类碳。最为显著的化学位移是在 125 ppm 处的带质子芳碳，

其次为化学位移在 30 ppm 处和 20 ppm 处的亚甲基与芳甲基。芳香类碳原子强度远大于脂肪类碳原子强度，表明芳香类碳原子在贫瘦煤中占据主要位置，脂肪类碳原子以桥键的形式链接煤结构中不同的芳香结构。

图 5-17(a)为无烟煤的^{13}C NMR 谱图，其中包括以下几个谱峰：第一个是化学位移为 0～50 ppm，属于脂肪类碳；第二个是化学位移为 100～160 ppm，属于带质子芳碳、桥接芳碳、侧枝芳碳、氧接芳碳的芳香类碳。最明显的共振化学位移大约在 125 ppm 处的带质子芳碳，其次为化学位移在 30 ppm 处和 20 ppm 处的亚甲基与芳甲基。芳香类碳原子强度远大于脂肪类碳原子强度，表明芳香类碳原子在无烟煤中占据主要位置。

通过图 5-13～图 5-17 中的分峰拟合图，可以得到各个煤样的化学峰位，结合前人研究的关于化学峰位与碳原子归属，从而明确煤样的碳结构，结果如表 5-8～表 5-12 所列。

由图 5-13～图 5-17 及表 5-8～表 5-12，根据 Solum 等[15]提出的煤的结构参数理论，计算得煤中 C 结构归属及其相对含量，C 结构主要分析脂肪族碳种类及含量、芳香族种类及含量、羧基碳与羰基碳含量，结果如表 5-13 所列。

表 5-8　褐煤的^{13}C NMR 分峰数据分析

化学位移/ppm	强度	宽度	归一化面积/%	碳原子归属
206.27	11 901.9	216.40	0.36	链(环)烷酮的羧基
191.34	10 443.1	355.14	0.50	醛的羧基、醌、苯基酮的羧基
182.39	14 437.9	338.21	0.75	羧基碳
176.89	7 424.7	318.92	0.36	
152.87	17 431.1	317.75	0.83	氧基取代芳碳(酚基、醚基等)
146.31	40 090.1	2 052.58	13.13	烷基取代芳碳(侧枝芳碳)
141.71	23 018.6	369.30	1.31	
139.76	12 736.0	238.66	0.45	
135.73	39 808.3	557.19	3.44	桥接芳碳
132.85	57 584.3	534.60	4.71	
130.57	39 521.8	414.59	2.44	
128.19	91 820.7	440.47	5.94	带质子芳碳
124.99	39 687.4	343.18	2.09	
123.05	42 994.6	683.88	4.01	
121.2	98 984.6	1 328.94	20.41	
117.72	29 812.4	644.99	3.22	
111.24	25 607.0	602.50	2.28	
71.97	11 561.0	245.86	0.40	与氧相接的脂碳
48.57	12 359.7	349.39	0.70	季碳、芳环上 α 位的碳
44.91	15 935.2	327.37	0.76	
40.93	37 394.8	803.87	4.53	
37.34	42 133.6	678.06	4.39	

表 5-8(续)

化学位移/ppm	强度	宽度	归一化面积/%	碳原子归属
32.26	148 307.0	606.61	13.55	亚甲基、次甲基
30.42	29 189.3	289.33	1.33	
28.94	79 066.6	353.25	3.99	
26.99	34 254.7	289.07	1.48	
24.70	21 812.1	402.30	1.49	
21.96	73 291.2	1 250.33	13.83	环上的甲基、终端甲基
13.79	28 765.6	704.39	3.42	

表 5-9　长焰煤的 ^{13}C NMR 分峰数据分析

化学位移/ppm	强度	宽度	归一化面积/%	碳原子归属
248.89	25 586.0	292.61	0.68	链烷酮、环烷酮的羧基
245.71	19 771.2	212.18	0.37	
244.02	20 023.3	220.04	0.38	
241.90	10 817.1	284.30	0.26	
173.03	12 429.4	962.10	1.17	羧基碳
154.49	70 040.5	580.14	3.56	氧基取代芳碳(酚基、醚基等)
145.23	62 910.8	1 026.58	5.72	烷基取代芳碳(侧枝芳碳)
141.89	67 100.4	533.79	3.18	
137.09	57 491.3	524.69	2.68	
135.31	68 268.9	667.49	4.04	桥接芳碳
132.66	76 087.4	468.64	3.14	
129.95	139 093.0	451.63	5.40	
127.38	128 656.2	407.51	4.47	带质子芳碳
125.49	150 651.0	514.47	6.85	
122.76	147 564.4	538.55	6.99	
119.75	55 739.5	557.78	2.76	
116.49	133 297.8	1 285.94	14.73	
57.82	17 912.8	220.04	0.37	与氧相接的脂碳
51.15	21 285.5	237.17	0.47	甲氧基
49.25	33 135.0	391.28	1.11	季碳、芳环上 α 位的碳
46.63	35 182.8	361.74	1.14	
41.98	44 329.7	645.22	2.37	
39.88	48 543.1	495.05	1.86	
36.56	82 018.6	516.12	3.37	
32.01	62 831.0	400.50	2.06	亚甲基、次甲基
30.02	69 660.1	371.69	2.36	
28.25	162 913.8	739.58	11.07	
19.95	122 047.5	1 524.63	16.22	环上的甲基

表 5-10　气煤的^{13}C NMR 分峰数据分析

化学位移/ppm	强度	宽度	归一化面积/%	碳原子归属
245.42	13 127.6	407.69	0.73	链烷酮、环烷酮的羧基
241.77	16 475.5	378.95	0.87	
234.92	14 042.1	306.86	0.54	
227.66	7 146.8	289.18	0.27	
154.49	46 761.1	791.72	5.27	氧基取代芳碳(酚基、醚基等)
142.24	61 432.6	905.51	7.85	烷基取代芳碳(侧枝芳碳)
137.85	53 136.6	581.10	4.37	
133.01	40 323.0	751.90	4.24	桥接芳碳
128.86	107 145.0	1 111.92	15.83	带质子芳碳
125.65	124 320.3	849.56	13.98	
119.49	132 846.6	1 173.67	20.64	
110.74	35 780.7	842.80	3.51	
38.16	51 082.2	1 005.82	7.12	季碳、芳环上α位的碳
35.75	39 441.3	2 167.39	11.92	亚甲基、次甲基
31.76	48 090.9	692.09	4.25	
28.25	55 003.2	576.72	4.03	
22.65	40 399.3	865.13	4.86	
19.04	31 696.4	729.74	2.95	环上的甲基
15.95	33 641.3	1 162.51	5.04	终端甲基
11.90	22 557.8	588.76	1.80	

表 5-11　贫瘦煤的^{13}C NMR 分峰数据分析

化学位移/ppm	强度	宽度	归一化面积/%	碳原子归属
248.96	27 087.5	274.10	0.78	链烷酮、环烷酮的羧基
246.58	36 852.6	314.03	1.04	
244.45	33 306.9	252.97	0.82	
242.35	29 963.2	242.87	0.67	
240.59	18 530.8	277.48	0.48	
238.74	21 198.1	332.41	0.69	
237.16	14 996.4	277.40	0.40	
230.28	10 622.2	195.44	0.20	
143.46	25 894.9	381.82	0.80	烷基取代芳碳(侧脂肪碳)
139.46	80 820.8	562.01	4.66	
137.10	109 325.0	957.39	9.75	
133.99	131 137.4	708.25	8.10	桥接芳碳
129.63	250 126.4	546.48	12.36	

表 5-11(续)

化学位移/ppm	强度	宽度	归一化面积/%	碳原子归属
127.31	232 511.1	398.70	8.66	带质子芳碳
125.08	310 138.6	430.85	12.79	
122.75	257 421.7	519.60	12.80	
120.03	221 224.0	542.18	11.47	
116.93	103 043.2	453.90	4.45	
113.69	43 172.6	402.66	1.74	
42.64	28 288.4	327.99	0.94	季碳、芳环上 α 位的碳
39.18	20 154.3	297.97	0.60	
37.13	16 896.3	224.22	0.40	
35.38	46 913.3	378.63	1.71	亚甲基、次甲基
32.83	34 401.2	346.11	1.20	
31.02	18 836.2	202.42	0.36	
29.77	19 391.4	251.40	0.48	
28.16	20 781.1	366.86	0.76	
24.03	21 643.7	313.88	0.72	
21.92	32 489.5	366.12	1.22	环上的甲基
19.77	55 013.3	368.23	2.04	
17.72	30 684.9	317.85	0.99	
15.38	23 505.0	219.54	0.50	终端甲基

表 5-12　无烟煤的 ^{13}C NMR 分峰数据分析

化学位移/ppm	强度	宽度	归一化面积/%	碳原子归属
249.48	25 958.6	258.97	0.57	链烷酮、环烷酮的羰基
247.56	37 813.9	277.41	0.84	
245.25	54 175.9	313.55	1.32	
241.54	53 265.4	558.57	2.27	
237.59	31 064.1	447.70	1.17	
141.79	36 337.3	432.43	1.22	烷基取代芳碳(侧脂肪碳)
139.60	54 990.2	505.55	2.06	
138.30	103 049.6	586.60	4.74	
130.89	282 839.4	642.46	14.41	桥接芳碳
128.82	75 832.5	281.99	1.77	带质子芳碳
127.11	321 790.7	528.26	14.13	
125.15	271 129.2	498.41	9.94	
120.85	577 747.1	1 001.62	44.73	

表 5-12(续)

化学位移/ppm	强度	宽度	归一化面积/%	碳原子归属
40.35	12 954.6	304.78	0.33	季碳、芳环上 α 位的碳
38.27	12 904.5	280.22	0.28	
35.95	23 317.0	302.52	0.60	亚甲基、次甲基
33.81	27 646.3	542.94	1.29	
31.42	19 246.5	534.61	0.91	
18.42	71 784.4	990.52	6.07	环上的甲基

由表 5-13 可以得到脂碳率、芳碳率、桥碳与周碳之比等信息,由此可更好地理解煤的骨架结构。

(a) 脂碳率(f_{al}):脂肪碳占总碳含量的百分比数。

$$褐煤:f_{al}=f_{al}^{M}+f_{al}^{A}+f_{al}^{H}+f_{al}^{D}+f_{al}^{O}=43.16\%$$

$$长焰煤:f_{al}=f_{al}^{M}+f_{al}^{A}+f_{al}^{H}+f_{al}^{D}+f_{al}^{O}=38.13\%$$

$$气煤:f_{al}=f_{al}^{M}+f_{al}^{A}+f_{al}^{H}+f_{al}^{D}+f_{al}^{O}=34.14\%$$

$$贫瘦煤:f_{al}=f_{al}^{M}+f_{al}^{A}+f_{al}^{H}+f_{al}^{D}+f_{al}^{O}=15.17\%$$

$$无烟煤:f_{al}=f_{al}^{M}+f_{al}^{A}+f_{al}^{H}+f_{al}^{D}+f_{al}^{O}=9.90\%$$

(b) 芳碳率(f_{ar}):芳香碳占总碳含量的百分数。

$$褐煤:f_{ar}=f_{ar}^{H}+f_{ar}^{B}+f_{ar}^{C}+f_{ar}^{O}=55.45\%$$

$$长焰煤:f_{ar}=f_{ar}^{H}+f_{ar}^{B}+f_{ar}^{C}+f_{ar}^{O}=60.68\%$$

$$气煤:f_{ar}=f_{ar}^{H}+f_{ar}^{B}+f_{ar}^{C}+f_{ar}^{O}=65.51\%$$

$$贫瘦煤:f_{ar}=f_{ar}^{H}+f_{ar}^{B}+f_{ar}^{C}+f_{ar}^{O}=84.83\%$$

$$无烟煤:f_{ar}=f_{ar}^{H}+f_{ar}^{B}+f_{ar}^{C}+f_{ar}^{O}=90.10\%$$

表 5-13 ^{13}C NMR 谱中化学位移的结构归属及相对含量

碳类型	化学位移/ppm	结构片段	类型	含量/%				
				褐煤	长焰煤	气煤	贫瘦煤	无烟煤
脂肪族碳	12~16	脂肪类 CH_3	f_{al}^{M}	2.02	2.14	2.50	1.29	1.20
	16~22	芳香类 CH_3	f_{al}^{A}	4.56	4.66	5.00	3.25	2.35
	22~36	亚甲基	f_{al}^{H}	22.68	17.38	14.32	5.97	3.52
	36~50	次甲基	f_{al}^{D}	9.31	10.10	9.08	3.40	1.90
	50~90	氧接脂碳	f_{al}^{O}	4.59	3.83	3.24	1.26	0.93
芳香族碳	90~129	带质子芳碳	f_{ar}^{H}	30.07	32.03	35.91	52.72	60.54
	129~137	桥接芳碳	f_{ar}^{B}	11.54	11.99	12.98	20.04	19.60
	137~148	侧枝芳碳	f_{ar}^{C}	8.71	10.05	10.21	10.42	8.78
	148~165	氧接芳碳	f_{ar}^{O}	5.13	6.61	6.41	1.65	1.18
羧基碳	165~180	羧基碳	f_{a}^{C}	1.39	1.11	0.27	/	/
羰基碳	180~220	羰基碳	f_{a}^{O}	/	0.10	0.08	/	/

由脂肪率和芳碳率可以看出，脂肪率随煤变质程度的增加而逐渐降低，芳碳率则随煤变质程度的增加而升高。褐煤的脂肪率和芳碳率含量基本一致，说明饱和度不高。无烟煤的脂肪率含量较小，芳碳率含量较大，饱和度更低。

其中，带质子芳碳和桥接芳碳在芳碳率中所占比例依次(褐煤、长焰煤、气煤、贫瘦煤、无烟煤)为 75.04%、72.54%、74.63%、85.77%、88.95%。说明随煤变质程度的增加带质子芳碳和桥接芳碳在煤中所占比例逐渐增加。因此，随煤变质程度加深其电导率逐渐增大，即电阻率逐渐减小。与实验测试结果基本一致(无烟煤除外)。

(c) 桥碳与周碳之比(X_{BP}):用以确定煤中芳香结构缩合程度。

褐煤：$X_{BP} = f_{ar}^{B}/(f_{ar}^{H} + f_{ar}^{B} + f_{ar}^{C} + f_{ar}^{O}) = 20.81\%$

长焰煤：$X_{BP} = f_{ar}^{B}/(f_{ar}^{H} + f_{ar}^{B} + f_{ar}^{C} + f_{ar}^{O}) = 19.76\%$

气煤：$X_{BP} = f_{ar}^{B}/(f_{ar}^{H} + f_{ar}^{B} + f_{ar}^{C} + f_{ar}^{O}) = 19.81\%$

贫瘦煤：$X_{BP} = f_{ar}^{B}/(f_{ar}^{H} + f_{ar}^{B} + f_{ar}^{C} + f_{ar}^{O}) = 23.62\%$

无烟煤：$X_{BP} = f_{ar}^{B}/(f_{ar}^{H} + f_{ar}^{B} + f_{ar}^{C} + f_{ar}^{O}) = 21.75\%$

萘的 X_{BP} 为 20.00%，五个样品的 X_{BP} 值均与萘的 X_{BP} 非常接近，说明煤中芳香结构多以单环或者双环结构存在，很少出现三环及以上分子结构。

随煤变质程度的增加，芳香率和桥碳与周碳之比均增加，大分子结构的各种基团中处于俘获状态的电子变成自由态电子需要克服的能量阻碍逐渐减小，因此使得电阻随煤变质程度的增加而降低(无烟煤除外)。

5.4　本章小结

本章主要研究内容为煤电阻率影响因素分析，利用全元素分析、X 射线衍射(XRD)及碳谱核磁共振(^{13}C NMR)等实验，测试了煤中矿物质、微晶结构、金属元素种类及含量、C 谱结构等信息。主要结论如下：

(1) 通过 X 射线衍射分析发现：随着煤变质程度的加深，煤分子中芳香微晶的晶体结构逐渐向石墨晶体结构转变，说明导电性逐渐增强，即电阻率逐渐减小；芳香层片数随煤变质程度的增加而增多，分子内 π 轨道彼此重叠，使得分子活动范围扩大，增加了电子发生转移的概率，使煤的电阻率减小。除无烟煤外，从微晶角度表征得到的结果和直接测得的电阻率的结果相一致。

(2) 通过全元素分析，结合 X 射线衍射实验，发现煤中金属元素主要以化合物和有机质等形式存在，不存在金属单质，故可以忽略金属元素对煤电阻率的影响。

(3) 通过煤的^{13}C 核磁共振分析发现：带质子芳碳与桥接芳碳之和在芳碳率中所占比例依次(褐煤、长焰煤、气煤、贫瘦煤、无烟煤)为 75.04%、72.54%、74.63%、85.7%、88.95%，各种煤的芳碳率依次(褐煤、长焰煤、气煤、贫瘦煤、无烟煤)为 55.45%、60.68%、65.51%、84.83%、90.10%，说明随煤变质程度的增加带质子芳碳与桥接芳碳在煤中所占比例逐渐增加。而带质子芳碳与桥接芳碳的导电性较好，因此随变质程度加深电导率逐渐增大，即电阻率随变质程度的增加而逐渐减小。

(4) 随煤变质程度的增加，大分子结构的各种基团中处于俘获状态的电子变成自由态电子需要克服的能量减小，因此使得电阻随煤变质程度的增加而降低(无烟煤除外)。

参考文献

[1] 杨桢,代爽,李鑫,等.受载复合煤岩变形破裂力电热耦合模型[J].煤炭学报,2016,41(11):2764-2772.

[2] 曹佐勇,王恩元,汪皓,等.近距离煤层水力冲孔破煤时电磁辐射信号响应特征研究[J].煤炭科学技术,2019,47(11):90-96.

[3] 郑学召,吴佩利,张铎,等.微晶结构与矿物元素对煤体电阻率的影响[J].科学技术与工程,2021,21(34):14523-14527.

[4] 胡建民,王蕊,王春婷,等.晶体 X 射线衍射模型和布拉格方程的一般推导[J].大学物理,2015,34(3):1-2.

[5] 熊信柏,万学娟,马俊,等.材料衍射方向分析图解法[J].中国冶金教育,2022(3):26-30.

[6] 康越,原博,马天,等.基于石墨烯的电磁波损耗材料研究进展[J].无机材料学报,2018,33(12):1259-1273.

[7] 高燕,张凝凝.淖毛湖煤中有害微量元素的赋存特征研究[J].煤质技术,2022,37(1):46-55.

[8] 祝金峰,郑启明,黄波,等.阳泉矿区 15 号煤中硼元素地球化学特征及古盐度分析[J].中国煤炭地质,2019,31(10):13-17,63.

[9] 秦身钧,徐飞,崔莉,等.煤型战略关键微量元素的地球化学特征及资源化利用[J].煤炭科学技术,2022,50(3):1-38.

[10] 杨建业,张卫国,屈联莹.不同煤级的微量元素酸脱除率初探[J].煤炭学报,2018,43(2):519-528.

[11] VASSILEV S V, ESKENAZY G M, VASSILEVA C G. Contents, modes of occurrence and origin of chlorine and bromine in coal[J]. Fuel,2000,79(8):903-921.

[12] ZHUANG X G,QUEROL X,PLANA F,et al. Determination of elemental affinities by density fractionation of bulk coal samples from the Chongqing coal district, Southwestern China[J]. International journal of coal geology, 2003, 55(2/3/4): 103-115.

[13] HUGGINS F E,HUFFMAN G P. Modes of occurrence of trace elements in coal from XAFS spectroscopy[J]. International Journal of Coal Geology, 1996, 32(1/2/3/4):31-53.

[14] 王君,王琦,陈丹丹,等.DNA 与小分子化合物相互作用的研究进展与展望[J].辽宁大学学报(自然科学版),2013,40(4):289-300,284.

[15] 徐秀峰,张蓬洲.高分辨固体^{13}C-NMR 和 XPS 技术表征碳的骨架结构[J].煤炭转化,1995,18(4):57-62.

第6章　超宽带雷达波在煤中传播关键参数

矿山钻孔救援生命信息侦测雷达是一种对煤矿井下垮落物后部不可见的被困人员进行侦测、识别与定位的广谱(1 MHz～1 GHz)电磁技术。它主要是利用天线发射中高频脉冲电磁波来确定井下被困人员位置信息,超宽带雷达波的传播是信息传递的途径。反射系数、折射系数、衰减系数、传播速度是雷达波传播行为的关键参数。因此,本章由麦克斯韦电磁场理论推导雷达波在煤中传播速度函数,计算雷达波在不同变质程度煤中传播速度;推理雷达波传播衰减系数表征关系,分析衰减系数与频率、衰减系数与电阻率的对应关系;分析雷达波在交界面处的反射与折射规律,计算多种交界面反射系数与折射系数。

6.1　超宽带雷达波在煤中传播速度

假设煤体是均匀介质,为掌握麦克斯韦方程组在煤体中所表征的含义,现对式(2-2)和式(2-3)两边分别取一次旋度,并相互代入,结果如下:

$$\nabla\times\nabla\times H+\mu\varepsilon\frac{\partial^2 H}{\partial t^2}=\nabla\times J \tag{6-1}$$

$$\nabla\times\nabla\times E+\mu\varepsilon\frac{\partial^2 E}{\partial t^2}=-\mu\frac{\partial J}{\partial t} \tag{6-2}$$

将式(2-4)和式(2-5)代入式(6-1)和式(6-2),得到电磁场的非齐次波动方程:

$$\nabla^2 E-\mu\varepsilon\frac{\partial^2 E}{\partial t^2}=\mu\frac{\partial J}{\partial t}+\frac{1}{\varepsilon}\nabla\rho \tag{6-3}$$

$$\nabla^2 H-\mu\varepsilon\frac{\partial^2 H}{\partial t^2}=-\nabla\times J \tag{6-4}$$

式(6-3)和式(6-4)为电磁场的亥姆霍兹方程,明确了电磁波的传播行为。当煤体为各向均匀同性的线性介质时,则上述两式可化简为齐次波动方程:

$$\nabla^2 E-\mu\varepsilon\frac{\partial^2 E}{\partial t^2}-\sigma\mu\frac{\partial E}{\partial t}=0 \tag{6-5}$$

$$\nabla^2 H-\mu\varepsilon\frac{\partial^2 H}{\partial t^2}-\sigma\mu\frac{\partial H}{\partial t}=0 \tag{6-6}$$

由以上分析可以看出,电磁场就是电场和磁场相互交织,以波的形态动态运动。

将式(6-5)与式(6-6)的波动方程与数理方程中的标准波动方程联合,可得电磁波的传播速度为:

$$v=\frac{1}{\sqrt{\mu\varepsilon}} \tag{6-7}$$

据此，可得在真空中电磁波的传播速度表达式：

$$c = \frac{1}{\sqrt{\mu_0 \varepsilon_0}} \tag{6-8}$$

超宽带雷达运用高频脉冲式电磁波展开生命信息侦测。利用傅立叶变换对其进行分解处理，即将电磁脉冲分解成频率不同的一系列谐波。上述波的传播行为通常均可类似于平面波。由此，平面谐波在介质中的传播行为是超宽带雷达的理论依据，下面对此进行阐述。

如果传播介质为各向同性且均匀的无损介质（即 $\sigma = 0$ ），则式(6-5)、式(6-6)可进行简化处理，即亥姆霍兹方程：

$$\nabla^2 E - \mu\varepsilon \frac{\partial^2 E}{\partial t^2} = 0 \tag{6-9}$$

$$\nabla^2 H - \mu\varepsilon \frac{\partial^2 H}{\partial t^2} = 0 \tag{6-10}$$

这里仅需讨论式(6-9)，式中 H 的解可以从麦克斯韦方程直接推算而得。对于沿着 z 轴传播的均匀平面电磁波，假设 x 轴与 E 同向，即 E 只有 E_x 分量[1]。由于介质是均匀的，E_x 在 xOy 平面内也是均匀的，即

$$\frac{\partial^2 E_x}{\partial x^2} = 0, \frac{\partial^2 E_y}{\partial y^2} = 0 \tag{6-11}$$

则，式(6-9)可化为：

$$\frac{\partial^2 E_x}{\partial z^2} = \mu\varepsilon \frac{\partial^2 E_x}{\partial t^2} \tag{6-12}$$

式(6-12)的通解形式为：

$$E_x = f_1(z - vt) + f_2(z + vt) \tag{6-13}$$

由式(6-13)可以看出，电场 E 是以速度 v 分别沿 z 正负方向传播的波，下面讨论时谐情况下电磁波的表达形式。由于 E_x 是仅与 z 有关的矢量，则式(6-9)对应的矢量形式的齐次亥姆霍兹方程为：

$$\frac{\mathrm{d}^2 E_x}{\mathrm{d}z^2} + k^2 E_x = 0 \tag{6-14}$$

其中，k 为介质中的波数，$k = \omega \sqrt{\mu\varepsilon}$。

显然，式(6-14)是一个常微分方程，其通解形式为：

$$E_x = E_x^+(z) + E_x^-(z) = E_0^+ \mathrm{e}^{-\mathrm{j}kz} + E_0^- \mathrm{e}^{\mathrm{j}kz} \tag{6-15}$$

其中，E_+^0 是常数，由波源的强度来决定。若选用 $\cos(\omega t)$ 为基准，则式(6-15)右边第一项对应的瞬态形式表达式为：

$$E_x^+(z,t) = Re[E_0^+(z)\mathrm{e}^{-\mathrm{j}\omega t}] = E_x^+ \cos(\omega t - kz) \tag{6-16}$$

式(6-16)表征沿 z 正方向传播的振幅为 E_+^0 的正弦波，其等相位面是一个垂直于 z 轴的平面，($\omega t - kz$)为常数。等相位面的传播速度为：

$$\frac{\mathrm{d}z}{\mathrm{d}t} = \frac{\omega}{k} = v \tag{6-17}$$

可以看出在理想介质中，等相位面的传播速度与光速相等。波数、相速与波长的关系可表示为：

$$k = \frac{\omega}{v} = \frac{2\pi}{\lambda} \tag{6-18}$$

以上探讨的是平面波在理想介质中的传播特性。而煤的电导率介于理想导体和理想介质之间，故可把煤看作为导电介质（$0<\sigma<\infty$）。在导电介质中 $\sigma\neq 0$，由欧姆定律 $J=\sigma E\neq 0$，得：

$$\nabla\times H=\frac{\partial D}{\partial t}+J=\varepsilon\frac{\partial E}{\partial t}+\sigma E \tag{6-19}$$

对于时谐电磁波

$$\nabla\times H=\mathrm{j}\omega\varepsilon E+\sigma E=\mathrm{j}\omega\varepsilon_{\mathrm{r}}E \tag{6-20}$$

$$\varepsilon^{*}=\varepsilon-\mathrm{j}\frac{\sigma}{\omega} \tag{6-21}$$

式中，ε^{*} 为等效介电常数，是一个复数。

在无源区域，麦克斯韦方程中的另外三个方程不变。在无源导电介质中，场量由式(6-20)控制。与无源区域中麦克斯韦方程形式相同，用 ε^{*} 代替 ε，容易得出电场强度矢量仍然满足齐次亥姆霍兹方程，即

$$\nabla^{2}E\omega^{2}\mu\varepsilon^{*}E=\nabla^{2}E-k_{\mathrm{r}}^{2}E=0 \tag{6-22}$$

其中，$k_{\mathrm{r}}=\omega\sqrt{\mu\varepsilon^{*}}$ 是复数。把式(6-14)中 k 换成 k_{r}，它即可用于平面波在导电介质中传播的情况。习惯定义一个传播场量 γ，即

$$k_{\mathrm{r}}=\mathrm{j}\omega\sqrt{\mu\varepsilon^{*}\gamma} \tag{6-23}$$

由于 γ 为复数，其可表示为

$$\gamma=a+\mathrm{j}b \tag{6-24}$$

式中，a 和 b 分别是 γ 的实部和虚部，联合式(6-21)和式(6-23)可得：

$$a=\omega\left(\frac{\varepsilon\mu}{2}\sqrt{1+(\sigma/\omega\varepsilon)^{2}}-1\right)^{1/2} \tag{6-25}$$

$$b=\omega\left(\frac{\varepsilon\mu}{2}\sqrt{1+(\sigma/\omega\varepsilon)^{2}}+1\right)^{1/2} \tag{6-26}$$

由式(6-22)给出的亥姆霍兹方程为：

$$\nabla^{2}E+\gamma^{2}E=0 \tag{6-27}$$

对于沿 z 轴正方向传播的均匀平面波，上式的解为：

$$E=a_{x}E_{x}=a_{x}E_{0}\mathrm{e}^{-\gamma z}=a_{x}E_{0}\mathrm{e}^{-az}\mathrm{e}^{-\mathrm{j}bz} \tag{6-28}$$

由于 a 和 b 都是正数，故 e^{-az} 随着 z 的增加而减小，因而 a 是衰减系数，单位为 Np/m，物理意义为波传播 1 m 后，其单位振幅衰减至 e^{-1}。$\mathrm{e}^{-\mathrm{j}bz}$ 为相位因子，b 为相位常数，单位为 rad/m，物理意义为波行走 1 m 所产生的相移量。相位常数与电磁波的传播速度的关系为：

$$v=\frac{\omega}{b} \tag{6-29}$$

由式(6-26)可以看出，ω、ε、σ 对 b 的影响规律：

① 高频时，ε 对 b 的结果影响大，ε 减小时，b 亦减小，v 增大；

② 低频时，σ 对 b 的结果影响大，σ 减小时，b 亦减小，v 增大。

将式(6-26)代入式(6-19)得：

$$v=\left[2/\sqrt{1+(\sigma/\omega\varepsilon)^{2}}+1\right]^{\frac{1}{2}}/\sqrt{\varepsilon\mu}<1/\sqrt{\varepsilon\mu} \tag{6-30}$$

根据波动理论，角频率和频率的关系为 $\omega=2\pi f$，频率 f、波速 v 和波长 λ 的关系为 $v=\lambda f$，由式(6-18)以及前述关系式可得电磁波的波长为：

$$\lambda = 2\pi\left[2/\left(\sqrt{1+(\sigma/\omega\varepsilon)^2}+1\right)\right]^{\frac{1}{2}}/(\omega\sqrt{\varepsilon\mu}) \tag{6-31}$$

综上,电磁波的相速度和波长均与 ω、μ、ε、σ 有关。因此,电磁波在有损介质中传播时,由于介质的吸收,电磁波的相速度和波长均减小。

通常以损耗角正切 $\tan\delta=\sigma/\omega\varepsilon$ 表征介质的损耗性质。由于煤属于低损耗介质,即 $\sigma\ll\omega\varepsilon$。因此,式(6-25)和式(6-26)可化成:

$$a \approx \frac{\sigma}{2}\sqrt{\frac{\mu}{\varepsilon}} = \frac{\sigma}{2\sqrt{\varepsilon}} \tag{6-32}$$

$$b \approx \omega\sqrt{\mu\varepsilon} = \omega\sqrt{\varepsilon} \tag{6-33}$$

对于低损耗介质,通常认为 $\mu=\mu_0=1$,$\varepsilon_r=\varepsilon/\varepsilon_0$,根据式(6-9)、式(6-29)、式(6-33)可以得到介质中的传播速度为:

$$v = \frac{c}{\sqrt{\varepsilon_r}} \tag{6-34}$$

由式(6-32)与式(6-34)不难看出,在损耗较低的介质中,衰减系数由物质的电导率和介电常数决定,无关频率,其传播速度仅与相对介电常数有关。由式(6-34)可得超宽带雷达波在不同变质程度煤中传播速度,如表 6-1 所列。

表 6-1 超宽带雷达波在煤中传播速度 单位:m/s

频率/($\times10^8$ Hz)	褐煤	长焰煤	气煤	贫瘦煤	无烟煤
1	157 027 176.8	172 345 496.9	165 144 564.8	155 334 111.9	173 205 080.8
2	160 128 153.8	172 917 125.3	165 647 289.1	155 752 239.5	174 371 458.1
3	160 586 318.3	173 205 080.8	165 900 379.1	155 962 573.5	174 666 752.9
4	160 356 745.1	172 917 125.3	165 647 289.1	155 542 754.2	174 666 752.9
5	160 128 153.8	172 345 496.9	165 144 564.8	155 334 111.9	173 494 479.6
6	159 448 201.0	172 061 800.4	164 646 390.0	154 507 860.8	173 785 333.9
7	158 776 837.2	171 219 043.7	164 152 696.5	153 896 752.8	172 917 125.3
8	158 113 883.0	170 664 037.2	163 420 413.2	153 292 839.1	172 630 601.3
9	157 676 499.4	170 114 393.1	162 937 634.0	153 093 108.9	171 779 500.3
10	157 459 164.3	169 841 555.1	162 697 843.4	152 695 979.6	171 498 585.1

6.2 超宽带雷达波在煤中传播衰减系数

根据前人研究,雷达波在煤中传播时会发生几何扩散,在不同电性介质交界面上发生散射与反射,且在煤中传播时部分雷达波被煤体所吸收,这种现象会使得雷达波能量降低,即能量损耗。

雷达波在煤体中传播时被吸收是电磁能量衰减的主要原因。煤体在电磁场作用下,会发生极化、磁化、传导电流,即为雷达波在煤体中传播过程时的吸收衰减。由于煤体属于非磁导介质,因此应用超宽带雷达波穿透侦测研究时可忽略介质的导磁特性。

在电磁场的影响下,煤中带电粒子会发生定向运移,进而有传导电流生成。由于带电粒子在移动时,会持续地碰撞煤体内部的原子与离子,获取的能量被转移给被碰撞的原子和离子，使得粒子的热运动更加剧烈，致使介质的温度有所升高，由此电磁场中部分能量转变为热损耗，这是雷达波在煤体中会衰减的决定性因素。

根据式(6-28)可知，雷达波幅值在介质中呈指数趋势减小，所以雷达波能量会随传播距离的增加而被介质吸收。当雷达波的能量减小至原来的 1/e(36.79%)时，这时雷达波行走的距离被称作“穿透深度”，亦称作“趋肤深度”，即当雷达波行走到一定路程时已有约 63.21% 的能量被介质吸收。这一路程就被称为有效传播距离，用 L 表示。

$$L=\frac{1}{a}=\frac{1}{\omega}\cdot\left[\frac{\varepsilon\mu}{2}\left(\sqrt{1+(\sigma/\omega\varepsilon)^2}\right)-1\right]^{-\frac{1}{2}} \tag{6-35}$$

式(6-35)阐明雷达波的能量大部分集中于厚度为 L 的介质层内，且不难看出频率越低，L 越大，雷达波的能量越分散。对于煤介质而言，电阻率越低(即电导率越大)，雷达波的穿透距离越小；介电常数越低，雷达波的穿透距离越长。

将式(6-35)中的 ω、σ 分别用 f(频率)、ρ(电阻率)替换，可得：

$$a=2\pi f\left[\frac{\varepsilon\mu}{2}\left(\sqrt{1+(1/2\pi f\rho\varepsilon)^2}\right)-1\right]^{1/2} \tag{6-36}$$

由上式可计算电磁波在煤中传播时的衰减系数，结合煤的介电常数和电导率(表 3-1～表 3-5)，可绘制出衰减系数随频率与电阻率的变化规律如图 6-1～图 6-6 所示。

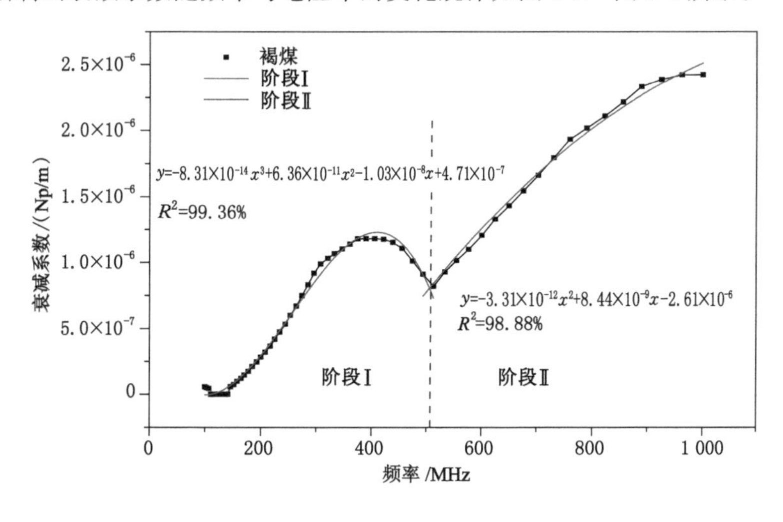

图 6-1　褐煤衰减系数与频率对应图

6.2.1　衰减系数与频率

由图 6-6 可以看出，电磁波在五种煤中的传播衰减系数具有相似规律，随频率的增加，衰减系数先呈三次函数变化，然后呈二次函数增加。衰减系数随频率的变化可以划分为三个区域(Ⅰ区、Ⅱ区、Ⅲ区)：在Ⅰ区内，衰减系数呈下凹形三次函数变化，先增加后减小，至 520 MHz 附近达到最小，同频率下五种煤的衰减系数由大到小依次为贫瘦煤、气煤、长焰煤、无烟煤、褐煤；在Ⅱ区内，衰减系数随频率增加而呈线性增加趋势，长焰煤、气煤及贫瘦煤的衰减系数区别较小，同频率下无烟煤的衰减系数略小于上述三种煤(长焰煤、气煤、贫瘦煤)的衰减系数，衰减系数的斜率大小依次为：无烟煤＞长焰煤≈气煤≈贫瘦煤＞褐煤；在Ⅲ区内，无烟煤、气煤及长焰煤的衰减系数差别较小，同频率下褐煤的衰减系数最小，褐煤与贫

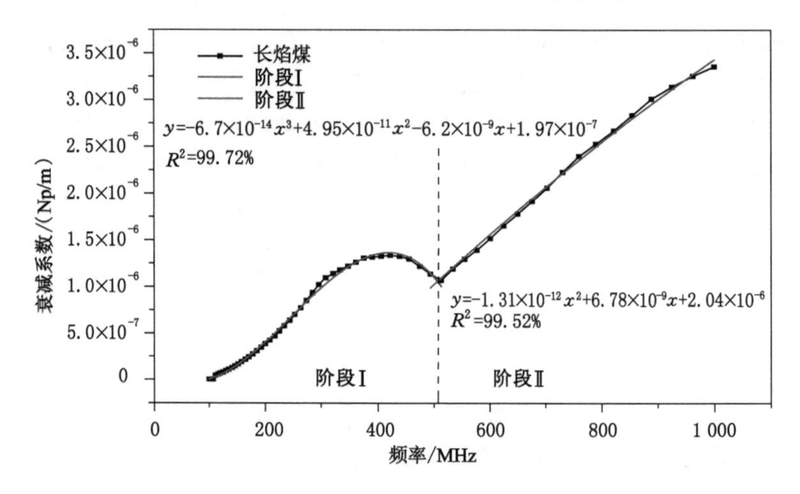

图 6-2　长焰煤衰减系数与频率对应图

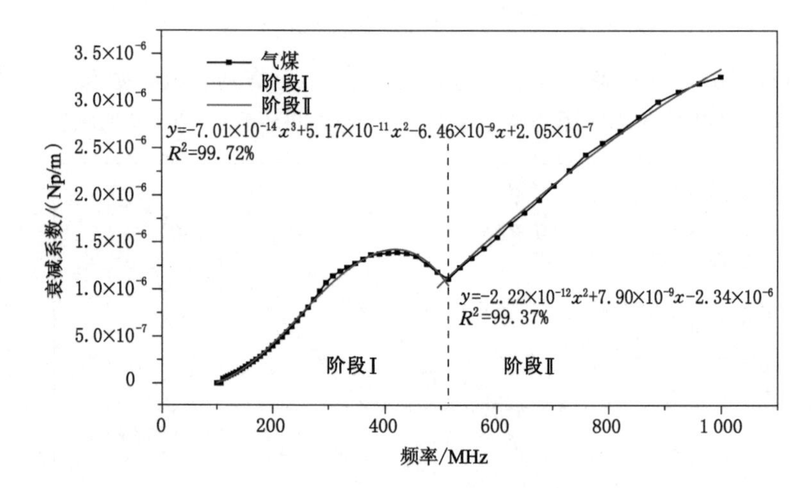

图 6-3　气煤衰减系数与频率对应图

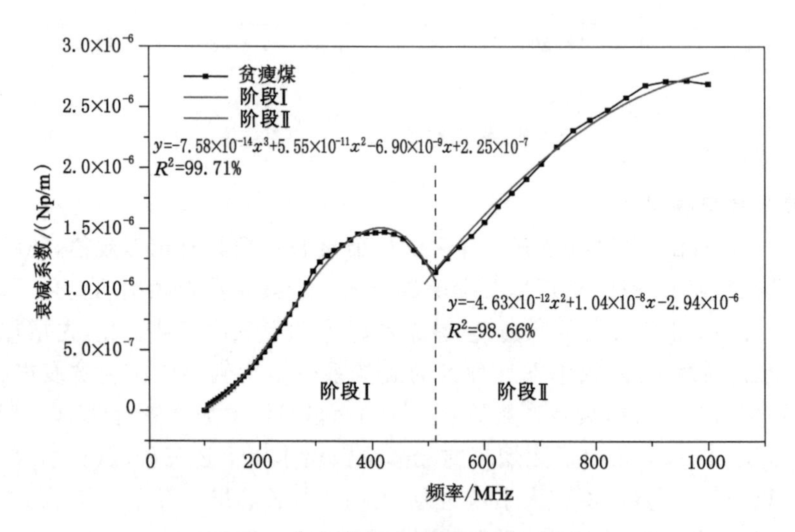

图 6-4　贫瘦煤衰减系数与频率对应图

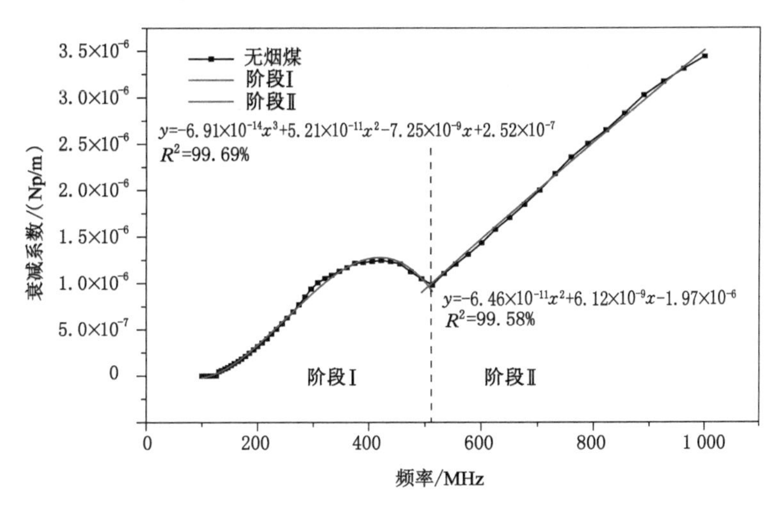

图 6-5　无烟煤衰减系数与频率对应图

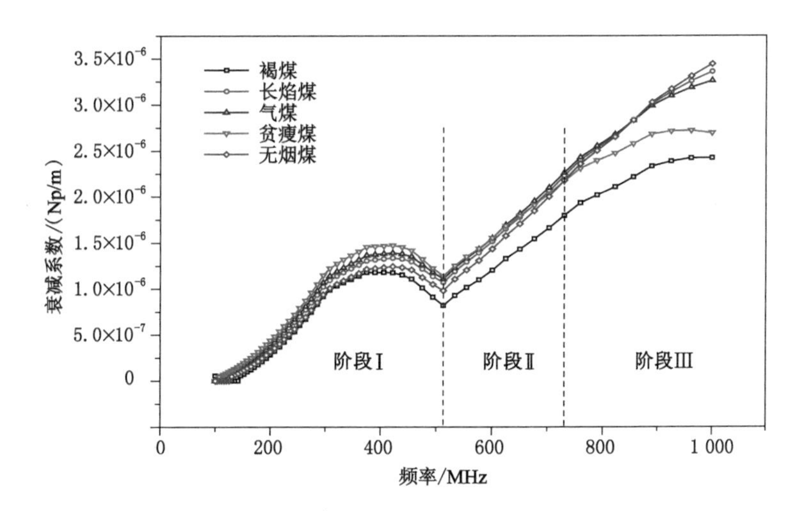

图 6-6　不同变质程度煤衰减系数与频率对应图

瘦煤的衰减系数随频率的增加先增加然后趋于平稳。对五种煤分别进行分段拟合，拟合结果表达式如式(6-37)所列，相关系数如表 6-2 所列。

$$a=\begin{cases}C'_{13}f^3+C'_{12}f^2+C'_{11}f+C'_{10},(f\in[100\ \text{MHz},500\ \text{MHz}])\\ C'_{22}f^2+C'_{21}f+C'_{20},(f\in(500\ \text{MHz},1.0\ \text{GHz}])\end{cases}\tag{6-37}$$

表 6-2　衰减系数与频率关系式

分段函数	系数	褐煤	长焰煤	气煤	贫瘦煤	无烟煤
阶段Ⅰ	C'_{13}	-8.31×10^{-14}	-6.70×10^{-14}	-7.01×10^{-14}	-7.58×10^{-14}	-6.91×10^{-14}
	C'_{12}	6.36×10^{-11}	4.95×10^{-11}	5.17×10^{-11}	5.55×10^{-11}	5.21×10^{-11}
	C'_{11}	-1.03×10^{-8}	-6.20×10^{-9}	-6.46×10^{-9}	-6.90×10^{-9}	-7.25×10^{-9}
	C'_{10}	4.71×10^{-7}	1.97×10^{-7}	2.05×10^{-7}	2.25×10^{-7}	2.52×10^{-7}
	R^2	99.36%	99.72%	99.72%	99.71%	99.69%

表 6-2(续)

分段函数	系数	褐煤	长焰煤	气煤	贫瘦煤	无烟煤
阶段Ⅱ	C'_{22}	-3.31×10^{-12}	-1.31×10^{-12}	-2.22×10^{-12}	-4.63×10^{-12}	-6.46×10^{-11}
	C'_{21}	8.44×10^{-9}	6.78×10^{-9}	7.90×10^{-9}	1.04×10^{-8}	6.12×10^{-9}
	C'_{20}	-2.61×10^{-6}	2.04×10^{-6}	-2.34×10^{-6}	-2.94×10^{-6}	-1.97×10^{-6}
	R^2	98.88%	99.52%	99.37%	98.66%	99.58%

6.2.2 衰减系数与电阻率

由图 6-7 可以看出,超宽带雷达波在五种不同变质程度煤中传播时的衰减系数变化规

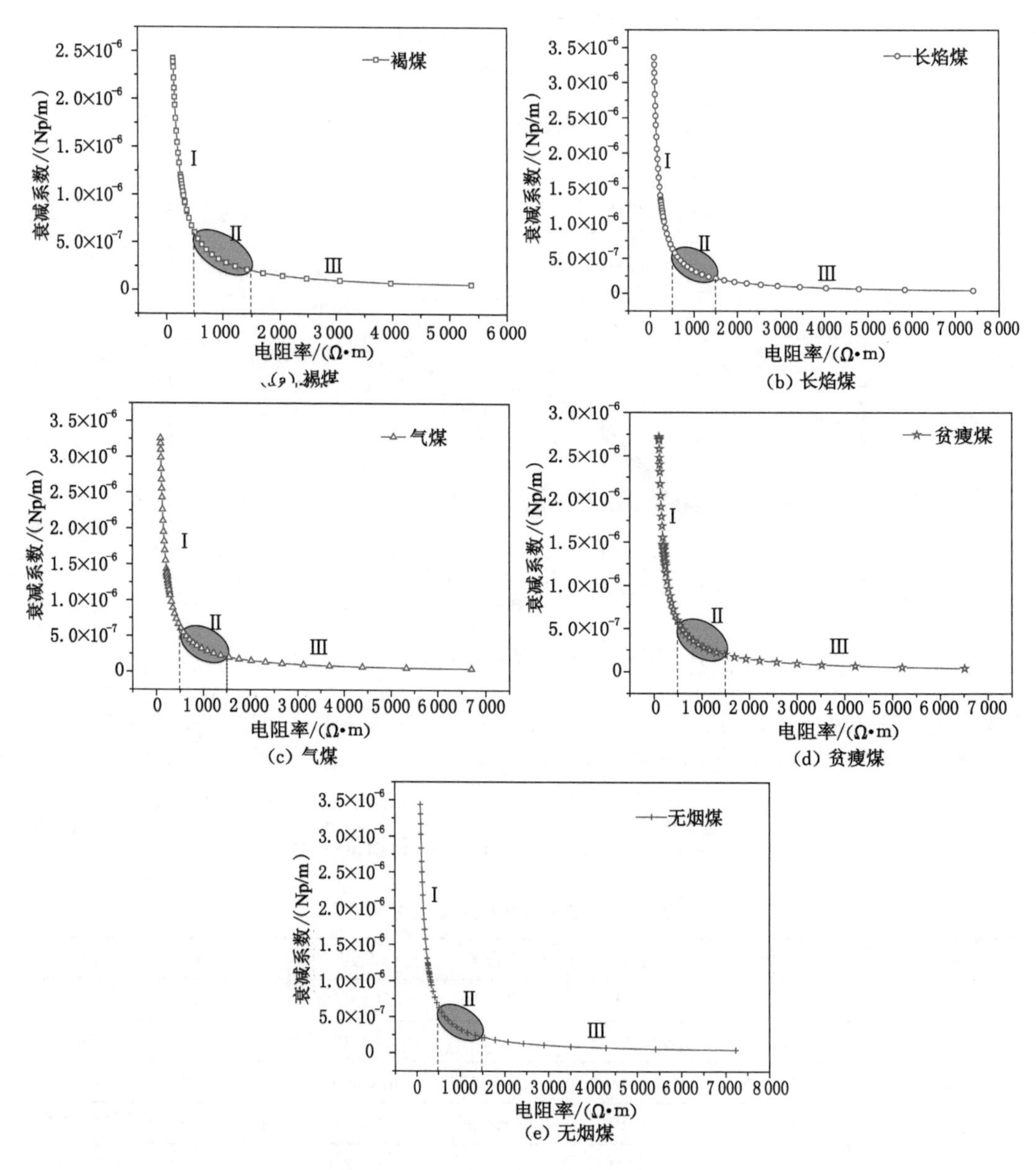

图 6-7 衰减系数与电阻率对应关系

律相似，衰减系数均随电阻率的增加而减小；整个区域可分为三个阶段，分别为骤减区（Ⅰ区：$\rho \leqslant 500\ \Omega \cdot \mathrm{m}$）、过渡区（Ⅱ区：$500\ \Omega \cdot \mathrm{m} < \rho \leqslant 1\ 500\ \Omega \cdot \mathrm{m}$）、平缓区（Ⅲ区：$\rho > 1\ 500\ \Omega \cdot \mathrm{m}$）。在Ⅰ区内，衰减系数急剧减小；在Ⅱ区内，衰减系数仍随电阻率的增加而减小，但减小速率逐步变低；在Ⅲ区内，衰减系数变化趋势进一步减小，但趋势趋于平缓。

6.3　交界面反射与折射系数

由麦克斯韦电磁场理论，电磁波在煤体内的传播满足波动特征。故雷达波在煤体中传播时，反射与折射现象会呈现在两种不同介质的分界面处，且满足折射与反射定理。如图 6-8 所示，入射波、反射波以及折射波等在同一个平面上，这一平面叫作入射面。由于雷达是依据不同介质交界面处返回波的频率、振幅以及相位等信息进行侦测的，因此探究反射波与折射波对于雷达侦测至关紧要。

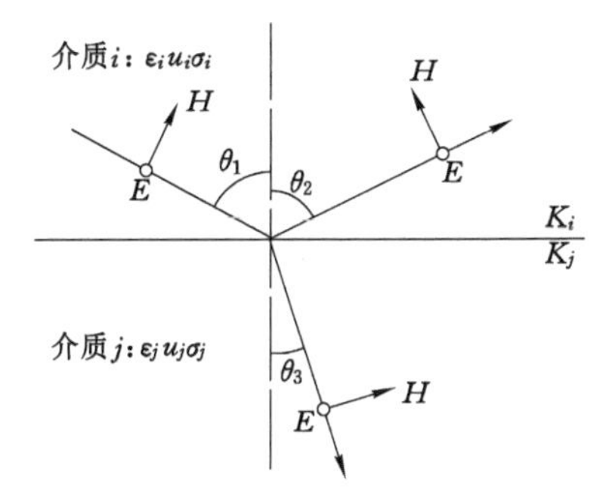

图 6-8　电磁波反射与折射示意图

超宽带雷达波在井下进行生命侦测时，存在雷达波由空气进入煤体、由煤体进入空气、由空气进入人体、由人体进入空气等交界面传播行为，两层介质间存在一个分界面，如图 6-8 所示。θ_1 为入射角，θ_2 为反射角，θ_3 为折射角，其中 $\theta_1 = \theta_2$。根据斯涅耳定律：

$$\frac{\sin \theta_1}{\sin \theta_3} = \frac{v_i}{v_j} = \frac{\sqrt{\mu_i \varepsilon_i}}{\sqrt{\mu_j \varepsilon_j}} \tag{6-38}$$

其中，v_i 为雷达波在介质 i 中的传播速度；v_j 为雷达波在介质 j 中的传播速度，单位均为 m/s。

反射系数：

$$R_{ij} = \frac{\cos \theta_1 - \sqrt{n_{ij}^2 - (\sin \theta_1)^2}}{\cos \theta_1 + \sqrt{n_{ij}^2 + (\sin \theta_1)^2}} \tag{6-39}$$

折射系数：

$$T_{ij} = \frac{2\cos \theta_1}{\cos \theta_1 + \sqrt{n_{ij}^2 - (\sin \theta_1)^2}} \tag{6-40}$$

折射率：

$$n_{ij} = \frac{\lambda_i}{\lambda_j} = \frac{\sin \theta_1}{\sin \theta_3} \tag{6-41}$$

其中，λ_i、λ_j 为介质内不同传播常数。

由于雷达收、发天线间距较小，可看作垂直入（反）射，即 $\theta_1 = \theta_2 = 0$，可得到反射与入射系数公式。

反射系数：

$$R_{ij}=\frac{1-n_{ij}}{1+n_{ij}} \tag{6-42}$$

折射系数：

$$T_{ij}=\frac{2}{1+n_{ij}} \tag{6-43}$$

煤是非磁性均匀材料，即 ω 远大于 σ，且 $\mu=1$。于是 R_{ij}、T_{ij} 分别为：

反射系数：

$$R_{ij}=\frac{\sqrt{\varepsilon_i}-\sqrt{\varepsilon_j}}{\sqrt{\varepsilon_i}+\sqrt{\varepsilon_j}} \tag{6-44}$$

折射系数：

$$T_{ij}=\frac{2\sqrt{\varepsilon_i}}{\sqrt{\varepsilon_i}+\sqrt{\varepsilon_j}} \tag{6-45}$$

由式(6-44)和式(6-45)可以得出超宽带雷达波在传播历程中各类交界面(图 6-9)上的反射与折射系数，结果如表 6-3 所列。煤体介电常数以 500 MHz 时测试结果为例进行计算。由表 6-3 可知，反射系数中出现了负数，主要原因是雷达波从介电常数较小的一侧进入介电常数较大的一侧引起的，表示反射波与入射波相位相反。

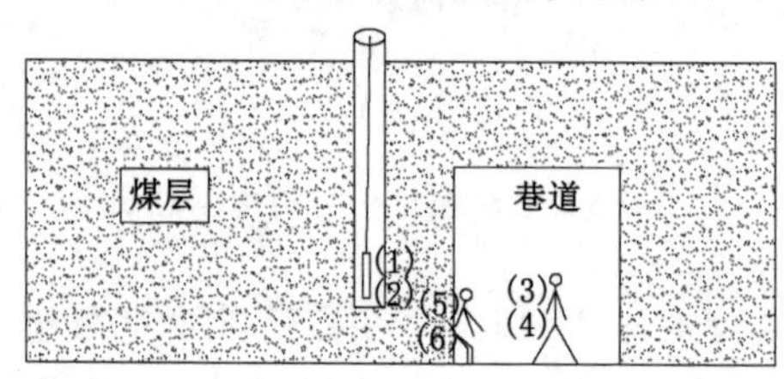

图 6-9　井下各类交界面示意图

表 6-3　交界面反射系数与折射系数

煤种	类型	(1) 空气→煤	(2) 煤→空气	(3) 空气→人	(4) 人→空气	(5) 煤→人	(6) 人→煤
褐煤	反射系数	−0.305 9	0.305 9	−0.752 2	0.752 2	−0.579 7	0.579 7
	折射系数	0.694 1	1.305 9	0.247 8	1.752 2	0.420 3	1.579 7
长焰煤	反射系数	−0.271 0	0.271 0	−0.752 2	0.752 2	−0.604 4	0.604 4
	折射系数	0.279 0	1.271 0	0.247 8	1.752 2	0.395 6	1.604 4
气煤	反射系数	−0.291 3	0.291 3	−0.752 2	0.752 2	−0.590 2	0.590 2
	折射系数	0.708 7	1.291 3	0.247 8	1.752 2	0.409 8	1.590 2
贫瘦煤	反射系数	−0.320 1	0.320 1	−0.752 2	0.752 2	−0.569 1	0.569 1
	折射系数	0.679 9	1.320 1	0.247 8	1.752 2	0.430 9	1.569 1
无烟煤	反射系数	−0.266 4	0.266 4	−0.752 2	0.752 2	−0.607 5	0.607 5
	折射系数	0.733 6	1.266 4	0.247 8	1.752 2	0.392 5	1.607 5

6.4　本 章 小 结

本章通过麦克斯韦电磁场理论确定了超宽带雷达波在煤中传播关键参数:传播速度、反射系数、折射系数、衰减系数。推导出了相关表征函数,据此计算了雷达波在不同变质程度煤中传播速度;推理了雷达波传播衰减系数表征关系,分析了衰减系数与频率映射关系;分析了雷达波在交界面处的反射与折射规律,计算了多种交界面反射系数与折射系数。主要工作与结论总结如下:

(1) 由麦克斯韦电磁场理论推导得到超宽带雷达波在煤中传播速度函数,发现速度仅与介电常数有关,雷达波在煤中传播速度随其介电常数的增大而减小;以 500 MHz 时的煤介电常数为例,雷达波传播速度依次为 $v_{无烟煤}=1.73\times10^{8}$ m/s＞$v_{长焰煤}=1.72\times10^{8}$ m/s＞$v_{气煤}=1.65\times10^{8}$ m/s＞$v_{褐煤}=1.60\times10^{8}$ m/s＞$v_{贫瘦煤}=1.55\times10^{8}$m/s。

(2) 电磁波在煤中传播衰减系数随频率的增加先呈三次函数变化,然后呈二次函数变化。衰减系数随频率的变化可以划分为三个区域(Ⅰ区、Ⅱ区、Ⅲ区):在Ⅰ区内,同频率下衰减系数由大到小依次为贫瘦煤、气煤、长焰煤、无烟煤、褐煤;在Ⅱ区内,同频率下无烟煤的衰减系数略小于上述三种煤(长焰煤、气煤、贫瘦煤)的衰减系数,衰减系数的斜率依次为无烟煤＞长焰煤≈气煤≈贫瘦煤＞褐煤;在Ⅲ区内,无烟煤、气煤及长焰煤的衰减系数差别较小,同频率下褐煤的衰减系数最小,褐煤与贫瘦煤的衰减系数随频率的增加先增加然后趋于平缓;建立了衰减系数的分段函数表达式,并给出了相应变量的系数。

(3) 雷达波在五种不同变质程度煤中传播时的衰减系数变化规律相似;衰减系数均随电阻率的增加而减小;整个区域可分为三个阶段,分别为骤减区(Ⅰ区:$\rho\leqslant500\ \Omega\cdot m$)、过渡区(Ⅱ区:$500\ \Omega\cdot m<\rho\leqslant1\ 500\ \Omega\cdot m$)、平缓区(Ⅲ区:$\rho>1\ 500\ \Omega\cdot m$)。

(4) 给出了超宽带雷达波在井下传播过程中经过各类交界面时的反射系数与折射系数的函数表征关系;反射系数与折射系数均仅与介电常数有关;依据建立的函数,计算了雷达波由空气进入煤体、由煤体进入空气、由空气进入人体、由煤体进入人体等多种交界面条件下的反射系数与折射系数。

参 考 文 献

[1] 李亚飞. 地质雷达超前地质预报正演模拟[D]. 北京:北京交通大学,2012.

第 7 章　GprMax 模拟软件及模型设置

雷达正演数值模拟是分析雷达波在煤体介质中传播规律和研究遇险人员位置的有效手段，亦是生命信息侦测雷达基础理论亟待探究的主要内容。通过对模拟结果云图的分析，可加深对返回波谱图的理解，提高对图像的解析深度与精确度。

7.1　时域有限差分法基本原理

麦克斯韦方程是电磁场的理论基础，时间参量的旋度函数是其所依赖的一般形式。通常状况下，若利用时域理论研究电磁场的话，肯定是在蕴含时间的四维空间上展开；若利用有限差分法，第一步是将问题的有关参量离散化处理，即要构建恰当的网格坐标系统。以麦克斯韦方程为起点，构建差分方程表达式的困难在于，不只是由方向和时间构成的四维空间问题，还要满足可以推算电场与磁场这两个分量。

1966 年，Yee 在其公开发表的代表性论文“麦克斯韦方程在各向同性介质中初始边值问题的数值解法”[1]中，率先提出了 Yee 氏网格的空间离散格式，网格系统上的最小网格单元叫作 Yee 氏元胞，如图 7-1 所示。这种新的电磁场时域计算方法后来被称作时域有限差分法(finite-difference time-domain，FDTD)。

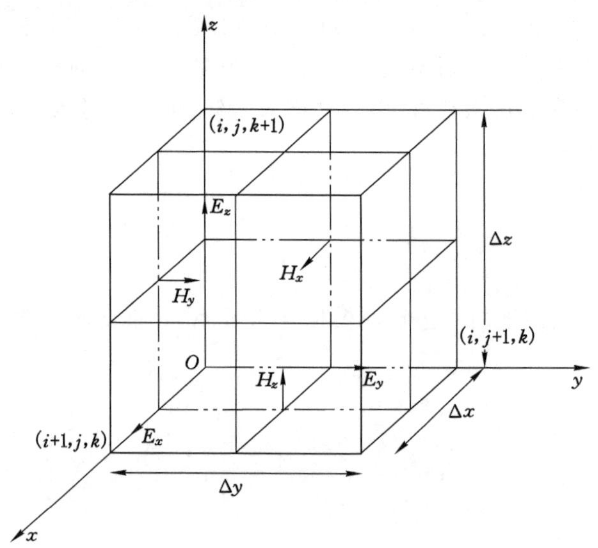

图 7-1　FDTD 离散中的 Yee 氏元胞

研究发现，该算法已得到广泛关注和应用，这是因为它具有以下几个较为优异的特点：

(1) 直接时域计算：它在 Yee 氏网格坐标空间上把蕴含时间参量的麦克斯韦旋度方程

进行差分变换。在上述差分中，所有点上的磁(电)场分量只与其相邻点上电(磁)场分量及上一时刻该点处的场值相关。计算空间网格各点在每一时间步长上的电(磁)场分量，随时间的前进，不仅能直接对雷达波在介质中的传播进行模拟，还可以研究雷达波与目标的彼此作用历程。

(2) 广泛适用性：它以麦克斯韦方程为直接初始点，因此其适用性较为宽泛。

(3) 节约存储空间和计算时间：模型所需的网格设置决定了其所需的存储空间，即网格总量与 N 是正比关系。计算过程中，所有网格点均遵循同一差分格式，即模拟运算时间与网格总数是正比关系。

(4) 适合并行计算：在网格空间中，每一点上的参量仅与其相邻点处的对应参量有关，这使它完全满足并行计算的条件。

由图 7-1 可知，就电场与磁场的分量而言，每一个磁场分量由四个电场分量环绕，每一个电场分量又由四个磁场分量环绕。此种空间离散方法完全遵循法拉第电磁感应与安培环路定量的自然结构，同时场中所有点的各个分量空间分布位置亦满足麦克斯韦方程组的计算，可对电磁场的传播特征进行适当描述。按时间顺序对电场与磁场进行交互抽样，时间间隔为半个时间步长，使麦克斯韦旋度方程在离散后呈差分格式的显式方程，进而在时间维上进行逐步求解，有效避免了矩阵求逆这一复杂运算。因此，在给定所求电磁问题的初始值与边界条件后，运用 FDTD 算法，沿时间维可逐步确定电磁场空间各点在每一时刻上的分布状况。

7.1.1　二维空间 FDTD 差分格式

对于二维问题，设全部物理量均与 z 无关，$\partial/\partial_z = 0$，由此，由式(2-2)可得：

① TE 波

$$\begin{cases} \dfrac{\partial H_z}{\partial y} = \varepsilon \dfrac{\partial E_x}{\partial t} + \sigma E_x \\ -\dfrac{\partial H_z}{\partial x} = \varepsilon \dfrac{\partial E_y}{\partial t} + \sigma E_y \\ \dfrac{\partial H_y}{\partial x} - \dfrac{\partial E_x}{\partial y} = -\mu \dfrac{\partial H_z}{\partial x} \end{cases} \tag{7-1}$$

由式(2-3)可得：

② TM 波

$$\begin{cases} \dfrac{\partial E_z}{\partial y} = -\mu \dfrac{\partial H_x}{\partial t} \\ -\dfrac{\partial E_z}{\partial x} = \mu \dfrac{\partial H_y}{\partial t} \\ \dfrac{\partial H_y}{\partial x} - \dfrac{\partial H_x}{\partial y} = \varepsilon \dfrac{\partial H_z}{\partial t} + \sigma E_z \end{cases} \tag{7-2}$$

显而易见两种状况下，电磁场的直角分量可被区分成单独的两组，即 E_x，E_y，H_z 为一组，叫作 H_z 的 TE 波；H_x，H_y，E_z 为一组，叫作 E_z 的 TM 波。在 FDTD 离散时，Yee 氏元胞如图 7-2 所示。在 Yee 氏网格中，坐标轴方向上每个场分量相距半个网格空间步长，因此，同一场分量之间相隔恰好是一个空间步长，如表 7-1 所列。

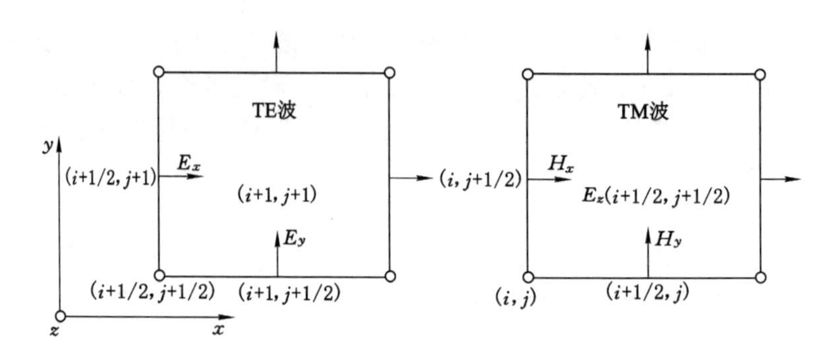

图 7-2 二维 TE 波和 TM 波的 Yee 氏元胞

表 7-1 TE 波和 TM 波的 Yee 氏元胞中 *E*、*H* 各分量节点位置

电磁场分量		空间分量取样		时间轴 t 取样
		x 坐标	y 坐标	
TE 波	H_z	$i+1/2$	$j+1/2$	$n+1/2$
	E_x	$i+1/2$	j	n
	E_y	i	$j+1/2$	n
TM 波	E_z	i	j	n
	H_x	i	$j+1/2$	$n+1/2$
	H_y	$i+1/2$	j	$n+1/2$

对于 TE 波，由于 $H_x=H_y=E_z=0$，则二维 TE 波 FDTD 公式为：

$$E_x^{n+1}\left(i+\frac{1}{2},j\right)=\frac{2\varepsilon_0\varepsilon_r\left(i+\frac{1}{2},j\right)-\sigma\left(i+\frac{1}{2},j\right)\cdot\Delta t}{2\varepsilon_0\varepsilon_r\left(i+\frac{1}{2},j\right)+\sigma\left(i+\frac{1}{2},j\right)\cdot\Delta t}\cdot E_x^n\left(i+\frac{1}{2},j\right)$$
$$+\frac{2\Delta t\cdot\left[H_z^{n+1/2}\left(i+\frac{1}{2},j+\frac{1}{2}\right)-H_z^{n+1/2}\left(i+\frac{1}{2},j-\frac{1}{2}\right)\right]}{2\delta\varepsilon_0\varepsilon_r\left(i+\frac{1}{2},j\right)+\delta\sigma\left(i+\frac{1}{2},j\right)\cdot\Delta t} \tag{7-3}$$

$$E_y^{n+1}\left(i,j+\frac{1}{2}\right)=\frac{2\varepsilon_0\varepsilon_r\left(i,j+\frac{1}{2}\right)-\sigma\left(i,j+\frac{1}{2}\right)\cdot\Delta t}{2\varepsilon_0\varepsilon_r\left(i,j+\frac{1}{2}\right)+\sigma\left(i,j+\frac{1}{2}\right)\cdot\Delta t}\cdot E_y^n\left(i,j+\frac{1}{2}\right)$$
$$-\frac{2\Delta t\cdot\left[H_z^{n+1/2}\left(i+\frac{1}{2},j+\frac{1}{2}\right)-H_z^{n+1/2}\left(i-\frac{1}{2},j+\frac{1}{2}\right)\right]}{2\delta\varepsilon_0\varepsilon_r\left(i,j+\frac{1}{2}\right)+\delta\sigma\left(i,j+\frac{1}{2}\right)\cdot\Delta t} \tag{7-4}$$

$$H_z^{n+1/2}\left(i+\frac{1}{2},j+\frac{1}{2}\right)=H_z^{n-1/2}\left(i+\frac{1}{2},j+\frac{1}{2}\right)-$$
$$\frac{\Delta t}{\delta\mu_0\mu_r\left(i+\frac{1}{2},j+\frac{1}{2}\right)}\cdot\left[E_y^n\left(i+1,j+\frac{1}{2}\right)-E_y^n\left(i,j+\frac{1}{2}\right)\right]+$$

$$\frac{\Delta t}{\delta\mu_0\mu_r\left(i+\frac{1}{2},j+\frac{1}{2}\right)}\cdot\left[E_x^n\left(i+\frac{1}{2},j+1\right)-E_x^n\left(i+\frac{1}{2},j\right)\right] \tag{7-5}$$

对于 TM 波，$E_x=E_y=H_z=0$，FDTD 公式为：

$$H_x^{n+1/2}\left(i,j+\frac{1}{2}\right)=H_x^{n-1/2}\left(i,j+\frac{1}{2}\right)-\frac{\Delta t}{\delta\mu_0\mu_r\left(i,j+\frac{1}{2}\right)}\cdot\left[E_z^n(i,j+1)-E_z^n(i,j)\right] \tag{7-6}$$

$$H_y^{n+1/2}\left(i+\frac{1}{2},j\right)=H_y^{n-1/2}\left(i+\frac{1}{2},j\right)+\frac{\Delta t}{\delta\mu_0\mu_r\left(i+\frac{1}{2},j\right)}\cdot\left[E_z^n(i+1,j)-E_z^n(i,j)\right] \tag{7-7}$$

$$E_z^{n+1}(i,j)=\frac{2\varepsilon_0\varepsilon_r(i,j)-\sigma(i,j)\cdot\Delta t}{2\varepsilon_0\varepsilon_r(i,j)+\sigma(i,j)\cdot\Delta t}\cdot E_z^n(i,j)+\frac{2\Delta t\cdot\left[H_y^{n+1/2}\left(i+\frac{1}{2},j\right)-H_y^{n+1/2}\left(i-\frac{1}{2},j\right)\right]}{2\delta\varepsilon_0\varepsilon_r(i,j)+\delta\sigma(i,j)\cdot\Delta t}-\frac{2\Delta t\cdot\left[H_x^{n+1/2}\left(i,j+\frac{1}{2}\right)-H_x^{n+1/2}\left(i,j-\frac{1}{2}\right)\right]}{2\delta\varepsilon_0\varepsilon_r(i,j)+\delta\sigma(i,j)\cdot\Delta t} \tag{7-8}$$

7.1.2　数值解的稳定性

麦克斯韦方程的旋度格式是被一组 FDTD 的有限差分方程所取代的，要使这种取代存在意义，那么这就要求离散后的差分方程组是有解的，且解是收敛稳定的。所谓收敛，就是若离散的间隔趋于零，则空间中任意点在任一时刻下差分方程的解均趋于原方程的解；所谓稳定，就是探索离散间隔能达到的一个要素，在这一要素下使差分方程的数值解与原方程的严格解之差是有界的。在离散计算过程中，时间增量 Δt 与空间增量 Δx、Δy、Δz 并不是互不干扰、相互独立的，它们之间遵循一定的关系，由此才可保障数值结果的稳定性，以此减少或避免由差商近似取代微商而引发的数值色散现象。

解的稳定条件：

$$\Delta t\leqslant\frac{1}{v\sqrt{\frac{1}{(\Delta x)^2}+\frac{1}{(\Delta y)^2}+\frac{1}{(\Delta z)^2}}} \tag{7-9}$$

色散对空间和时间的要求：

$$\begin{cases}\Delta x\leqslant\dfrac{\lambda}{12}\\ \Delta t\leqslant\dfrac{T}{12}\end{cases} \tag{7-10}$$

其中，λ 为色散介质中的波长。

7.1.3　FDTD 算法激励源

运用 FDTD 算法研究电磁波在煤中传播性质过程中，除了物理模型、几何模型、网格等条件外，激励源是非常重要的模拟条件，即选择合适的激励函数可使电磁波在煤中的传播过程进行真实呈现，为生命信息侦测雷达设备的研发提供参考和支撑。目前，雷达天线发射的主要是脉冲波，主要有 Ricker、Gaussian、Cont_sine 及 Sine 四种激励函数，如图 7-3 所示。

Ricker：

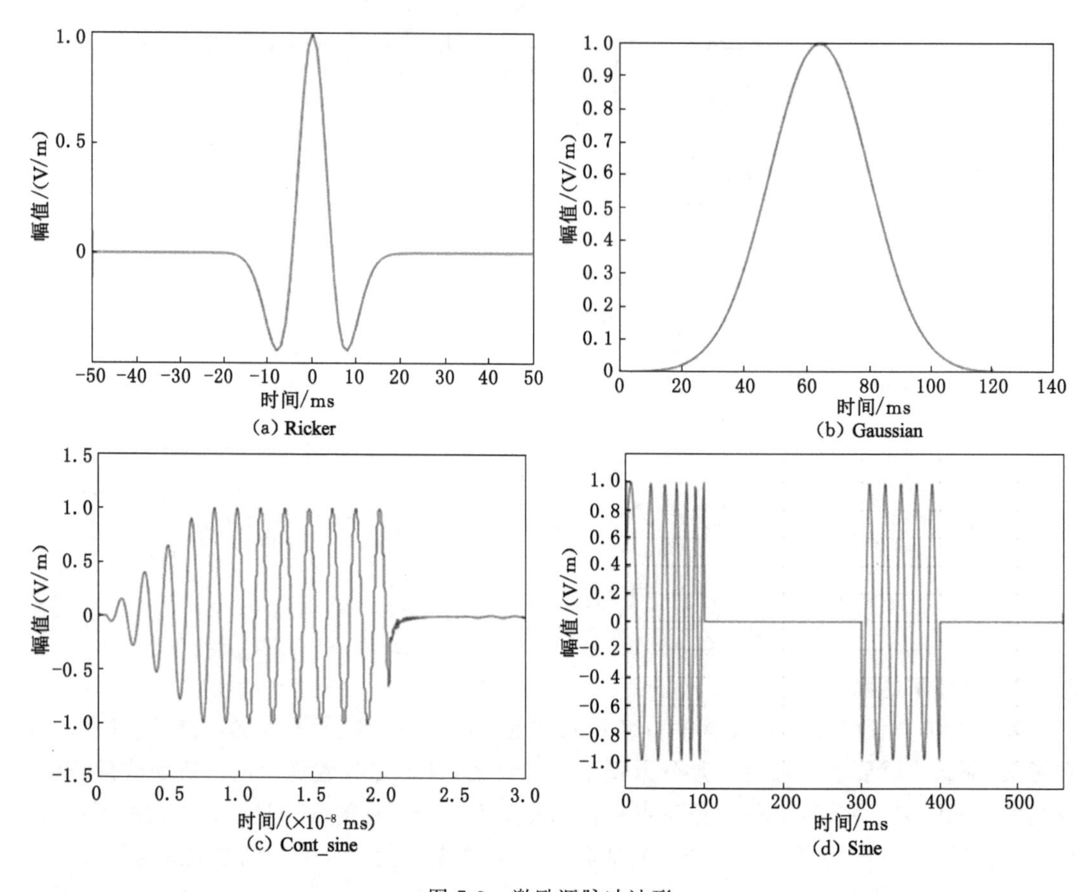

(a) Ricker　(b) Gaussian　(c) Cont_sine　(d) Sine

图 7-3　激励源脉冲波形

$$I = -2\zeta\sqrt{e^{1/(2\zeta)}}\,e^{-\zeta(t-f^{-1})^2}(t-f^{-1}) \tag{7-11}$$

其中，f 为中心频率，$\zeta = 2\pi^2 f^2$。

Gaussian：

$$I = e^{-\zeta(t-f^{-1})^2} \tag{7-12}$$

Cont_sine：

$$I = R\sin(2\pi ft) \tag{7-13}$$

其中，$R = \begin{cases} 0.25tf, R \leqslant 1 \\ 1, R > 1 \end{cases}$。

Sine：

$$I = R\sin(2\pi ft) \tag{7-14}$$

其中，$R = \begin{cases} 1, tf \leqslant 1 \\ 0, tf > 1 \end{cases}$。

7.2　模拟软件及模型设置

7.2.1　GprMax 软件简介

21 世纪初，英国爱丁堡大学电子工程学院的 Antonis Giannopoulos 博士开发出了一款基于FDTD理论与PML边界吸收条件的地质雷达模拟软件，名为GprMax。而后经过其科研团队的不断探索与修改，现已更新至Verion3.0版本，其命令界面如图7-4所示。

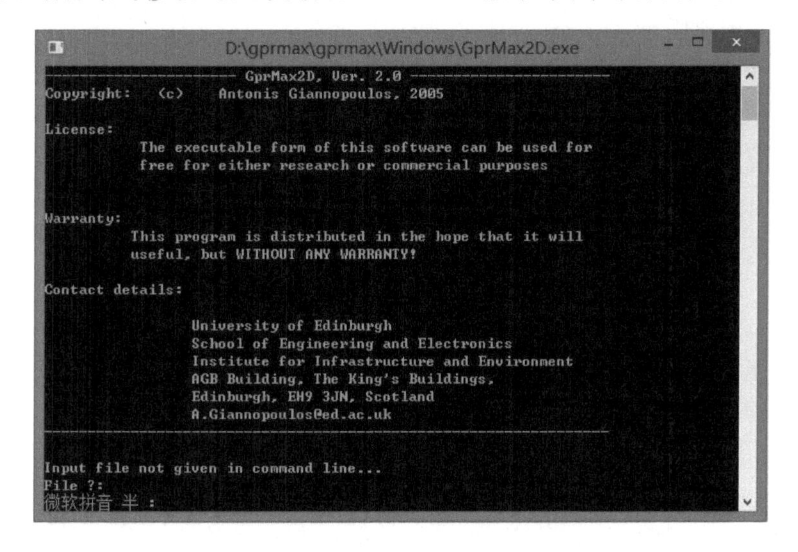

图7-4　GprMax2D软件命令界面

利用GprMax软件进行煤矿井下生命信息的超宽带雷达数值模拟时，接收天线侦测到的返回波中不仅包含天线间的直偶波与侦测表面反射波，还包含目标体的反射信息，通过信号分析解析出目标的反射信号，而后研究得到遇险人员位置与生命信号的映射特征。

7.2.2　模型设置

(1) 超宽带雷达波在煤中传播控制方程

超宽带雷达在煤矿井下穿透煤层侦测遇险人员的关键问题是：穿透距离、人员识别、目标定位。

超宽带雷达波在煤中的传播距离决定因素是传播衰减系数。由式(6-36)可以看出，决定变量α(衰减系数)的自变量有f(频率)、ε(介电常数)、ρ(电阻率)，即$\alpha = F(f,\varepsilon,\rho)$。由式(3-17)可知，$\varepsilon$(介电常数)是$f$(频率)的函数，即$f = F^{-1}(\varepsilon)$；由式(3-18)可知，$\rho$(介电常数)是$f$(频率)的函数，即$f=F^{-1}(\rho)$；由式(6-37)可知是$f$(频率)是$\alpha$(衰减系数)的函数，即$\alpha = F^{-1}(f)$。由此，超宽带雷达波在煤中的传播衰减规律可由式(7-15)表征。

$$\begin{cases} \alpha = 2\pi f\left[\frac{\varepsilon}{2}\left(\sqrt{1+(1/2\pi f\rho\varepsilon)^2}\right)-1\right]^{1/2} \\ \alpha = \begin{cases} C'_{13}f^3 + C'_{12}f^2 + C'_{11}f + C'_{10}, (f \in [100\ \text{MHz}, 500\ \text{MHz}]) \\ C'_{22}f^2 + C'_{21}f + C'_{20}, (f \in (500\ \text{MHz}, 1.0\ \text{GHz}]) \end{cases} \\ \varepsilon = C_3 f^3 + C_2 f^2 + C_1 f + C_0, (f \in [100\ \text{MHz}, 1.0\ \text{GHz}]) \\ \rho = \begin{cases} C_{13}f^3 + C_{12}f^2 + C_{11}f + C_{10}, (f \in [100\ \text{MHz}, 500\ \text{MHz}]) \\ C_{22}f^2 + C_{21}f + C_{20}, (f \in (500\ \text{MHz}, 1.0\ \text{GHz}]) \end{cases} \end{cases} \tag{7-15}$$

式中　α——超宽带雷达波在煤中传播衰减系数；

$C'_{ij}, (i,j \in [0,1,2,3])$——相应函数的系数；

f——频率，Hz；

ε ——物质介电常数，F/m；

C_i，$(i \in [0,1,2,3])$ ——相应函数的系数；

ρ ——煤的电阻率，$\Omega \cdot$ m；

C_{ij}，$(i,j \in [0,1,2,3])$ ——相应函数的系数。

在超宽带雷达侦测救援时，工作人员通过分析波的特征来判断煤体后面是否有人，而波的这一特征由折射和反射规律决定，即由式(6-46)和式(6-47)组成的式(7-16)。

$$\begin{cases} R_{ij} = \dfrac{\sqrt{\varepsilon_i} - \sqrt{\varepsilon_j}}{\sqrt{\varepsilon_i} + \sqrt{\varepsilon_j}} \\ T_{ij} = \dfrac{2\sqrt{\varepsilon_i}}{\sqrt{\varepsilon_i} + \sqrt{\varepsilon_j}} \end{cases} \tag{7-16}$$

式中 ε_i ——物质 i 的介电常数，F/m；

ε_j ——物质 j 的介电常数，F/m；

R_{ij} ——反射系数；

T_{ij} ——折射系数。

根据路程、速度与时间之间的关系，可以计算出雷达设备与遇险人员之间的距离，如式(7-17)所示。

$$\begin{cases} L = v \cdot t \\ v = \dfrac{c}{\sqrt{\varepsilon}} \end{cases} \tag{7-17}$$

式中 v ——超宽带雷达波在介质中的传播速度，m/s；

c ——真空中的光速，取 $c=3\times10^8$ m/s；

ε ——物质的介电常数。

由式(7-15)～式(7-17)联合组成的方程组即为超宽带雷达波传播模拟控制方程组：

$$\begin{cases} \alpha = 2\pi f \left[\dfrac{\varepsilon}{2} \left(\sqrt{1 + (1/2\pi f \rho \varepsilon)^2} \right) - 1 \right]^{1/2} \\ \alpha = \begin{cases} C'_{13} f^3 + C'_{12} f^2 + C'_{11} f + C'_{10}, (f \in [100\ \text{MHz}, 500\ \text{MHz}]) \\ C'_{22} f^2 + C'_{21} f + C'_{20}, (f \in (500\ \text{MHz}, 1.0\ \text{GHz}]) \end{cases} \\ \varepsilon = C_3 f^3 + C_2 f^2 + C_1 f + C_0, (f \in [100\ \text{MHz}, 1.0\ \text{GHz}]) \\ \rho = \begin{cases} C_{13} f^3 + C_{12} f^2 + C_{11} f + C_{10}, (f \in [100\ \text{MHz}, 500\ \text{MHz}]) \\ C_{22} f^2 + C_{21} f + C_{20}, (f \in (500\ \text{MHz}, 1.0\ \text{GHz}]) \end{cases} \\ R_{ij} = \dfrac{\sqrt{\varepsilon_i} - \sqrt{\varepsilon_j}}{\sqrt{\varepsilon_i} + \sqrt{\varepsilon_j}} \\ T_{ij} = \dfrac{2\sqrt{\varepsilon_i}}{\sqrt{\varepsilon_i} + \sqrt{\varepsilon_j}} \\ v = \dfrac{c}{\sqrt{\varepsilon}} \\ L = v \cdot t \end{cases} \tag{7-18}$$

(2) 物理模型

矿山事故救援时期，若侦测生命信息的钻孔偏离设计孔(图 1-5)，被困人员与侦测设备间有一定厚度的煤体，如图 7-5(A)所示。此时具备穿透功能的超宽带雷达生命信息侦测仪可用于救援。依据上述情景，物理模型设置如下：被困人员与雷达之间煤体厚度为 L_1、人与煤壁之间距离为 L_2、模型宽度为 L_3、模型长度 L_4、人体面积为 1.6 m×0.4 m，如图 7-5(B)所示。雷达采用一发一收式。利用 MATLAB 软件对模拟数据进行后处理，结果如图 7-5(C)所示。其中，TP(trapped personnel)为被困人员、IF(interface between coal pillar and excavation)为煤柱与巷道空气交界面、DA(direct arrival)为直达波、RWIF(reflected waves of IF)为煤柱与空气交界面返回波、RWTP(reflected waves of TP)为人体目标返回波。

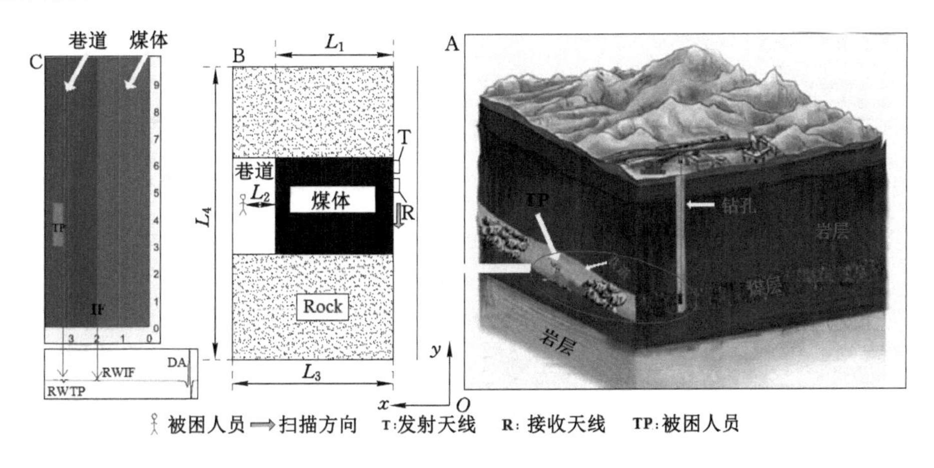

图 7-5　物理模型及模型设置示意图

假设煤体为各向均匀同性的半无限连续空间，人的介电常数为 50 F/m[2]，空气的介电常数为 1 F/m，天线步进距离为 0.06 m，收发天线间距为 0.065 m，测线道数为 115，空间网格步长为0.005 m×0.005 m，模型中所有介质的渗透率为 1.0，边界条件为完全匹配层(PML)[3]。

模拟的 GprMax 主程序如表 7-2 所列。

表 7-2　模拟主程序及其功能

序号	程序	功能
1	#medium:3.54 0.0 0.0 0.00405 1.0 0.0 coal #medium:50.0 0.0 0.0 0.8 1.0 0.0 man	物质参数设定
2	#domain:10 4 #dx_dy:0.005 0.005 #time_window:80e−9	计算范围、网格及时窗定义
3	#box:0.0 0.0 10.0 4.0 coal #box:0.0 2.0 10.0 4.0free_space #box:3.0 3.3 4.6 3.7 man	模型几何参数设置
4	#line_source:1.0 600e6 rickerMyLineSource	激励函数及频率设定

表 7-2(续)

序号	程序	功能
5	#analysis:115 hm115.out b #tx:0.0875 0.152 5MyLineSource 0.0 30e−9 #rx:0.1525 0.152 5 #tx_steps:0.06 0.0 #rx_steps:0.06 0.0 #end_analysis: #geometry_file:hm115.geo #title:BRE Model 4 #messages:y	步进长度、速度及方向,结果输出格式等

7.3 激励函数对侦测的影响

目前发射波的调制机理函数有四种:Ricker、Gaussian、Cont_sine 和 Sine。为了分析激励函数对侦测的影响,设计了如下模拟实验。详细设置如表 7-3 所列,模拟结果如图 7-6～图 7-10 所示。

表 7-3 不同激励源条件下模型参数设置

煤质	介电常数/(F/m)	电阻率/(Ω·m)	中心频率/MHz	激励函数
褐煤	3.54	246.91	600	Ricker、Gaussian、Cout_sine、Sine
长焰煤	3.04	212.31		
气煤	3.32	198.02		
贫瘦煤	3.77	185.87		
无烟煤	2.98	226.24		

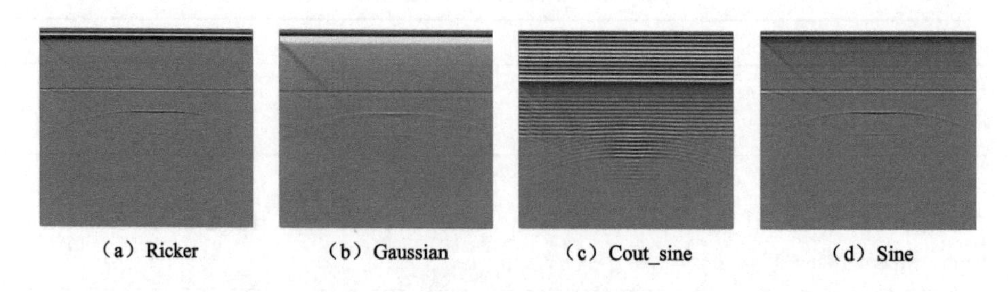

图 7-6 电磁波在褐煤中的传播

图 7-6 显示了不同激励源正演模拟图像,显然 Cont_sine 有多次波,不适于作为激励函数。Ricker、Gaussian 及 Sine 都可侦测到人体信号,且结果呈现下凹双曲线特征,但三种激励源中 Ricker 的人体返回波更加清晰。由图 7-7～图 7-10 可以看出,长焰煤、气煤、贫瘦煤

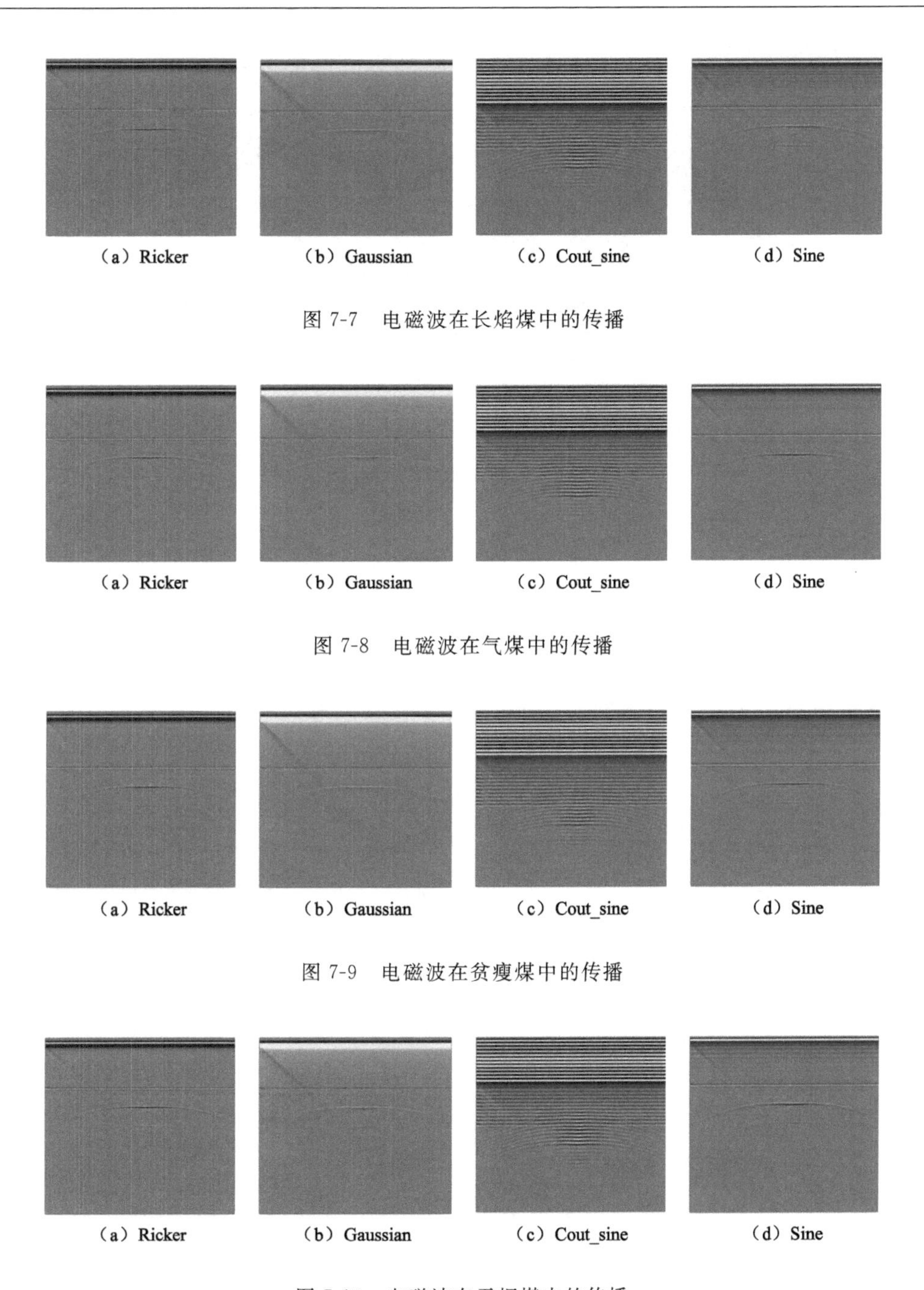

（a）Ricker　（b）Gaussian　（c）Cout_sine　（d）Sine

图 7-7　电磁波在长焰煤中的传播

（a）Ricker　（b）Gaussian　（c）Cout_sine　（d）Sine

图 7-8　电磁波在气煤中的传播

（a）Ricker　（b）Gaussian　（c）Cout_sine　（d）Sine

图 7-9　电磁波在贫瘦煤中的传播

（a）Ricker　（b）Gaussian　（c）Cout_sine　（d）Sine

图 7-10　电磁波在无烟煤中的传播

及无烟煤具有相同的规律。

利用 MATLAB 软件对图 7-6 进行深度处理，发现第 67 道返回波波形最为显著(图 7-11)，因此，选择第 67 道返回波进行研究分析。

图 7-12 给出了三种激励源(Ricker、Gaussian 及 Sine)侦测的第 67 道返回波波形图，其中人体返回波幅值分别为 −15.61 mV/m、−4.87 mV/m、−12.70 mV/m。不难算出 Ricker 的人体返回波幅值强度是 Gaussian 的 3.21 倍，是 Sine 的 1.23 倍。因此，Ricker 更

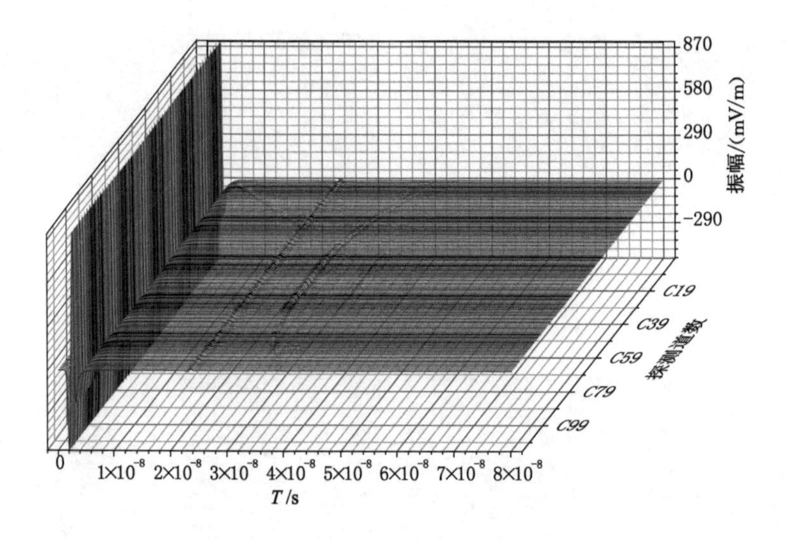

图 7-11　褐煤侦测波形图

适宜作为激励源。还可看出，人体目标返回波为负峰，而煤柱与掘进巷交界面返回波为正峰，这是因为煤的介电常数大于空气的介电常数，电磁波从煤柱进入掘进巷时，交界面的反射振幅为正值，相应的空气与人的交界面的反射振幅为负值[4]。

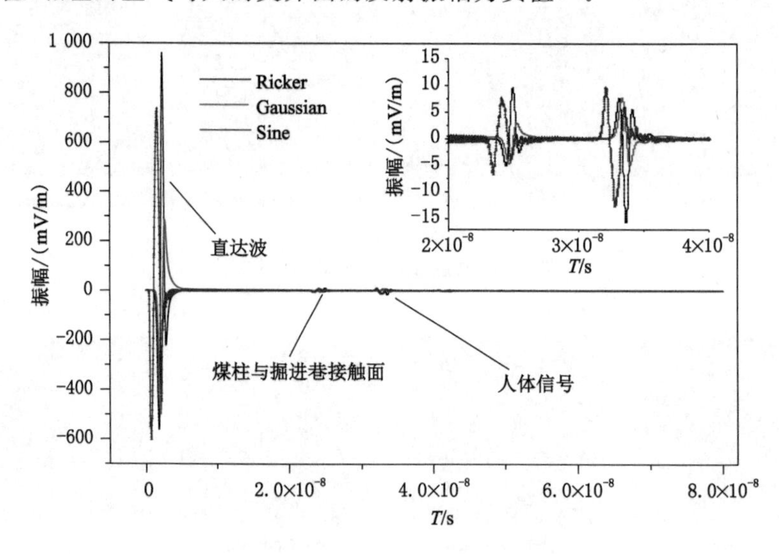

图 7-12　褐煤第 67 道返回波的波形图

7.4　中心频率对侦测的影响

在侦测生命信息时，不同中心频率可能导致目标位置计算出现较大偏差或出现假目标。在本数值模拟实验中，研究了 10 种中心频率的雷达侦测效果，具体如表 7-4 所列。

表 7-4　不同中心频率条件下模型参数设置

煤质	介电常数/(F/m)	电阻率/(Ω·m)	中心频率/MHz	激励函数
褐煤	3.63	5 263.16	100	Ricker
	3.51	1 058.20	200	
	3.49	312.18	300	
	3.50	254.45	400	
	3.51	328.95	500	
	3.54	246.91	600	
	3.57	178.25	700	
	3.60	143.33	800	
	3.62	124.94	900	
	3.63	121.51	1 000	

模拟结果如图 7-13 所示，它展示了不同中心频率下的正演模拟效果。对比分析不同频率天线对人体目标的响应特征图谱，发现十种频率的雷达均可侦测到人体信号；100 MHz 与 200 MHz 图像人体信号特征曲线较为模糊，随频率的增加，特征双曲线逐渐清晰，其中以 400～700 MHz 的效果最好，但不是频率越高正演模拟的结果越好，1.0 GHz 模拟结果中出现大量多次波[图 7-13(j)]，多次波将严重干扰对人体目标的判定。

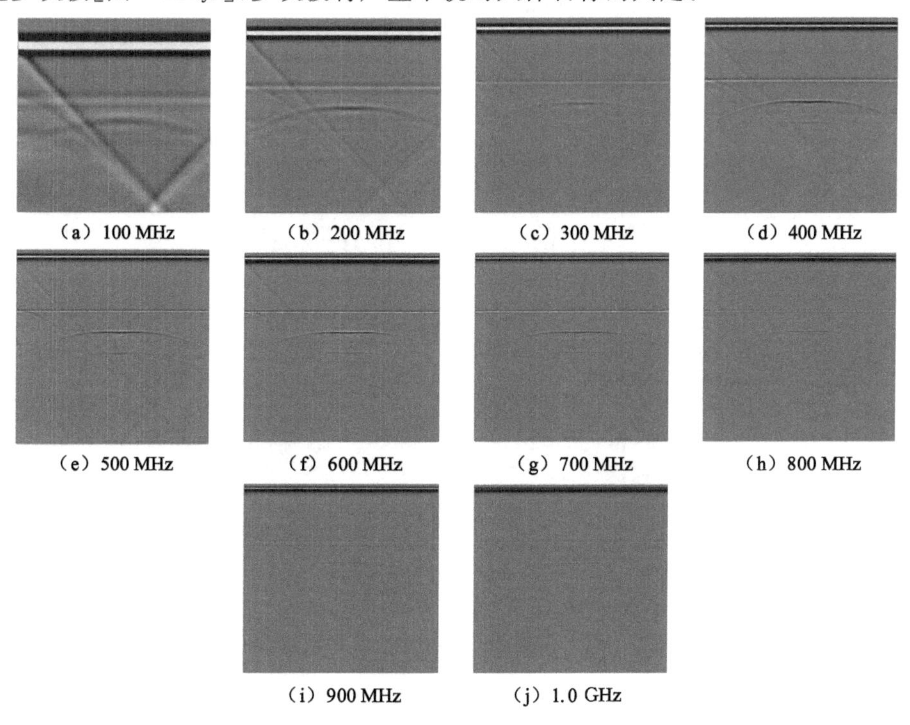

(a) 100 MHz　(b) 200 MHz　(c) 300 MHz　(d) 400 MHz
(e) 500 MHz　(f) 600 MHz　(g) 700 MHz　(h) 800 MHz
(i) 900 MHz　(j) 1.0 GHz

图 7-13　中心频率对电磁波在褐煤中传播的影响

分析不同天线中心频率正演模拟波形图(图 7-14)，可以得出 100 MHz 到 1.0 GHz 的人体返回波幅值分别为－17.51、－29.53、－15.88、－13.26、－20.63、－15.61、－9.45、

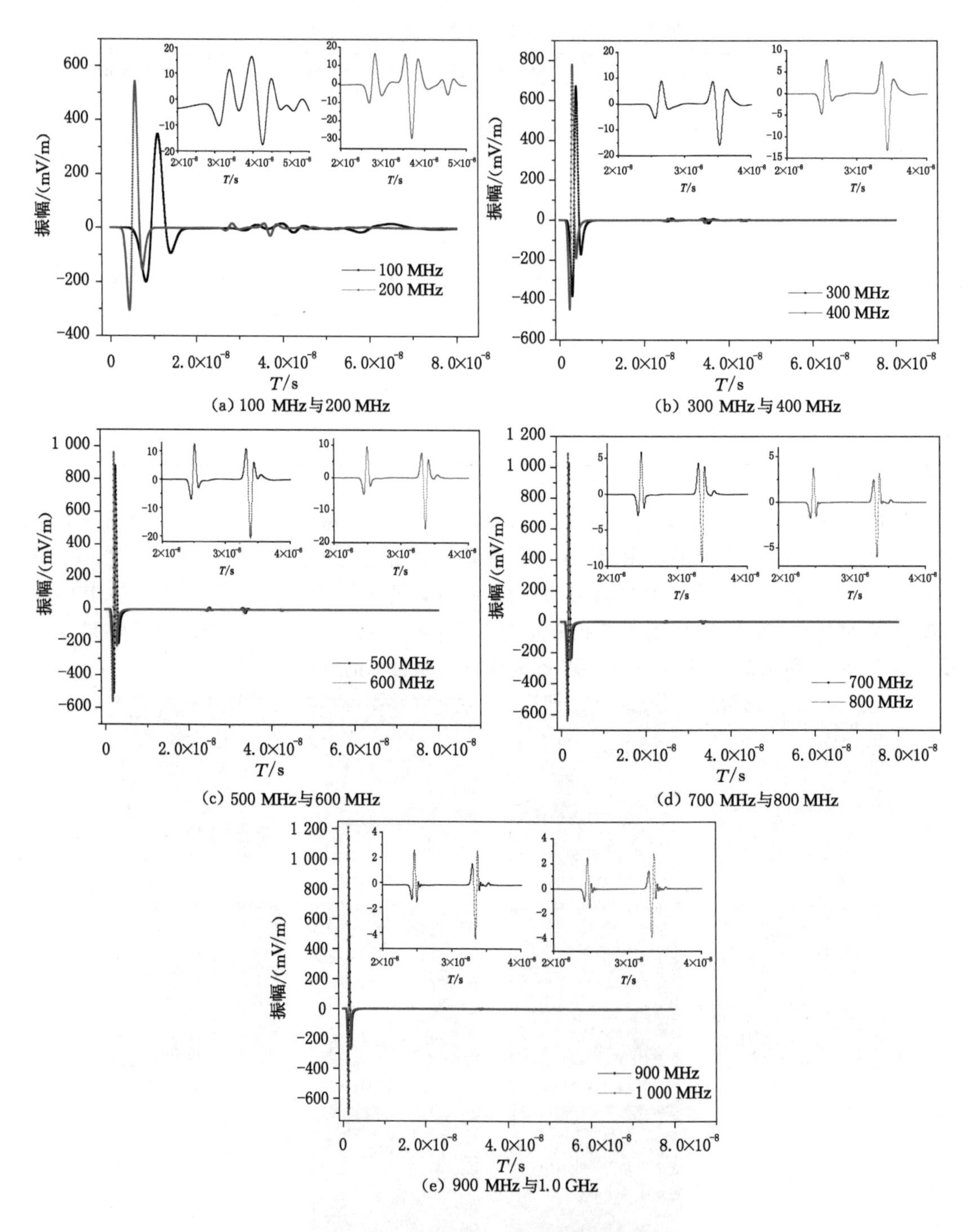

(a) 100 MHz与200 MHz

(b) 300 MHz与400 MHz

(c) 500 MHz与600 MHz

(d) 700 MHz与800 MHz

(e) 900 MHz与1.0 GHz

图 7-14　褐煤不同天线中心频率波形图

−5.98、−4.20、−3.86 mV/m，即人体发射波幅值强度随频率的增加先增大后减小；随频率的增加，煤柱与掘进巷交界面返回波的幅值依次为11.43、16.53、8.86、7.90、12.51、9.57、5.86、3.76、2.66、2.47 mV/m，即随频率的增加幅值强度先增大后减小；同频率时，人体返回波幅值强度大于交界面返回波幅值强度，这是因为煤与空气的介电常数差值小于人与空气的介电常数差值；侦测到人体目标的时间随频率的增加而减少，说明频率越高电磁波在煤中的传播速度越快。根据文献[5]，本模型中各频率的空间分辨率依次为 0.79、0.40、0.27、0.20、0.16、0.13、0.11、0.09、0.09、0.08 m。因此，100 MHz 和 200 MHz 图像模糊，900 MHz 和 1.0 GHz 有多次波。前人研究表明，频率越高，介电损失越大，能量衰减越多，侦测距离随之减小[6]。因此，选择 500 MHz 作为天线中心频率。

7.5　煤质对电磁波传播规律的影响

由于煤的变质程度丰富多变，为了研究电磁波在不同煤质中的传播规律，设计了本模拟实验。在实验中，研究了五种频率的雷达侦测效果，具体设置如表 7-5 所列。

表 7-5　不同煤质条件下模型参数设置

煤质	介电常数/(F/m)	电阻率/(Ω·m)	中心频率/MHz	激励函数
褐煤	3.51	328.95	500	Ricker
长焰煤	3.03	290.07		
气煤	3.30	267.78		
贫瘦煤	3.73	242.41		
无烟煤	2.99	318.53		

由图 7-15(a)～图 7-19(a)可以看出，在各种煤质中巷道交界面与人体目标均具有明显的特征，但波幅强度和传播时间难以直接看出，需对图像做进一步处理。

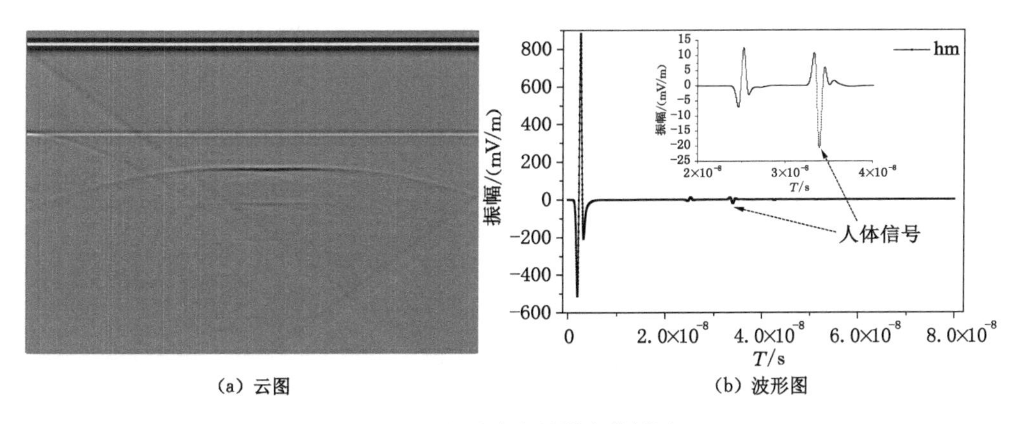

(a) 云图　　(b) 波形图

图 7-15　电磁波在褐煤中传播图

由图 7-15(b)～图 7-19(b)可以看出，褐煤、长焰煤、气煤、贫瘦煤及无烟煤的人体返回波幅值分别为−20.63、−16.97、−15.74、−13.92、−19.60 mV/m，煤柱与掘进巷交界面返回波幅值分别为 12.51、8.93、8.93、9.00、9.94 mV/m。由于电磁波在交界面的反射系数[5]分别为 0.30、0.27、0.29、0.32、0.26，因此气煤的交界面返回波幅值强度等于长焰煤的交界面返回波幅值强度。在褐煤、长焰煤、气煤、贫瘦煤及无烟煤中，生命信息侦测雷达侦测到人体目标的时间分别为33.89、32.7、33.20、34.61、32.11 ns，即电磁波在煤体中的传播速

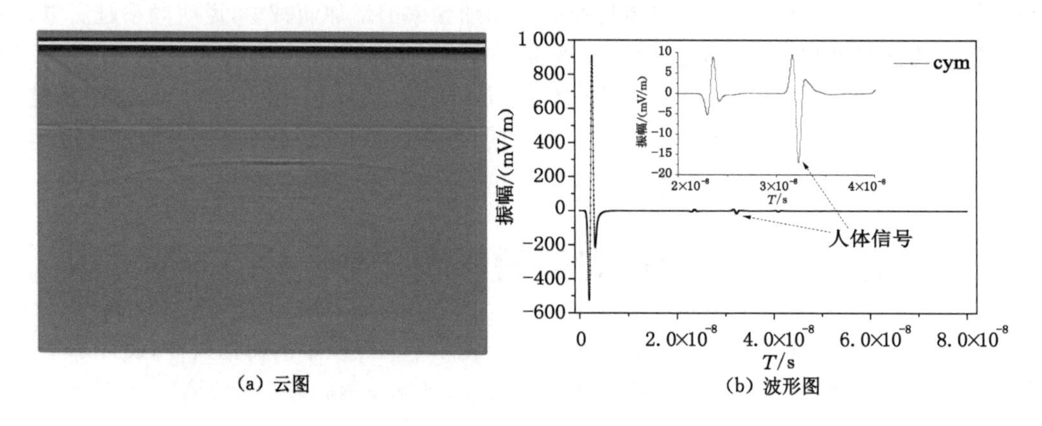

图 7-16　电磁波在长焰煤中传播图

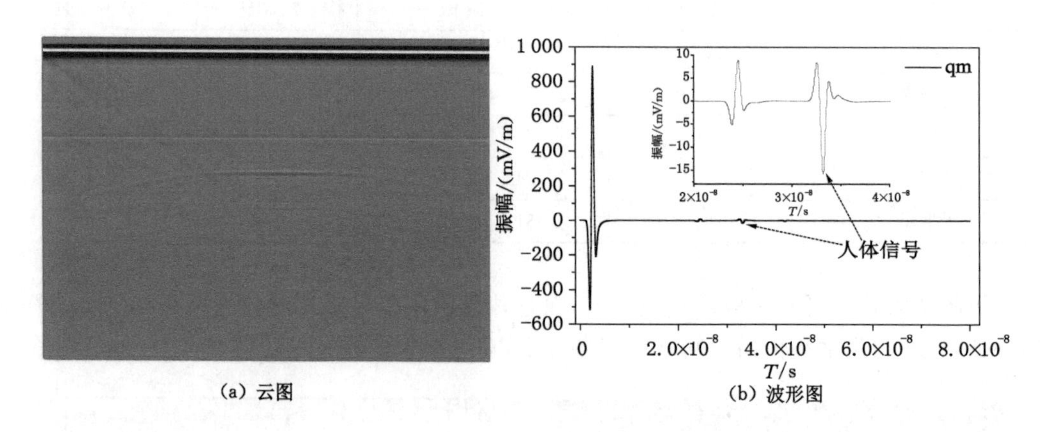

图 7-17　电磁波在气煤中传播图

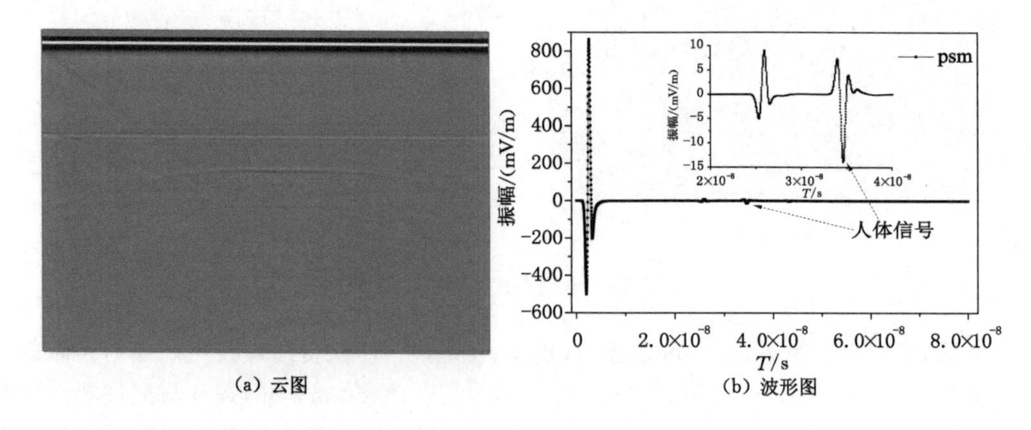

图 7-18　电磁波在贫瘦煤中传播图

度依次为无烟煤、长焰煤、气煤、褐煤及贫瘦煤。这是因为，贫瘦煤的介电常数最大，无烟煤的介电常数最小[6]。

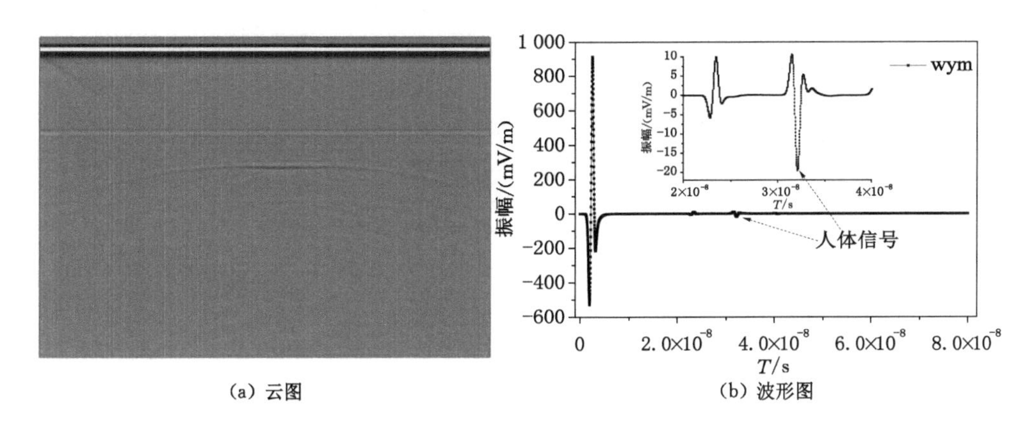

(a) 云图　　(b) 波形图

图 7-19　电磁波在无烟煤中传播图

7.6　人体目标定位分析

在上述研究基础上，为了研究不同煤体厚度下遇险人员的定位问题，建立不同煤柱厚度的模型，如表 7-6 所列。其中 L_1 为雷达与人体之间煤体的厚度，L_2 为人体到煤壁之间的距离，L_3 和 L_4 为模型尺寸，具体模型如图 7-5 所示。

表 7-6　模型物理尺寸

模型	L_1/m	L_2/m	L_3/m	L_4/m	煤质	中心频率/MHz	激励函数
1#	2	1.3	4	10	褐煤 长焰煤、 气煤 贫瘦煤、 无烟煤	500	Ricker
2#	3	1.3	5	10			
3#	4	1.3	6	10			
4#	5	1.3	7	10			
5#	6	1.3	8	10			
6#	7	1.3	9	10			
7#	8	1.3	10	10			

模拟分析人体信号随煤体厚度的变化规律，构建遇险人员定位方法数学模型。在应急救援时，根据侦测数据结合该模型，可计算出煤体厚度，确定被困人员位置。以褐煤的模拟结果为例，如图 7-20～图 7-26 所示。

由图 7-20～图 7-26 可知，7 种模型中煤柱与掘进巷交界面返回波幅值依次为 12.51、5.48、2.56、1.23、0.63、0.30、0.15 mV/m，人体返回波幅值依次为 −20.63、−10.24、−5.30、−2.72、−1.37、−0.69、−0.35 mV/m。同理，计算长焰煤、气煤、贫瘦煤及无烟煤在不同侦测距离下人的返回波幅值强度，将人体返回波幅值强度与煤柱厚度进行拟合，结果如图 7-27 所示。由图可以看出，人体返回波的幅值强度与煤柱厚度呈指数函数关系[如式(7-10)和表 7-7]，随 L_1(煤柱厚度)的增加，幅值强度逐渐减小。因为 L_1 越大，电磁波在介质中的路程越长，电磁波能量损耗亦随之增大，因此目标返回波幅值强度逐渐减小。据此，

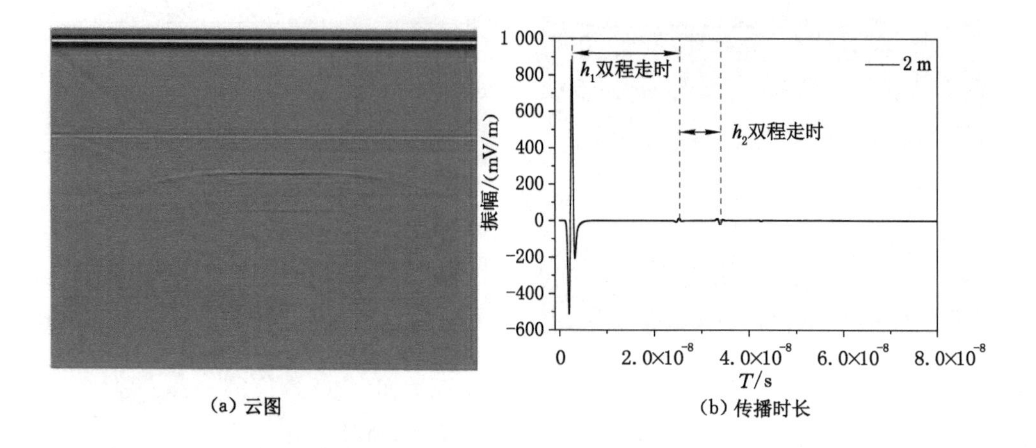

(a) 云图　　(b) 传播时长

图 7-20　穿透 2 m 褐煤煤层侦测

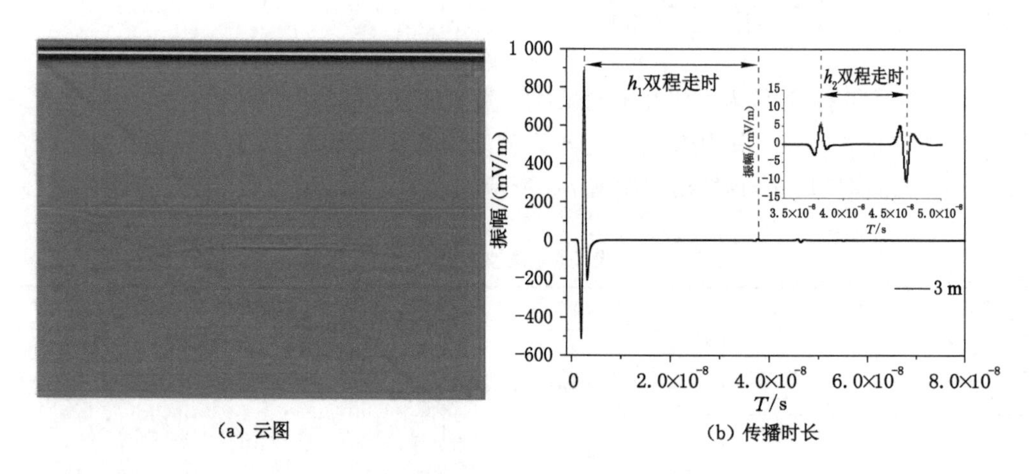

(a) 云图　　(b) 传播时长

图 7-21　穿透 3 m 褐煤煤层侦测

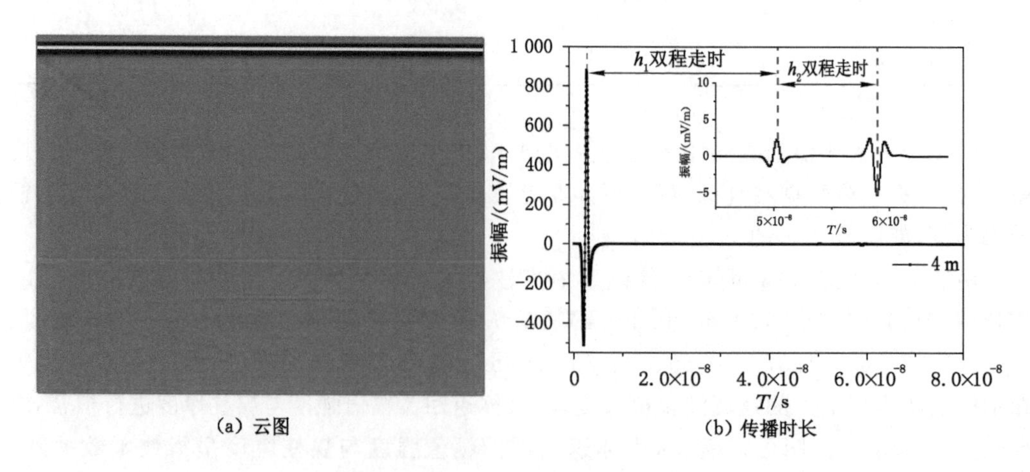

(a) 云图　　(b) 传播时长

图 7-22　穿透 4 m 褐煤煤层侦测

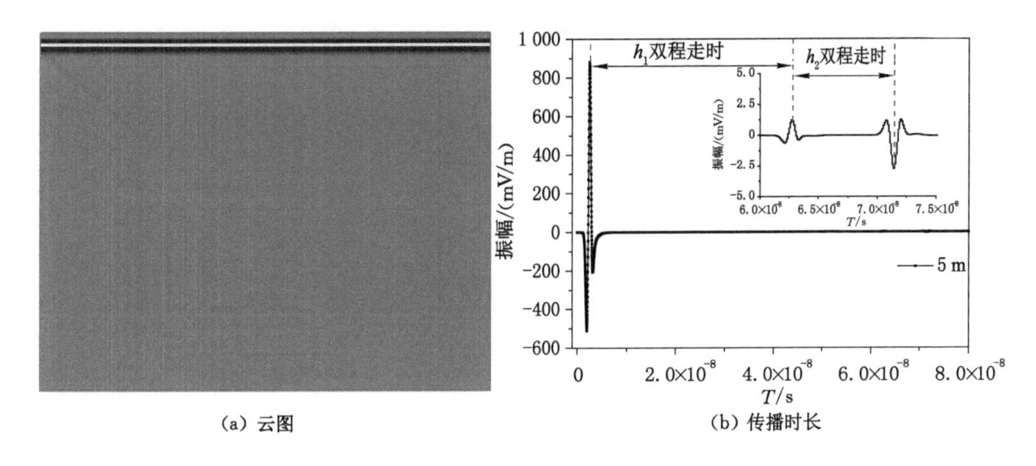

(a) 云图　　(b) 传播时长

图 7-23　穿透 5 m 褐煤煤层侦测

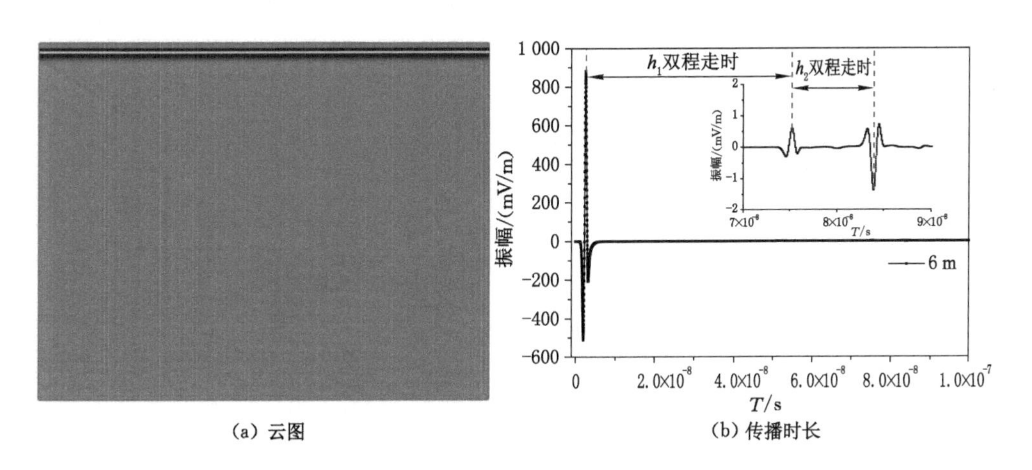

(a) 云图　　(b) 传播时长

图 7-24　穿透 6 m 褐煤煤层侦测

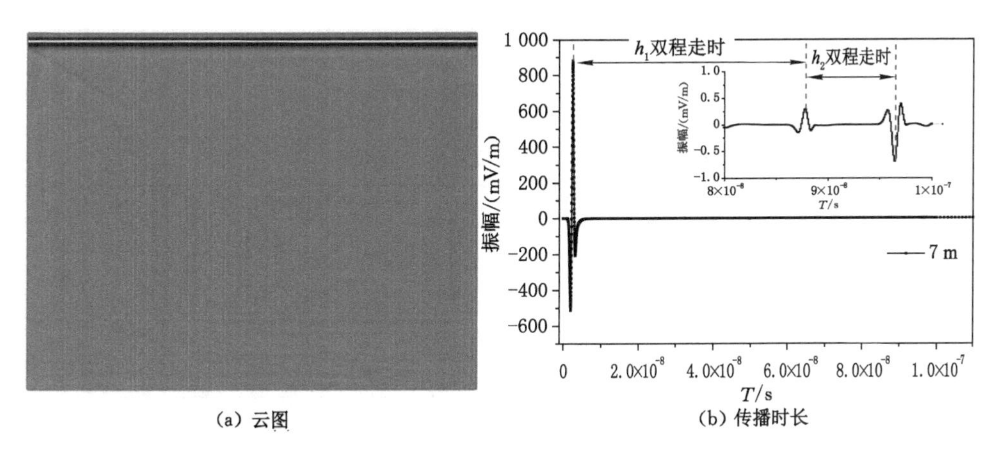

(a) 云图　　(b) 传播时长

图 7-25　穿透 7 m 褐煤煤层侦测

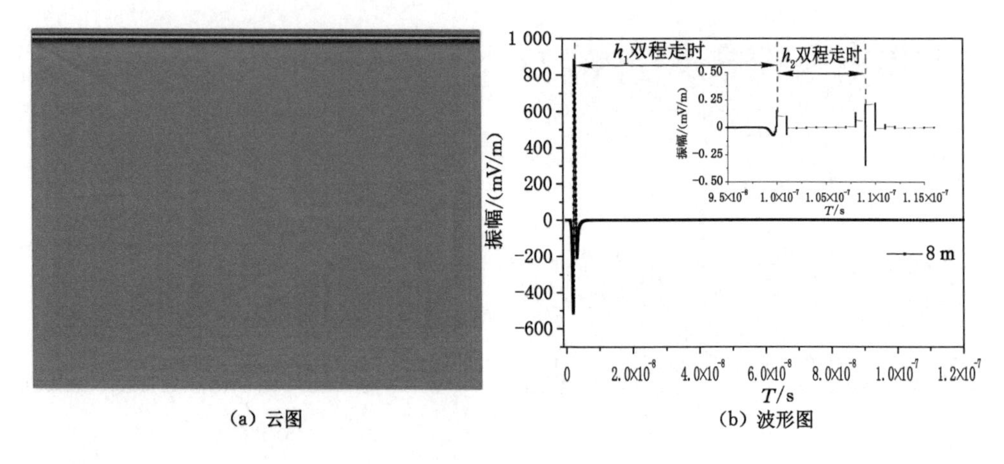

图 7-26 穿透 8 m 褐煤煤层侦测

可以建立各个矿区的煤柱厚度与幅值强度谱图数据库，在实际救援中，将生命信息侦测雷达侦测的数据与数据库相比较，可以较准确地确定被困矿工位置。

$$L = \xi e^{\frac{-x}{\zeta}} + \bar{\omega} \tag{7-19}$$

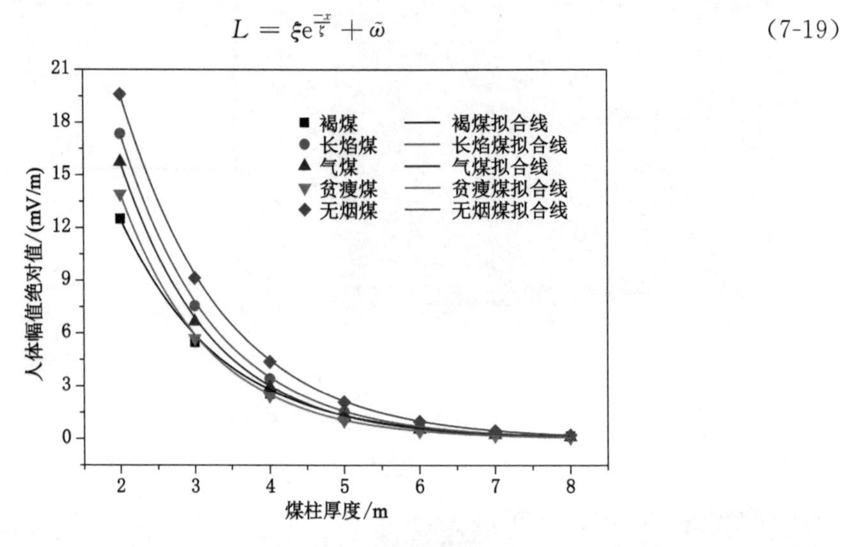

图 7-27 生命信息与侦测距离关系

表 7-7 侦测距离与人体信号拟合系数表

系数	褐煤	长焰煤	气煤	贫瘦煤	无烟煤
ξ	56.071 4	85.539 8	81.917 2	76.789 0	85.370 1
ζ	51.332 4	1.254 4	1.213 2	1.171 7	1.360 5
$\bar{\omega}$	0.011 6	−0.014 8	−0.012 3	−0.010 2	−0.026 2
R^2	0.996 9	0.999 5	0.999 5	0.999 4	0.999 6

由表 6-1 可知超宽带电磁波在褐煤中的平均传播速度为 1.6×10^8 m/s。结合图 7-20～图 7-26 中 h_1 双程走时，可计算出煤柱厚度，结果如表 7-8 所列，相对误差均小于 5%。

表 7-8　褐煤的煤柱厚度分析

模型	煤柱厚度/m	解析值/m	绝对误差/m	相对误差/%
1#	2	2.017 3	0.017 3	0.857 6
2#	3	3.019 4	0.019 4	0.642 5
3#	4	4.020 5	0.020 5	0.509 9
4#	5	5.022 6	0.022 6	0.450 0
5#	6	6.023 7	0.023 7	0.393 4
6#	7	7.024 8	0.024 8	0.353 0
7#	8	8.026 9	0.026 9	0.335 1

由图 7-20～图 7-26 中的 h_2 乘于光速可得煤帮到被困者的距离，再结合表 7-8 中煤柱厚度的解析值，可得雷达与被困人员之间的距离，即可研究目标的定位问题，结果如表 7-9 所列。

表 7-9　褐煤矿井中人体目标定位及误差分析

模型	解析值/m		真实值/m	绝对误差/m	相对误差/%
	煤柱厚度	煤帮与人间距	雷达与人间距		
1#	2.017 3	1.3	3.318 4	0.018 4	0.554 5
2#	3.019 4	1.3	4.322 2	0.022 2	0.513 6
3#	4.020 5	1.3	5.323 4	0.023 4	0.439 6
4#	5.022 6	1.3	6.323 7	0.023 7	0.374 8
5#	6.023 7	1.3	7.323 0	0.023 0	0.314 1
6#	7.024 8	1.3	8.324 1	0.024 1	0.289 5
7#	8.026 9	1.3	9.320 9	0.020 9	0.224 2

7.7　本章小结

本章基于 FDTD 法，通过 GprMax 模拟仿真与 MATLAB 处理解析，实现了对超宽带雷达生命信息穿透煤层侦测的正演模拟。模拟分析了激励源、中心频率、变质程度煤和侦测距离等不同条件下生命信息的识别与定位方法。

(1) 通过对不同激励源的模拟发现，Cont_sine 函数具有多次波，Ricker 函数的目标返回波幅值强度比 Gaussian 和 Sine 的波幅值强度大。因此，选择 Ricker 函数作为最佳激励源。

(2) 通过对不同中心频率的模拟发现，100 MHz 与 200 MHz 云图中人体信号特征曲线较为模糊。随频率的增加，特征双曲线逐渐清晰，其中以 400～700 MHz 的效果最好，1.0 GHz 模拟结果中出现大量多次波，多次波将严重干扰对人体目标的判定。对云图进一步分析发现，人体返回波幅值强度随频率的增加先增大后减小，煤柱与掘进巷交界面返回波的幅值随频率的增加先增大后减小。频率越高，介电损失越大，能量衰减越多，侦测距离随之减小，因此选择 500 MHz 作为天线中心频率。

（3）褐煤、长焰煤、气煤、贫瘦煤及无烟煤的人体返回波幅值分别为－20.63、－16.97、－15.74、－13.92、－19.60 mV/m，煤柱与掘进巷交界面返回波幅值分别为 12.51、8.93、8.93、9.00、9.94 mV/m。即人体目标返回波为负峰，而煤柱与掘进巷交界面返回波为正峰；同频率时，人体返回波幅值强度大于交界面返回波幅值强度。在褐煤、长焰煤、气煤、贫瘦煤及无烟煤中，生命信息侦测雷达侦测到人体目标的时间分别为 33.89、32.7、33.20、34.61、32.11 ns，即电磁波在煤体中的传播速度依次为无烟煤、长焰煤、气煤、褐煤及贫瘦煤。

（4）人体返回波的幅值强度与煤层厚度呈指数函数关系，这也是计算人机之间距离的方法，通过误差分析发现该函数的计算结果在误差限度范围内。据此可以建立各个矿区的煤柱厚度与幅值强度谱图数据库。

参考文献

[1] YEE KN. Numerical solution of initial boundary value problems involving Maxwell's equations in isotropic media[J]. IEEE transactions on antennas and propagation，1966，14(3)：302-307.

[2] DOGARU T，NGUYEN L，LE C. Computer models of the human body signature for sensing through the wall radar applications[R]. Fort Meade，Maryland：Defense Technical Information Center，2007.

[3] 文虎，张铎，郑学召，等. 基于 FDTD 的电磁波在煤中传播特性[J]. 煤炭学报，2017，42(11)：2959-2967.

[4] LEE J H，WANG W. Characterization of snow cover using ground penetrating radar for vehicle trafficability-Experiments and modeling[J]. Journal of terramechanics，2009，46(4)：189-202.

[5] 李亚飞. 地质雷达超前地质预报正演模拟[D]. 北京：北京交通大学，2012.

[6] 李大洪. 影响地质雷达工作频率选择的若干因素[J]. 矿业安全与环保，2000，27(增刊)：29-30.

第 8 章　超宽带雷达波在煤中的传输衰减特性

超宽带雷达波信号在穿透墙体、土壤、煤岩等实体介质后的能量衰减是影响雷达波通信和侦测有效范围的关键因素，在穿透煤岩检测设计中是必须要考虑的问题。为进一步验证雷达波在不同种类、厚度煤样中的传输过程和衰减变化，寻找可以代替描述衰减的有效参数，本章采用自主设计的 NS-187 矿用射频信号衰减系统进行不同条件下超宽带雷达波传输衰减测试，分析经过煤样介质后的雷达波波场特征。以贫瘦煤、褐煤、长焰煤为测试介质，对不同厚度下的雷达波传输衰减进行对比分析。以小颗粒煤粉压实近似作为塌方煤体的真实情况，在实验场地搭建长方体形状的实验结构。对比研究不同煤样在不同条件下的衰减幅值和波形变换。在此基础之上，对煤厚度进行细分，测量出短距离内的 UWB 衰减规律并绘制变化曲线。为后续不同厚度的其他煤种的雷达波传输衰减研究奠定基础。

8.1　超宽带雷达波测试实验

8.1.1　实验原理

UWB 在侦测目标时，需获取目标的方位、角度、距离和速度等数据，必须要进行雷达波的发射与接收，而 UWB 信号也具备这些特质。这些特定的性质决定雷达波在鉴别目标和信号传输过程中的局限性和能力。而对雷达发射波在介质中传输以及加载目标信息后的回波在传输过程中的衰减也影响着目标侦测的精确性和可靠性。发射的射频信号波长和频率都影响着雷达系统根据时间来分析目标回波、确定目标的能力，也影响着雷达波传输距离的远近和衰减幅度的大小。雷达波的极化方式影响着其必须应对的杂波数量。传输过程中的雷达波具有两个组成部分：电场和磁场。要评判雷达系统的性能必须要考虑真实环境中与雷达波信号相关的传输衰减现象。在真空中，雷达波以直线传播。但是，在大气层或者其他介质层内并不是以直线传播的，大气层中颗粒、雾滴和水汽以及介质层中介质会对雷达波信号造成反射和折射等现象，导致其传输路径和频谱能量发生变化。

8.1.2　煤样特性

本书实验中所采用的煤样来自陕西煤业化工集团神木能源发展有限公司的褐煤、榆林市云化绿能有限公司的长焰煤和陕西陕煤韩城矿业有限公司桑树坪煤矿的贫瘦煤。为了减少雷达波在传输过程中在不同空隙之间造成的不必要的各种衰减，本实验的煤样选取颗粒较小且未经人工水分润湿的煤样。对三种煤样进行工业分析，其结果如表 8-1 所列。

表 8-1　煤样工业分析结果　　单位:%

煤样	M_{ad}	A_{ad}	V_{ad}	FC_{ad}	C_{daf}	H_{daf}	N_{daf}	O_{daf}	$S_{t,d}$
长焰煤	7.81	10.31	38.30	43.58	79.58	4.65	0.83	12.81	1.21
贫瘦煤	5.69	9.58	15.68	69.05	76.89	5.92	0.77	12.73	1.75
褐煤	9.86	7.24	38.69	44.21	74.63	4.53	1.04	18.25	0.59

8.1.3　实验设备

NS-187 矿用射频信号衰减系统使用射频信号源和数字频率合成(direct digital synthesis,DDS)信号源对现实信号进行模拟仿真,利用功率放大器实现信号的放大,借助发射天线和接收天线完成穿过预设介质(煤样)信号的发射和接收。接收到的信号经过衰减器传至频谱分析仪,由频谱分析仪对接收到的数据及波形进行计算分析。NS-187 矿用射频信号衰减系统的整体信号传输过程如图 8-1 所示。

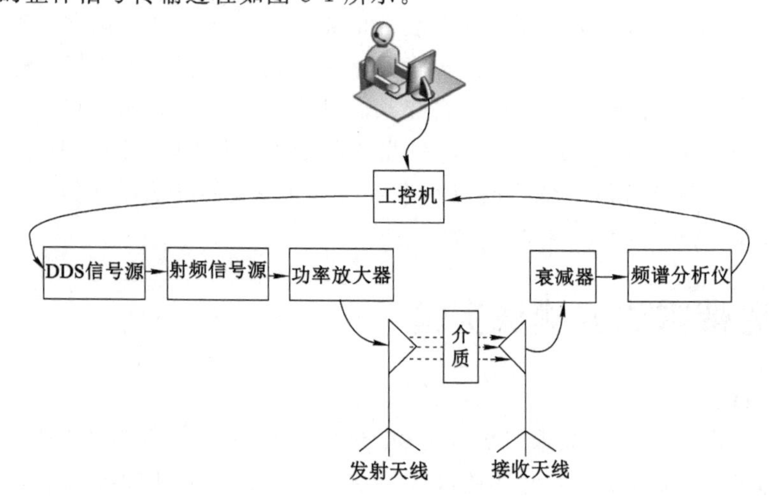

图 8-1　NS-187 矿用射频信号衰减系统信号传输拓扑图

NS-187 矿用射频信号衰减系统能自动以 Excel 格式储存接收到的信号数据,为研究人员提供数学建模基础条件和海量数据。该系统可满足更换介质、改变同一介质厚度、改变信号调制方式和发射频率、改变天线角度、改变环境参数等要求,来进行信号衰减程度的研究。NS-187 矿用射频信号衰减系统包括硬件和软件,具体如图 8-2 所示。

(1) 信号发射部分主要由射频信号源、DDS 信号源、功放和发射天线组成,为了使得实验模拟信号更加贴近真实信号,使用 DDS 信号源对射频信号源信号提供基带信号之后,发射天线发射由功放放大的信号,如图 8-3 所示。

(2) 信号接收部分包括接收天线、衰减器和频谱分析仪,接收天线负责信号的接收,经过衰减器,再由频谱分析仪进行信号再接收与分析处理,如图 8-4 所示。

(3) 系统控制和评估部分主要包括工控机、测试线缆等,软件安装在工控机上面,配触屏显示器进行信号参数设置、信号发射和接收的动作控制、信号采集和保存功能,如图 8-5 所示。

8.1.4　实验方法

(1) 破碎处理

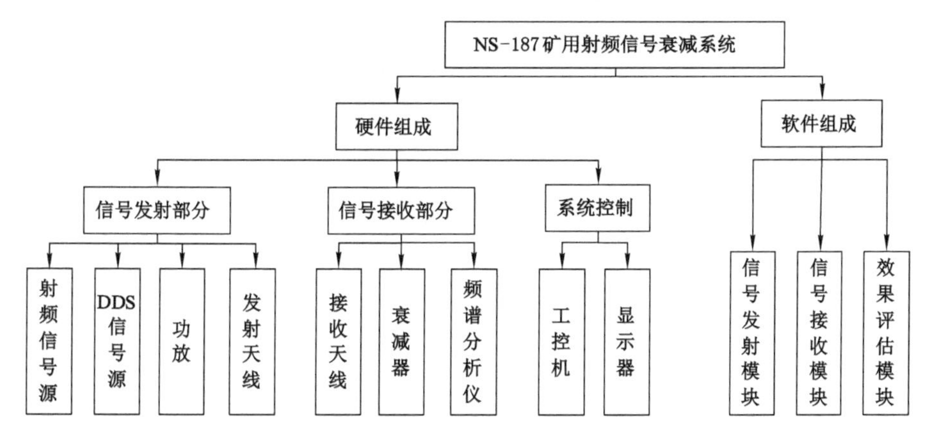

图 8-2　NS-187 矿用射频信号衰减系统评估

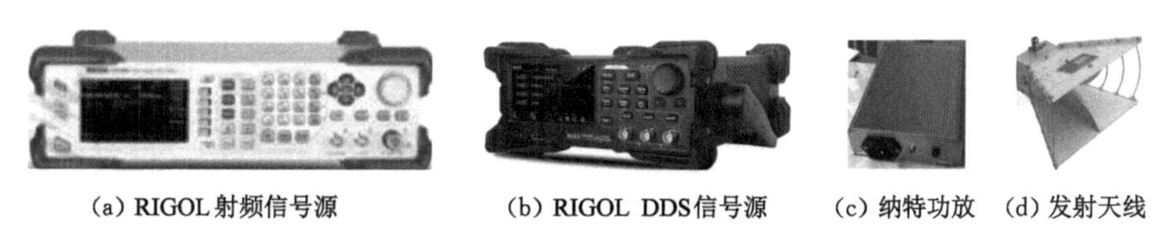

(a) RIGOL 射频信号源　(b) RIGOL DDS 信号源　(c) 纳特功放　(d) 发射天线

图 8-3　信号发射部分

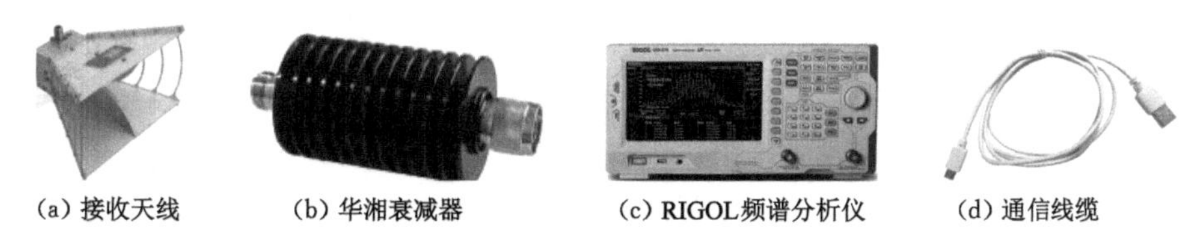

(a) 接收天线　(b) 华湘衰减器　(c) RIGOL 频谱分析仪　(d) 通信线缆

图 8-4　信号接收部分

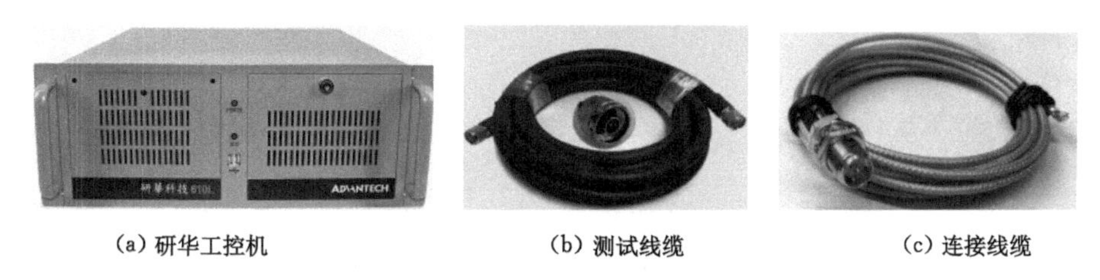

(a) 研华工控机　(b) 测试线缆　(c) 连接线缆

图 8-5　系统控制和评估部分

由于 NS-187 矿用射频信号衰减系统中所采用的天线为定向天线，所以在进行测试时要保证天线所在位置最大限度地贴合煤样表面，保证发射的雷达波可以有效地穿过煤样。雷达波在穿透煤样介质时，会由于物体与空气表面的反射、折射等现象造成不必要的吸收衰减，为了减少与实验无关的衰减，需要将煤样破碎成小块状，避免出现大的孔洞或间隙。

(2) 煤样堆积

为了使堆积的煤样最大程度符合井下塌方时煤体的堆积形状，搭建了最大范围为 1 m×1 m×2 m 的长方体模具，将煤样置于操作台。由于测试煤样长度不同时，煤样宽度和厚度不同，所以要进行相应的调节，保证雷达波发射有效范围内的波都能穿过煤样。

(3) 实验测试

利用已制作好的模具,调节不同煤样的厚度和宽度,在煤样的前端和后端分别放置发射天线与接收天线,保证信号的完整发射和接收。发射天线和接收天线均与组装柜连接,保证接收到的信号可以进行及时的存储和分析,具体如图 8-6 和图 8-7 所示。

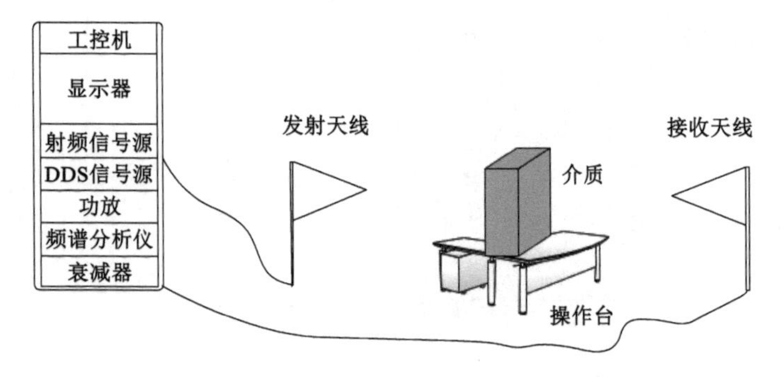

图 8-6 实验效果图

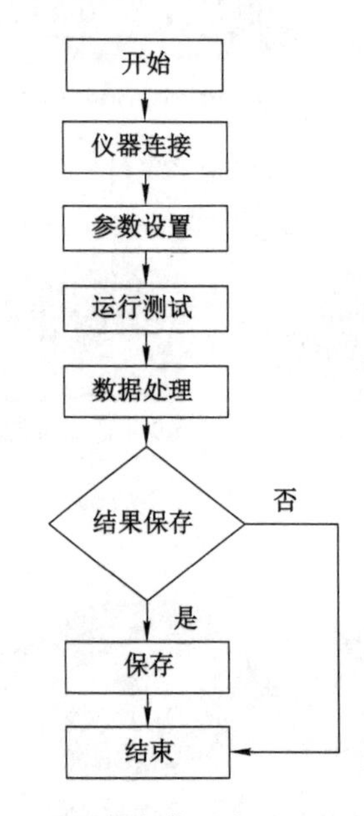

图 8-7 NS-187 矿用射频信号衰减系统软件使用流程图

(4) 实验结束后处理

当测试实验结束后,关闭 NS-187 矿用射频信号衰减系统,导出频谱分析仪上的波形示意图,待实验数据保存完整后,用 MATLAB 软件读取相应的数据。

8.2 不同变质程度煤样中 UWB 的传输衰减规律

根据前文关于煤样的研究和分析可知,超宽带雷达波在不同种类的煤样介质中进行传输会造成不同规律的衰减变化,由电磁波在道路探伤、地震搜救和对空侦测等方面的应用可将其推广应用到煤矿井下。本节借鉴电磁波在墙体、混凝土和岩石方面的传输理论与实验方法，结合相应的波形可视化软件对超宽带雷达波在不同煤种、不同厚度下的传输衰减变化规律进行分析研究。

8.2.1　褐煤中超宽带雷达波的传输衰减

本次实验所采用的褐煤特性已在 8.1.2 中详细说明。利用制作好的模具，不断地调节煤层厚度，测量不同厚度下煤样的传输衰减变化规律。

根据 8.1.4 中关于实验方法的描述，对超宽带雷达波穿透褐煤后的衰减规律进行研究。由于雷达波自身存在质耦波，在较短的测试范围内无法进行接收波和质耦波的区分。因此，在 25 cm、45 cm、65 cm 和 85 cm 处对超宽带雷达波发射和接收波形进行对比分析。

雷达波难以被直接量化描述出来，采用编辑程序语言的方法对波形进行提取分析，主要应用 MATLAB 软件进行运行。其中雷达波的时窗为 27 ns，采样点数 2 048 个，采集道数为 1 024 道，文件格式为 srd 格式，用代码运行时，从头到尾采集每一个点，对其正峰值和负峰值进行求解，并获取所有峰值大小及其之间的时窗间隔，最后对所有道的峰值取平均值作为此条件下的频谱能量。为了减少雷达系统自身对传输的影响，将前端数据截掉 250 道，后端数据截掉 150 道，从 1 024 道开始采集，以 2 038 道为终止点。通过采集每一道波形在 0～27 ns 之间不同时间点的峰值大小(正峰值和负峰值)，标记整个时间段内正峰值的最大值和负峰值的最小值，并求解出它们之间的峰峰间隔。同时，该程序所得到的图像依然可以分析不同频率下的幅值变化大小，反映不同频率的衰减值大小，进而获取最佳传输频率。考虑到本系统的中心频率为 400 MHz，带宽为 400 MHz，所以主要的幅值变化集中在 400 MHz 左右。

针对在 1 m 厚褐煤的传输衰减，利用 NS-187 矿用射频信号衰减系统在陕西煤业化工集团神木能源发展有限公司进行了现场试验。为了尽可能地减少由于外界环境和煤的湿度、粒度及其他因素对试验结果的影响，统一使用同一堆积范围内的煤样进行堆积测试。为了最大限度地符合井下煤体的实际厚实度，采用铁锹挖掘堆积，对堆积好的煤样进行平整压实。观察系统界面中是否会有明显的波形变化(图 8-8)，观察到有变化后，待波形稳定之后，停止侦测，对所得图像应用 MATLAB 软件进行分析。

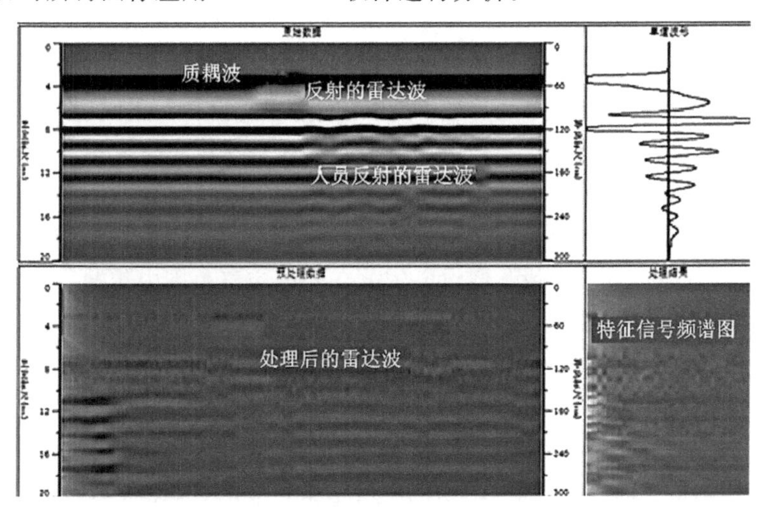

图 8-8　雷达波反射回波界面图

由图 8-8 可知，在测试过程中，界面会获取四种不同的信道波形图像，在原始数据图像中，由于雷达波存在质耦波，在开始时会有一条明显的波形线存在，在原始数据图中会有一条较为明显的波形变化即为穿透煤样的雷达波数据。在雷达波形的下方会有多道深浅不同的波形呈相同的变化趋势显示，这是由于测试环境中人员的存在造成雷达波波形显示阴影。对接收到的雷达波反射回波进行简单处理，即可得到下面处理后的雷达回波，以便于更加直观清楚地反映反射节点位置。在本书中，超宽带雷达波的处理方法主要为 FIR (finite impulse response)滤波[1]、背景消除[2]及增益放大[3]。

为了对采集数据的处理效果进行分析，利用 GRE2EXE 软件对 NS-187 矿用射频信号衰减系统的增益测量结果以波形图的形式进行绘制，具体如图 8-9 所示。由图 8-9 可以得出，在 2 100 道波形范围内，雷达波的幅值变化规律较为复杂，但是主要变化集中在 400～1 000 道之间，在实际处理过程中，为保证不影响精度的前提下，我们会切除前面一部分波形道数和后面一部分波形道数。

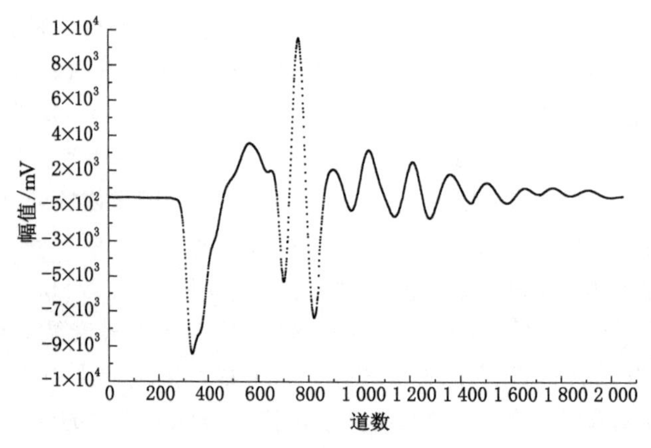

图 8-9　400 MHz 处理后单道波形

为了分析不同厚度的褐煤对雷达波传输衰减的影响，分别测试了厚度为 25 cm、45 cm、65 cm 和 85 cm 下的雷达波变化规律，具体结果如图 8-10～图 8-13 所示。

在上述结果中，所得正峰值和负峰值均为雷达波穿透煤样后所接收到的损耗剩余能量值，为了消除实验设备及周围环境的影响，利用相同的实验设备在相同的环境中进行了对照实验。即在没有加载煤样的情况下，使得雷达波穿透模具并在同等距离下进行测量，探究其能量峰值，即电磁波穿透介质为空气。

结合相关研究可知，随着距离的增加，电磁波在空气中的传输衰减逐渐增大，但是在较短距离内，可将其衰减值看作定值。假设电磁波在 1 m 空气范围内传输后能量值为 x，传输煤样后的衰减值为 y，则可得

$$y = x - z_i \tag{8-1}$$

其中 z_i 为不同距离下雷达波传输后的能量值，其可表示为

$$z_i = z_{i1} - z_{i2} \tag{8-2}$$

z_{i1} 为图中所示雷达波的正峰值，z_{i2} 为图中所示雷达波的负峰值。

对比分析实验结果可得，随着煤层厚度的增加，任一视窗内、不同频率下的波形能量谱总体呈减小趋势，而且减小的间隔在缩短，但是减小的幅度却没有太大的变化。这说明褐煤的厚度对雷达波的传输衰减会造成一定的影响，且厚度的增加会缩短衰减间隔，导致短时间

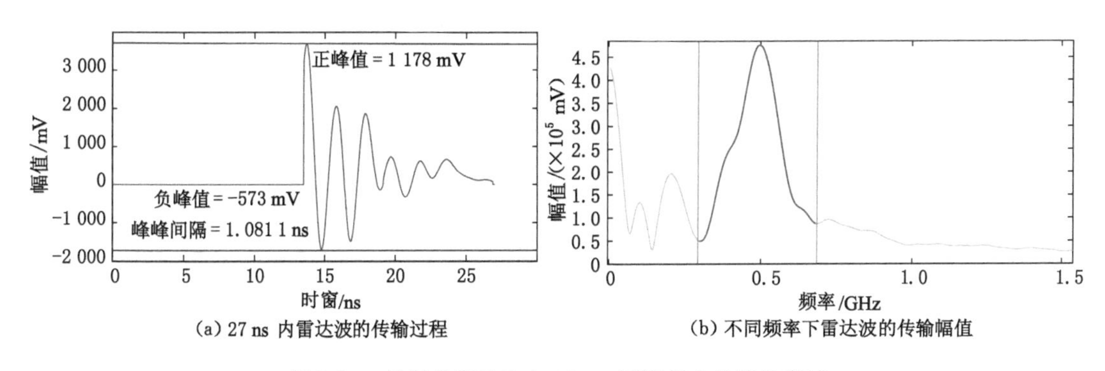

(a) 27 ns 内雷达波的传输过程　　(b) 不同频率下雷达波的传输幅值

图 8-10　超宽带雷达波在 25 cm 厚褐煤中的传输衰减

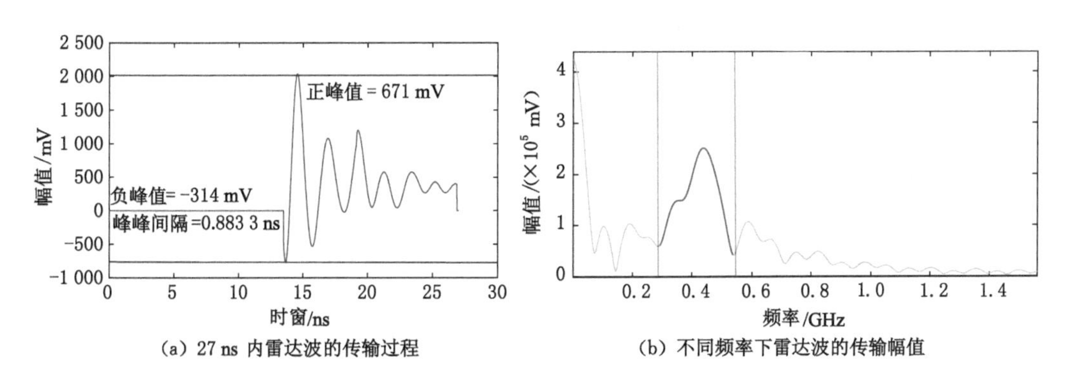

(a) 27 ns 内雷达波的传输过程　　(b) 不同频率下雷达波的传输幅值

图 8-11　超宽带雷达波在 45 cm 厚褐煤中的传输衰减

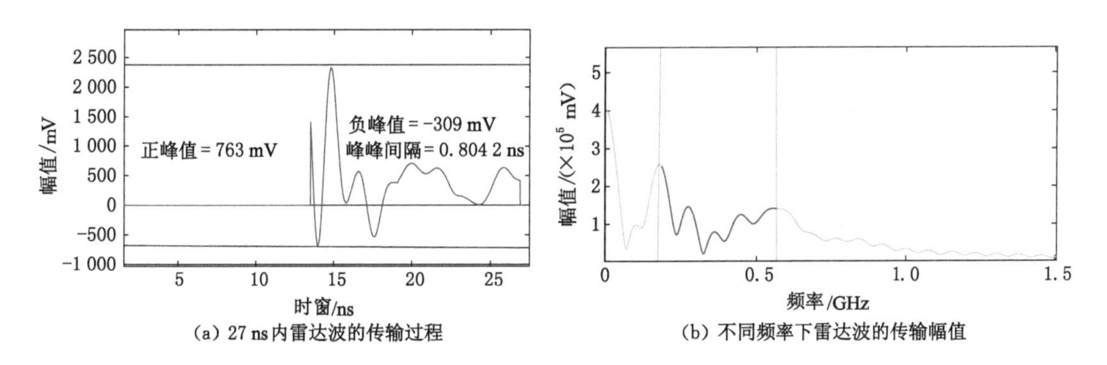

(a) 27 ns内雷达波的传输过程　　(b) 不同频率下雷达波的传输幅值

图 8-12　超宽带雷达波在 65 cm 厚褐煤中的传输衰减

内会出现多次不同程度的衰减，这个现象符合电磁波传输研究，也证明了雷达波针对不同介质会有不同的趋肤深度。而在不同侦测频率下，雷达波的波形变化也有很大的不同，其中在 25 cm 厚时，雷达波的主要能量集中在 200～600 MHz 范围内，在 500 MHz 达到最大；当煤层厚度达到 45 cm 时，虽然雷达波的主要能量集中区域与 25 cm 厚的一致，但是其峰值(450 MHz)却比 25 cm 厚时 400 MHz 的峰值小了许多，减小值可达到 2×10^5 mV，此时 200～600 MHz 范围内的能量并没有同等情况下 25 cm 厚时所占的比例大。这进一步说明了随着褐煤堆积厚度的增加，雷达波的能量整体趋于减小，且最大峰值也在下降。在褐煤为 65 cm 和 85 cm 厚时，雷达波在煤层中的传输衰减情况与前两种厚度下的变化有很大的差

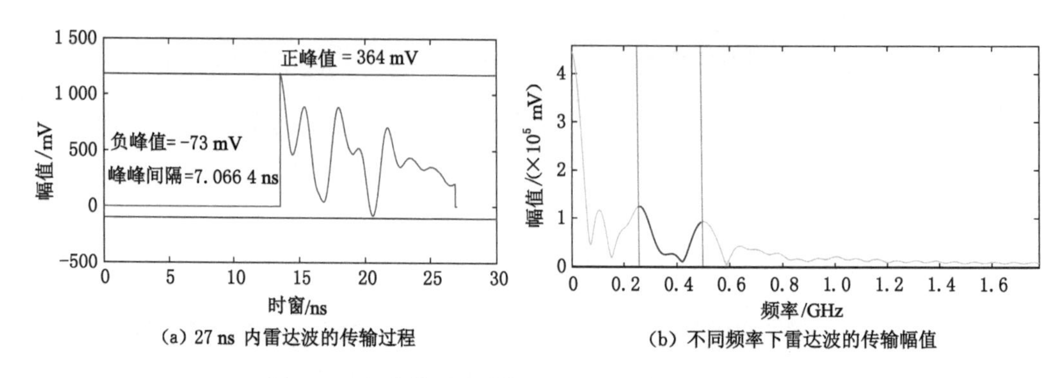

(a) 27 ns 内雷达波的传输过程　　(b) 不同频率下雷达波的传输幅值

图 8-13　超宽带雷达波在 85 cm 厚褐煤中的传输衰减

异，特别是峰值位置的改变以及在同等频率下的幅值差异。在煤层厚度为 65 cm 时，雷达波的峰值对应频率移动至 250 MHz 左右，其值最大约为 2.5×10^5 mV，且在 200～600 MHz 范围内，雷达波的幅值整体呈现下降趋势，但是在天线频率（400 MHz）附近却达到最小，频率跨度间隔约为 400 MHz。在煤层厚度为 85 cm 时，雷达波的峰值位置与 65 cm 时的位置一致，但是其大小减小了 10^5 mV，在天线频率附近同样达到最小。

通过对雷达波穿透不同厚度褐煤的结果分析可知，随着褐煤堆积厚度的增大，雷达波的能量在逐渐减小，即传输衰减在逐渐增大。当煤层厚度小于 45 cm 时，能量集中在天线频率附近；当煤层厚度大于 45 cm 时，能量集中在天线频率左侧，即此时穿透效果较好的为低频率，这也符合目前关于雷达波穿透能力、距离与其频率的对应关系。

8.2.2　长焰煤中超宽带雷达波的传输衰减

通过上一节关于褐煤的超宽带雷达波的衰减幅度随时窗和频率的变化关系可知，在不同厚度煤下雷达波的能量主要集中在侦测天线的中心频率附近，且随着厚度的增加雷达波的衰减也在增大。为了对比煤样种类对其影响规律的研究，本节主要分析超宽带雷达波在长焰煤同等厚度下（25 cm、45 cm、65 cm 和 85 cm）的衰减情况，具体分析情况如图 8-14～图 8-19 所示。

为了保证所得到的超宽带雷达波处理数据为真实有效的数据，在雷达波原始波形中有明显波形起伏的地方做入标记，可将其看作雷达波的正常传输衰减范围。对图中所标记波段的超宽带雷达波数据进行预处理分析，对不同厚度、不同时窗、不同频率下雷达波的传输衰减（剩余能量值）进行对比分析。在本章研究中，采用人为堆积的方式改变煤样厚度，即煤样的本身属性不会发生改变，可以按照分层媒介进行研究，即将不同厚度的煤样看作在初始厚度煤样（25 cm）的基础上增加层厚为 20 cm 的煤样进行堆积。通过对已有的关于电磁波在分层介质中的传输特性文献查阅可知，许多学者对电磁波在大地分层媒介中的传播做了相关研究，其中张君[4]通过解析的方法分别推导出把大地视为理想均匀介质和大地三层有耗模型时，电磁波在其中传播的透射系数和反射系数；谭文文[5]对大地分层介质进行了参数化建模分析，通过 MATLAB 进行数据仿真，总结了电磁波在各岩层中的传播情况，并在此基础上分析了各层中电磁波的平均功率密度变化，通过分析三层介质分界面上的反射与透射推导出了求解 N 层介质反射系数与透射系数的具体步骤，验证了电磁波在分界面上的衰减特性以及透射波的时延特性；贾雨龙等[6]基于麦克斯韦方程组建立了甚低频电磁波在矿层中的传播模型，研究了甚低频电磁波在矿井巷道与矿层分界面、矿层中、矿层与地面分界

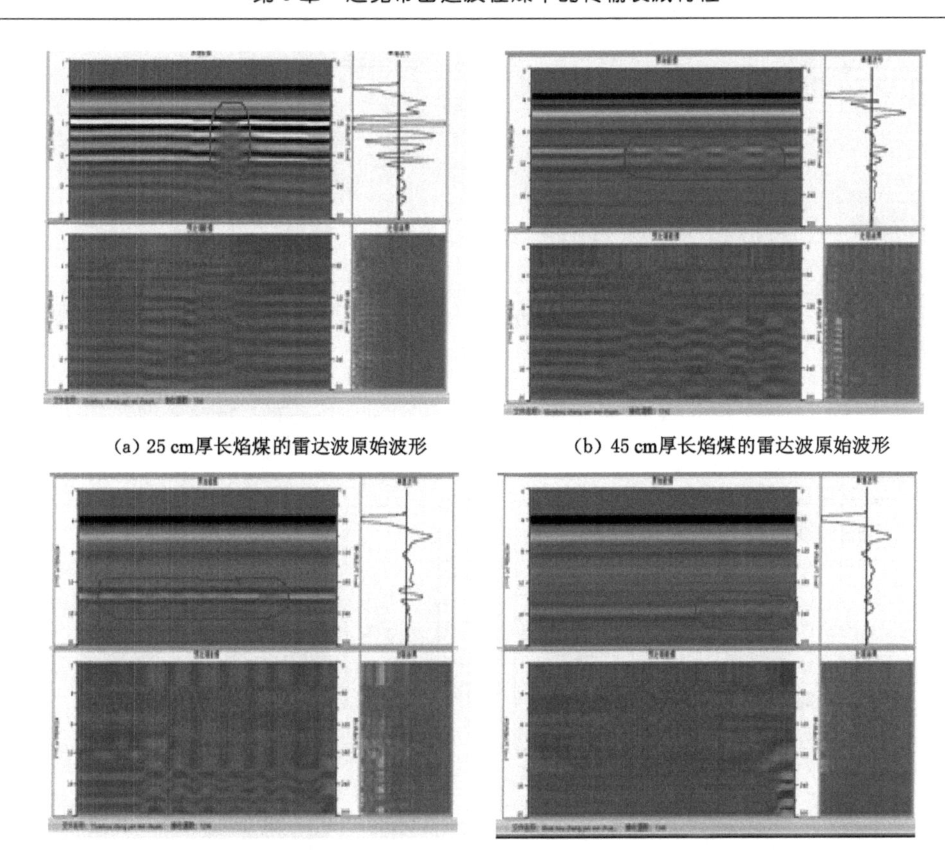

(a) 25 cm厚长焰煤的雷达波原始波形　　(b) 45 cm厚长焰煤的雷达波原始波形

(c) 65 cm厚长焰煤的雷达波原始波形　　(d) 85 cm厚长焰煤的雷达波原始波形

图 8-14　不同厚度长焰煤的雷达波原始波形示意图

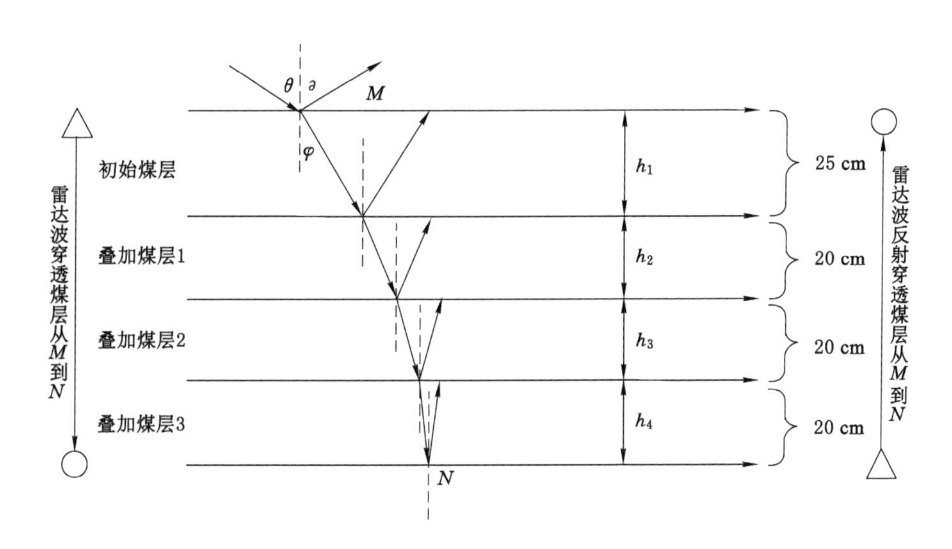

图 8-15　分层煤层雷达波传输模型

面的传播特性，得到甚低频电磁波由矿井巷道向矿层传播时，均近似垂直于分界面入射的结论。

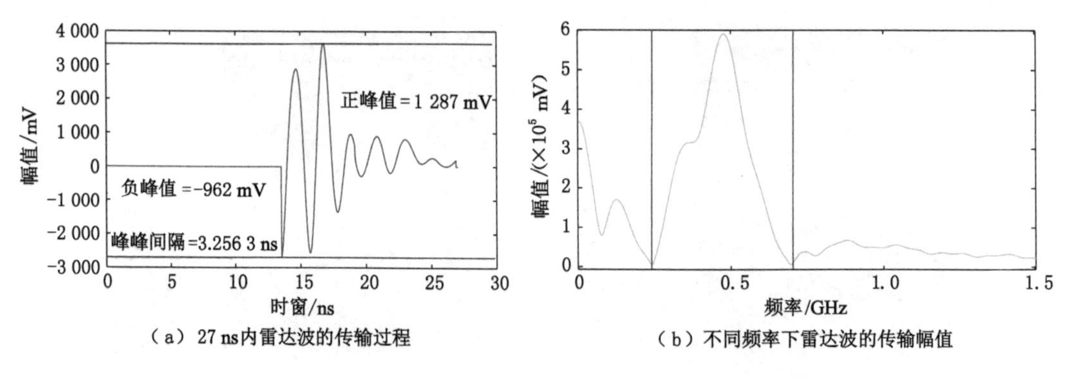

(a) 27 ns内雷达波的传输过程　　(b) 不同频率下雷达波的传输幅值

图 8-16　超宽带雷达波在 25 cm 厚长焰煤中的传输衰减

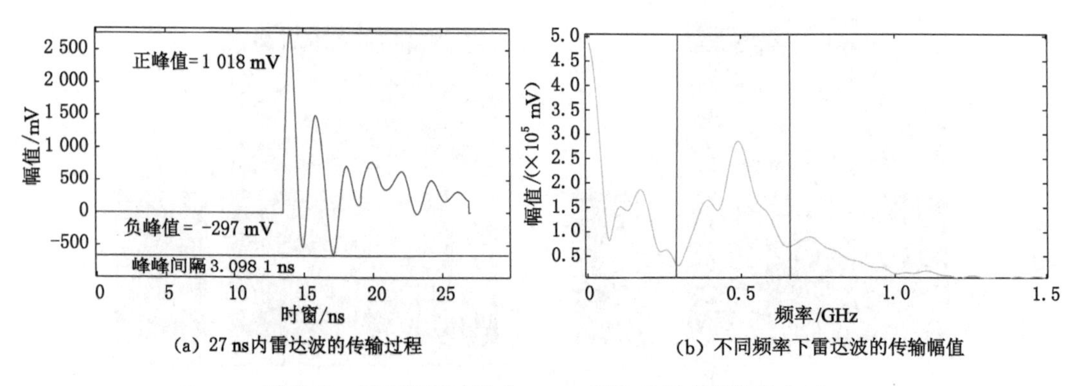

(a) 27 ns内雷达波的传输过程　　(b) 不同频率下雷达波的传输幅值

图 8-17　超宽带雷达波在 45 cm 厚长焰煤中的传输衰减

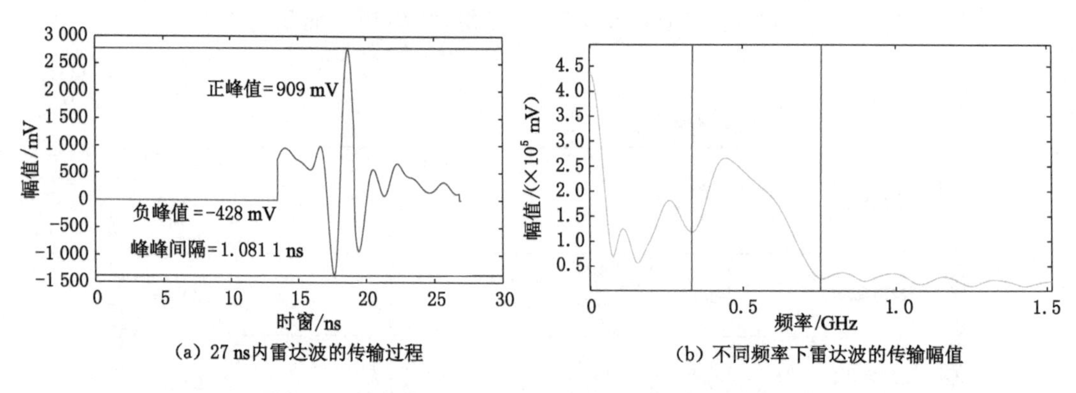

(a) 27 ns内雷达波的传输过程　　(b) 不同频率下雷达波的传输幅值

图 8-18　超宽带雷达波在 65 cm 厚长焰煤中的传输衰减

以上研究大多集中在低频电磁波于煤层中的传输衰减,并未对超宽带电磁波在煤层中的衰减情况进行分层比较研究。为了分析电磁波在较厚煤层中的传输衰减规律,构建了雷达波在规则分层煤层中的传输模型,如图 8-15 所示。

在图 8-15 中,雷达波穿透初始煤层(h_1)时,在其表面 M 处发生反射和折射现象,其中入射角 θ,反射角为 ∂,折射角为 φ。在经过每一层煤样时,均会发生上述现象,但是各个角度却在逐渐减小,直到穿透最后一层煤样(h_4)后,此时传输过程发生在大气中,此处不做考虑。在穿透煤样的过程中,雷达波即发生从第一层到最后一层的折射传输,同时也发生着从最后一层到第一层的反射传输。由图 8-15 可以看出,在经过不同厚度的煤层时,雷达波的

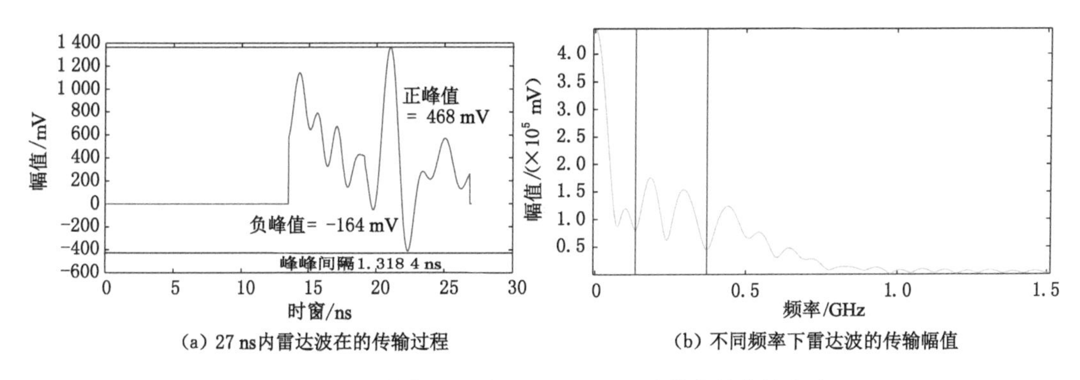

(a) 27 ns内雷达波在的传输过程　　(b) 不同频率下雷达波的传输幅值

图 8-19　超宽带雷达波在 85 cm 厚长焰煤中的传输衰减

传输路径发生了显著的变化。伴随着煤样对雷达波的吸收，其能量也会发生较大的衰减。

相比较褐煤的传输衰减，长焰煤的传输衰减变化规律与其趋势基本一致，但是正峰值、负峰值及峰峰间隔却有较大区别。综合图 8-16～图 8-19 可知，长焰煤的传输衰减较小，在同一厚度下，其正峰值比褐煤大，负峰值比褐煤小，即剩余能量较多，并且峰峰之间的间隔时间也有着不同程度的增大，说明长焰煤对电磁波的吸收效果较差，电磁波在长焰煤中传输衰减较小，能保证一个很好的穿透效果。

通过对图 8-16～图 8-19 中(b)图进行分析可知，随着长焰煤厚度的增加，不同侦测频率下的幅值在减小，在 25 cm 时，由 3.8×10^5 mV 减小至 1.3×10^5 mV，在 45 cm 时，幅值由 4.9×10^5 mV 几乎下降至 0 mV，而在 65 cm 和 85 cm 时，幅值下降幅度几乎相似，均从 44 mV 减小到 2 mV。在不同侦测频率下，不同厚度煤层中雷达波的波形变化也不一致，其中在 25 cm、45 cm 及 65 cm 处，均有一个较为明显的幅值最大值出现，且出现位置均在 500 MHz 左右，但是在 85 cm 处，雷达波出现了两个较为一致的波峰(包括其峰值与频率跨度)，且这两个波峰均位于500 MHz 之前。这种现象说明雷达波在穿透 25 cm、45 cm 及 65 cm 厚长焰煤时，其能量主要集中在 500 MHz 左右，且只有单道波峰；在 85 cm 时其能量主要集中在 500 MHz 之前，有多道波峰出现，即厚度增加到一定程度时，雷达波在低频范围内的能量较为集中，传输衰减较小，这与褐煤所得到的结论基本一致。

8.2.3　贫瘦煤中超宽带雷达波的传输衰减

通过对前两节关于褐煤和长焰煤中雷达波的传输衰减规律分析，可以大致确定雷达波在不同种类、不同厚度的煤岩体中衰减变化规律有显著差异。但是，值得肯定的是，随着煤样厚度的增加，超宽带雷达波的频谱能量总体上呈现减小的趋势，即雷达波的传输衰减在逐渐增大。相关研究表明，任何形式的电磁波传输过程都可以通过麦克斯韦方程组结合一定的边界条件进行求解得到，其中对于常见的单色波而言，其穿透深度定义为电场衰减为初始值的 $1/e$ 时所传播的距离[7]。

为了详细分析所用超宽带雷达生命信息侦测系统在穿透贫瘦煤情况下的传输衰减规律，依然采用与褐煤、长焰煤同样的实验条件测试，测试结果如图 8-20～图 8-23 所示。

在已有的关于超宽带雷达波在褐煤和长焰煤中传输衰减的基础上，测试了在 25 cm、45 cm、65 cm 及 85 cm 厚下贫瘦煤中超宽带雷达波的传输衰减规律。对比图 8-20～图 8-23 与图 8-10～图 8-13 及图 8-16～图 8-19 可知，贫瘦煤中超宽带雷达波的传输衰减规律与其

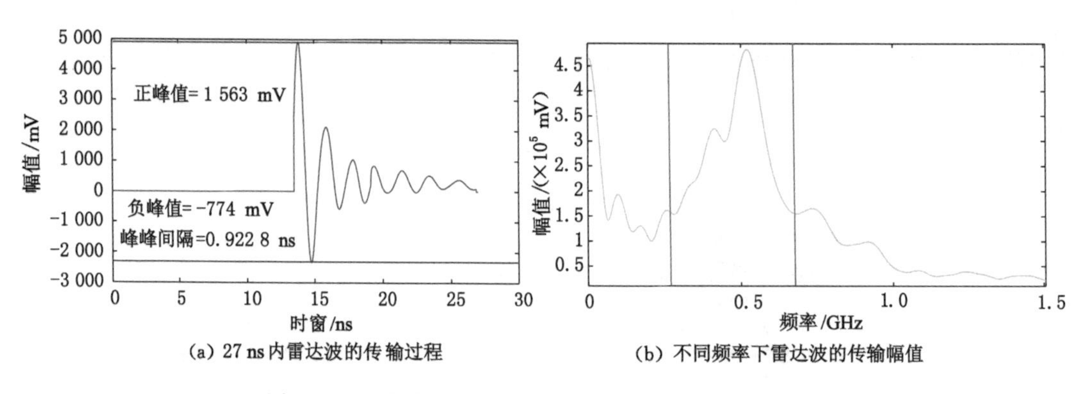

(a) 27 ns内雷达波的传输过程　(b) 不同频率下雷达波的传输幅值

图 8-20　超宽带雷达波在 25 cm 厚贫瘦煤中的传输衰减

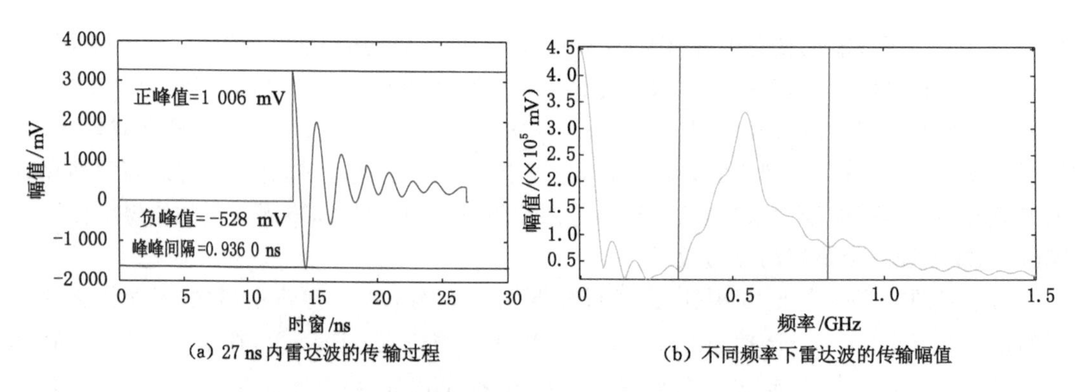

(a) 27 ns内雷达波的传输过程　(b) 不同频率下雷达波的传输幅值

图 8-21　超宽带雷达波在 45 cm 厚贫瘦煤中的传输衰减

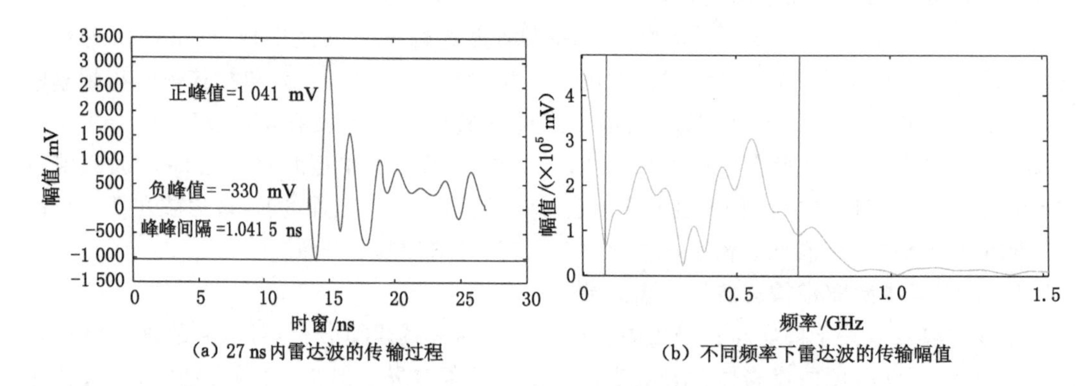

(a) 27 ns内雷达波的传输过程　(b) 不同频率下雷达波的传输幅值

图 8-22　超宽带雷达波在 65 cm 厚贫瘦煤中的传输衰减

他两种煤中超宽带雷达波的传输衰减规律大体相同。有一点较为明显不同，即在频率与幅值的关系图中，贫瘦煤在 65 cm 厚时已经出现两个幅值波峰，这说明同等测试厚度下，高变质程度的煤会有多次频谱能量集中的波峰，即在穿透高变质程度的煤时有更多的中心频率选择。超宽带雷达波穿透贫瘦煤时，其正峰值由 1 563 mV 减小至 814 mV，负峰值有 −774 mV 增大至 −372 mV。在测试时窗内，频谱能量值由 2 337 mV 减小至 1 186 mV。通过对不同厚度下频率与幅值的关系可得，在贫瘦煤厚度为 25 cm 和 45 cm 时，测试频率范围内，只出现了一个峰值，且集中在 500 MHz 附近，与前两种煤样出现峰值的位置基本一致，但是其峰值大小却有较大的差异，这是由于在同一种测试频率下，频谱能量值与穿透厚

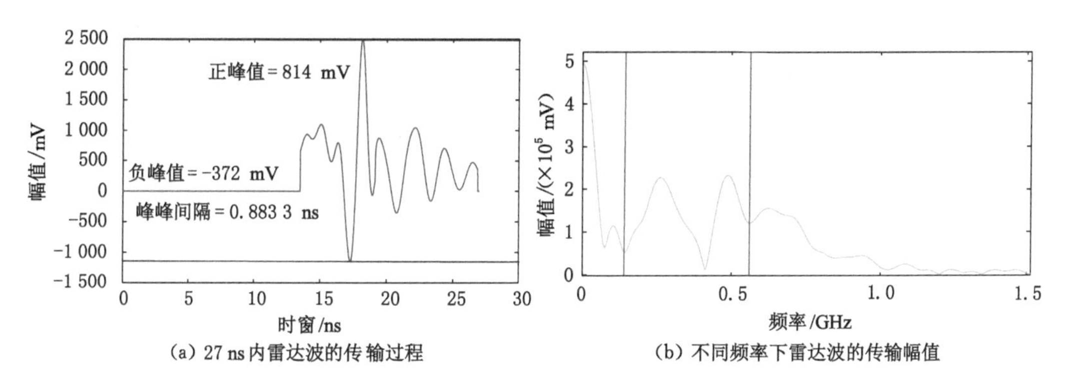

(a) 27 ns 内雷达波的传输过程

(b) 不同频率下雷达波的传输幅值

图 8-23 超宽带雷达波在 85 cm 厚贫瘦煤中的传输衰减

度成正比，在 25 cm 煤厚时峰值约为 5×10^5，而在 45 cm 煤厚时仅为 3.4×10^5。而在 65 cm 和 85 cm 煤厚时，一个明显的变化即在测试频率范围内，出现了间隔很短的两个波峰，且其峰值大小相近。这是由于随着煤层厚度增加到一定值时，此时的天线中心频率并不是最佳的侦测频率，而在低频和高频段各会出现一个较为适宜的侦测频率，所以会导致在中心频率左右两侧形成较为明显的波峰。在贫瘦煤中，通过频率与幅值的关系可进一步看出，随着穿透距离的增加，同一侦测频率下幅值呈减小趋势，这与前文所得到的结论相对应。

通过对雷达波在以上三种煤样不同厚度下的传输衰减可得，煤层厚度和煤样变质程度是两个较为关键的影响因素。三种煤样的变质程度关系为贫瘦煤＞长焰煤＞褐煤，结合以上各节可得，不同变质程度煤样对雷达波的吸收作用也有很大差异。其中变质程度较高的煤种，其对电磁波的吸收性能较差，即电磁波在煤样中的传输衰减较小；变质程度越低的煤种，其吸收电磁波的能力较强，造成雷达波在其中传输衰减较大。在同等煤样厚度下，雷达波穿透不同煤种的剩余能量值大小关系为：贫瘦煤＞长焰煤＞褐煤，即雷达波在以上三种煤样中的传输衰减关系为：褐煤＞长焰煤＞贫瘦煤。而煤样厚度与雷达波传输衰减的关系如上文所述，任一煤样下，雷达波的传输衰减均随着煤样厚度的增加而增大，这也为第 5 章雷达波人员侦测时不同厚度下的侦测误差奠定了理论基础。

8.3 不同厚度煤样中超宽带雷达波的传输衰减规律

通过上一节的分析可知：在超宽带雷达波穿透煤样时，研究其传输衰减变化规律，对生命信息侦测至关重要的是煤种和侦测厚度。而在研究不同侦测厚度时，需要分析关于雷达波波峰的正峰值、负峰值与峰峰间隔等关键参数。超宽带电磁波在不同种类的煤样中传输衰减规律已经在上一节进行初步分析与实验测试，为了进一步研究在不同厚度下三种煤样对雷达波的传输衰减影响，本节将从几个关键参数与厚度的联系出发分析其变化规律。

超宽带雷达波在不同厚度的煤样中传输会由于能量被煤样吸收，引起能量损耗，进而导致雷达波产生传输衰减现象。引起雷达波传输衰减的原因不仅包括雷达波在介质界面处的反射、折射、绕射等，还会随着介质的种类和厚度发生不同程度的吸收作用。已有学者研究表明，电磁波在煤样介质中的传输衰减主要是因为在电磁场中的各种电磁作用[8]。而雷达波在煤样传输过程中会产生焦耳热，此部分对雷达波的吸收作用最大，也是煤样自身对雷达波传输衰减影响最大的一个因素。

为了对比分析不同厚度下煤样对雷达波传输衰减的影响规律，对上述三种煤样在不同厚度下的测试结果进行整理，具体如图 8-24～图 8-27 所示。

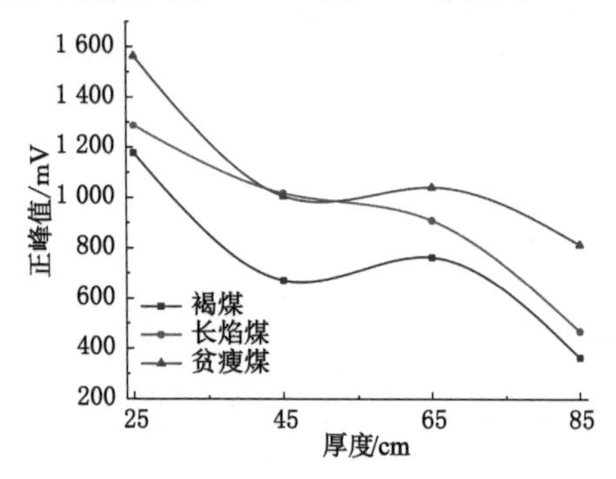

图 8-24　不同厚度下三种煤样的正峰值变化规律

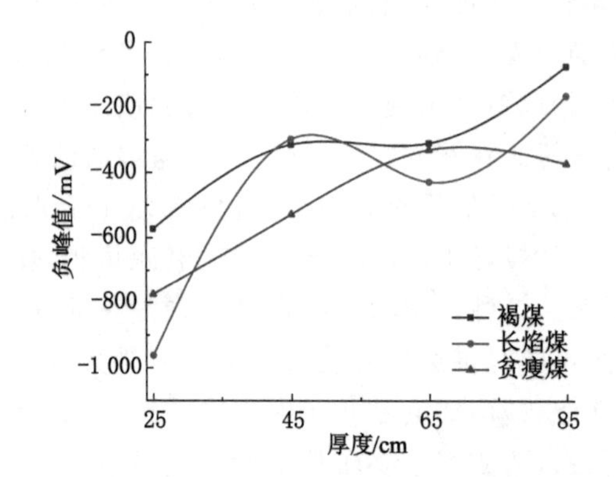

图 8-25　不同厚度下三种煤样的负峰值变化规律

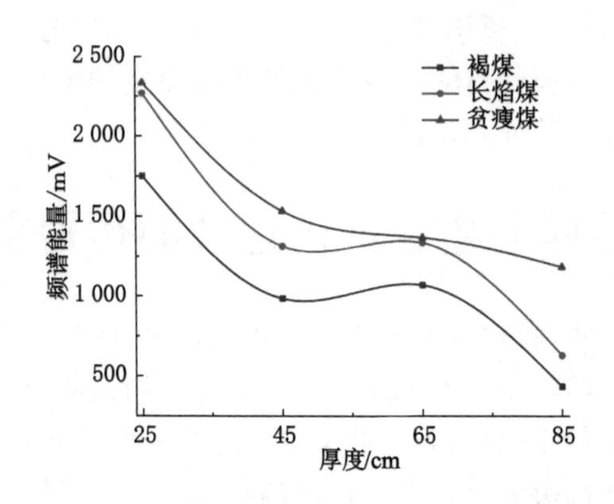

图 8-26　不同厚度下三种煤样的频谱能量变化规律

由图 8-24 可知，随着厚度的增加，三种煤样的正峰值均呈整体下降的趋势，其中褐煤和贫瘦煤的下降趋势基本一致，先是大幅度下降然后缓慢上升，最终跌到最低点。但是长焰煤的变化趋势却是一直呈缓慢下降，中间并无上升。当煤层厚度由 25 cm 增长到 45 cm 时，三种煤样的正峰值发生变化的幅度都很大，这是由于分层传输效果在起始阶段较为明显，在 45 cm 以后，正峰值下降得较为缓慢，此时煤层厚度的分层传输效果对其影响较小。

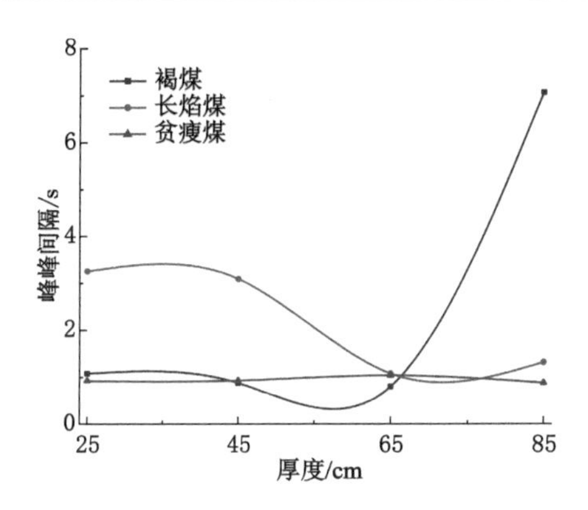

图 8-27 不同厚度下三种煤样的峰峰间隔变化规律

对图 8-25 分析可知，关于负峰值的变化，三种煤样之间并无明显的规律。其中在 45 cm 处，长焰煤有一个较为明显的凸点，此时的长焰煤负峰值均高于其左右两侧，但是整体的变化趋势与褐煤和贫瘦煤一致，均呈增大趋势。通过对三种煤样在不同厚度下的正峰值与负峰值的计算，绘制了图 8-26。对图 8-26 分析可得，厚度的增加导致煤样的频谱能量逐渐减小，褐煤的频谱能量在不同距离均最小，长焰煤次之，贫瘦煤频谱能量最多，这与煤的变质程度呈正相关关系，这种现象与上一节的结论相符。其中褐煤和长焰煤的变化趋势基本一致，即随着距离的增加，频谱能量值先大幅度减小，然后出现缓慢上升，最后又减小至最小值；而贫瘦煤则呈现整体一直减小的趋势，只不过减小幅度(1 151 mV)相较于褐煤(1 314 mV)、长焰煤(1 617 mV)较小。在煤层厚度为 25 cm 时，三种煤样的频谱能量均为最大值，这是由于煤层较薄，能量在煤层间隙中发生的反射、折射和衍射等作用的次数少，因而对能量的吸收效果较差，保证大部分能量可以被穿透出去。需要注意的是，在 65 cm 处，煤样的频谱能量有了较为明显的升高，这是由于此时分层传输效果比煤层厚度的影响作用大，导致煤样减弱了对雷达波的吸收。观察不同厚度下三种煤样的峰峰间隔关系(图 8-27)，发现未有明显规律，即随着距离的增加，正峰值与负峰值出现的时间无规律。

8.4 本章小结

本章通过利用 NS-187 矿用射频信号衰减系统，测试了 UWB 在三种煤样 25 cm、45 cm、65 cm 和 85 cm 厚度下的传输衰减正峰值、负峰值、频谱能量和峰峰间隔参数，得到其传输衰减规律。

(1) 基于本书中所用的超宽带雷达进行一种简单有效的测试方法，并利用 MATLAB 和 GER2XEX 进行数据提取与分析。

(2) 测量结果显示，在不同变质程度的煤中雷达波的传输衰减情况并不相同，与煤的变质程度呈反比关系。贫瘦煤的衰减最小，长焰煤的传输衰减次之，褐煤的传输衰减最大。其中褐煤的传输衰减主要集中在 200～600 MHz，在 85 cm 时峰值减小为 0.8×10^5 mV；长焰煤的正峰值比褐煤的大，负峰值比褐煤的小，幅值在 25 cm 和 45 cm 时减小较为明显，可达到 3.2×10^5 mV；贫瘦煤的传输衰减在 65 cm 和 85 cm 时出现了两个较为明显的峰值。

(3) 通过对不同厚度下的煤样传输衰减分析发现，厚度对雷达波的传输衰减有直接影响，随着厚度的增大，雷达波的传输衰减越严重，分层传输在一定厚度下造成的影响会较为明显。在 25 cm 和 45 cm 时，雷达波的传输衰减幅度较为明显，衰减较快；在 65 cm 及85 cm 时，雷达波的传输衰减幅度较小。

参 考 文 献

[1] BHAT R,ZHOU J,KRISHNASWAMY H. Wideband mixed-domain multi-tap finite-impulse response filtering of out-of-band noise floor in watt-class digital transmitters [J]. IEEE journal of solid-state circuits,2017,52(12):3405-3420.

[2] MENDEZ M A,RAIOLA M,MASULLO A,et al. POD-based background removal for particle image velocimetry[J]. Experimental thermal and fluid science, 2017, 80: 181-192.

[3] 杨光义，魏天奇，李杰潘，等. 全差分可控增益射频宽带放大系统[J]. 实验室研究与探索，2019，38(9)：116-121.

[4] 张君. 超长波透地通信信道建模及弱信号检测算法研究[D]. 哈尔滨：哈尔滨工业大学，2012.

[5] 谭文文. 低频电磁波在大地信道中的传输特性分析[D]. 青岛：山东科技大学，2012.

[6] 贾雨龙，李凤霞，陶晋宜，等. 矿层无线透地系统中甚低频电磁波的传播特性[J]. 工矿自动化，2015，41(9)：31-33.

[7] 肖立锋. 综合物探方法在采空区侦测中的应用[J]. 工程地球物理学报，2019，16(5)：658-664.

[8] MISHRA RR,SHARMA A K. Microwave-material interaction phenomena: heating mechanisms,challenges and opportunities in material processing[J]. Composites part A:applied science and manufacturing,2016,81:78-97.

第 9 章　不同条件下超宽带雷达波生命信息的识别

通过前面章节对超宽带雷达波穿透煤样的衰减规律及其影响因素进行分析可知，在理论方面已经有了一定的研究成果，但是在应用超宽带雷达波进行生命信息侦测技术方面，本书还需要利用超宽带雷达生命信息侦测系统对现场实际环境的生命信息识别效果进行分析验证。本章中生命信息识别环境为陕西煤业化工集团有限公司新型能源神木分公司的地面煤仓，在煤仓中实验既可以最大限度地接近井下真实现场环境，又容易堆积不同厚度的煤样来模仿井下实际塌方厚度，保证所得到侦测数据的可靠性和真实性。

9.1　相 干 积 累

人体的生命体征信号表示方法有许多，比如可用体动信号、呼吸信号、心跳频率、脉动幅度等，考虑到心跳信号和脉动幅度相较于人体的体动信号和呼吸信号在幅度上太微弱，在雷达波回波中前者往往是被后者所淹没，在呼吸信号和体动信号的检测上人体体动信号的检测相对来说比较简单，本章讨论的是如何从雷达波回波中获取静止目标人体的呼吸信号。

对于静止目标人体的侦测，在 20 世纪 80 年代初期已有相关工作者对其进行研究，其中 D. K. Misra 等科研工作者研究了电磁波照射人体的散射特性[1]，将人体简化为复合介电常数的球体和圆柱体模型，其后向散射电磁场方程表达式为：

$$E_{\mathrm{BS}} = \hat{x}\frac{-E_0}{2K_0 r}\sum_{n=1}^{\infty} j^n(2n+1)\left[-d_n \hat{H}_n^{(2)}(k_0 r) + je_n \hat{H}_n^{(2)}(k_0 r)\right] \tag{9-1}$$

$$d_n = \frac{\sqrt{\varepsilon_r}\,\hat{J}'_n(ka)\hat{J}_n(k_0 a) - \hat{J}'_n(k_0 a)\hat{J}_n(ka)}{\hat{H}_n^{(2)}(k_0 a)\hat{J}_n(ka) - \sqrt{\varepsilon_r}\,\hat{J}'_n(ka)\hat{H}_n^{(2)}(k_0 a)} \tag{9-2}$$

$$e_n = \frac{\hat{J}_n(k_0 a)\hat{J}'_n(ka) - \sqrt{\varepsilon_r}\,\hat{J}'_n(k_0 a)\hat{J}_n(ka)}{\sqrt{\varepsilon_r}\,\hat{H}_n^{(2)}(k_0 a)\hat{J}_n(ka) - \hat{H}_n^{(2)}(k_0 a)\hat{J}'_n(ka)} \tag{9-3}$$

$$\hat{J}_n(x) = \sqrt{\frac{\pi x}{2}} J_{\frac{n+1}{2}}(x) \tag{9-4}$$

$$\hat{H}_n^{(2)}(x) = \sqrt{\frac{\pi x}{2}} H_{\frac{n+1}{2}}^{(2)}(x) \tag{9-5}$$

其中，ε_r 是球体的复合介电常数，a 是球体半径，E_0 是入射平面波的幅度。式(9-1)就是静止目标人体检测的理论依据。

超宽带雷达生命信息侦测系统所发射出去的电磁波信号穿透煤样到达侦测目标体表，

由于人体体表的微动会发生调制反射，雷达接收天线会接收到加载了生命信息的反射波，然后经过一系列相关处理提取出人体体表微动信号，获取相关生命信息。

针对人体生命信号的识别，本书第 2 章中已经做了相关说明，本节重点说明生命信号的预处理。在煤矿井下进行生命信息识别时，周围会有其他种类的环境噪声，且幅度会比人体生命信号大，极易造成人体生命信号被其他噪声淹没，导致目标信号的错误识别或未识别。为了更好地提取出包含在雷达回波信号中的人体生命信号，目前有许多信号处理方法来实现，其中应用比较广泛的就是提高信噪比。提高信噪比常用的方法是相干积累，传统的相干积累是通过延长观测时间来达到增强信噪比的目的，而本书中所采用的相干积累是通过时域积分的方法来提高信噪比，即对任一时刻点上的数据进行距离上的相干积累，这样即符合人体微动信号前后起伏行程变化，又适当地增强了目标信号。但是如何选择合适的积累次数 N 是关键的一步，信噪比过小导致提高的幅度也小，起不到放大的作用；信噪比过大会适得其反，不仅不能增强信号，还会削弱信号的幅度。根据前人的研究发现，积累次数需要依据雷达系统的时窗 T 和视窗内的采样点个数 N_{fscan} 来确定，其关系式为：

$$N \propto \frac{N_{\text{fscan}}}{T} \tag{9-6}$$

即 N 正比于采样点个数，反比于系统时窗大小。通过对时窗为 20 ns，采样点为 2 048 个的情况下同一个数据文件在不同积累次数条件下的对比（图 9-1）可知，在积累次数为 80 次时取得的效果较好。

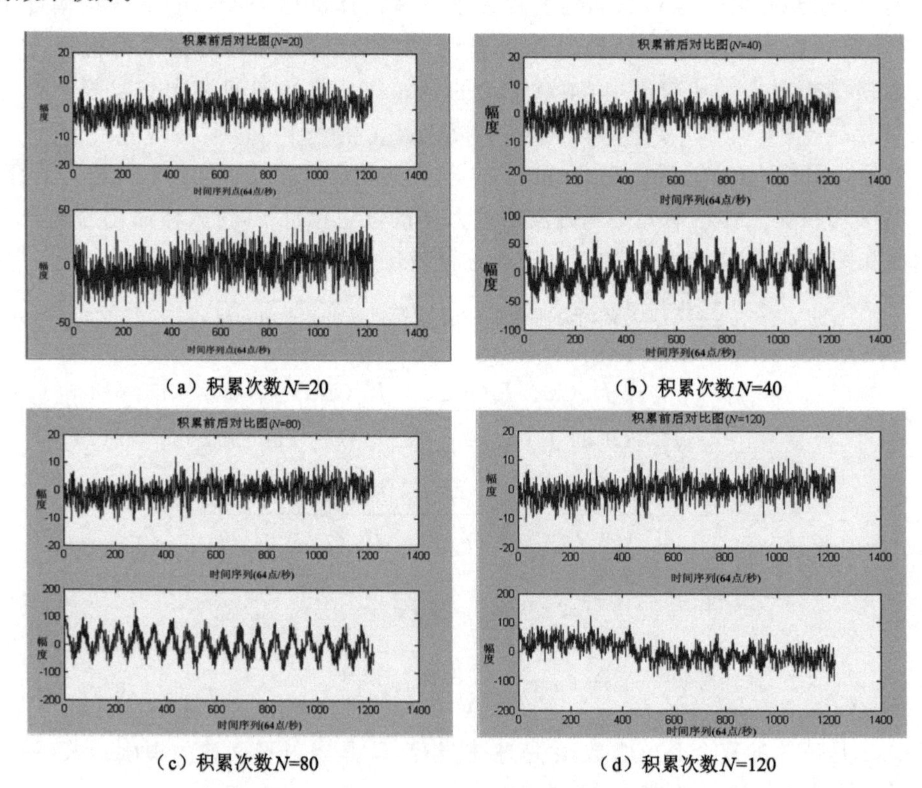

（a）积累次数N=20
（b）积累次数N=40
（c）积累次数N=80
（d）积累次数N=120

图 9-1　不同积累次数下积累前后图形对比

根据相干积累的定义[2]，本书中所用超宽带雷达生命信息识别系统的时窗为 27 ns，采样点为2 048 个，则其最佳积累次数约为 75 次，取 80 次。

9.2　超宽带雷达波生命信息识别过程

超宽带雷达波穿透煤样障碍物进行生命信息识别测试，主要是为了测试在不同变质程度、不同穿透厚度和不同位置下人员侦测的误差和有效范围。选择陕西煤业化工新型能源有限公司神木分公司的地面煤仓作为测试场地，其长度为 30 m，宽度为 15 m，煤仓内除了堆积煤粉外并无其他大型设备，可有效减少外界环境对测试的干扰。

选择超宽带雷达生命信息侦测系统，其主要构成和界面分别如图 9-2 和图 9-3 所示。

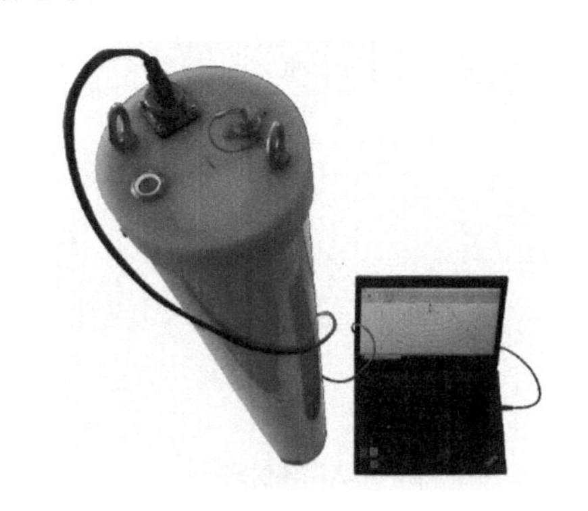

图 9-2　超宽带雷达生命信息侦测系统

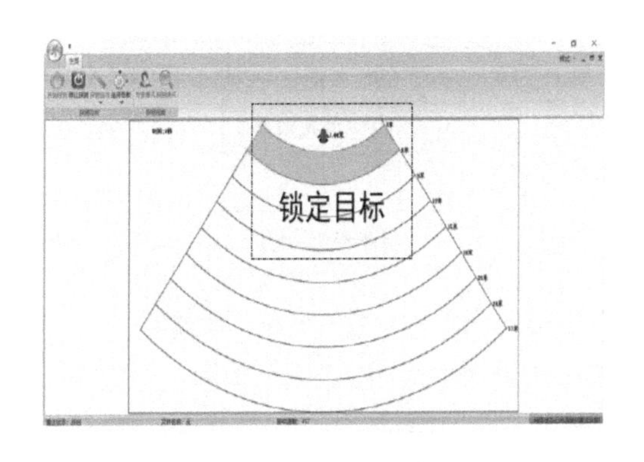

图 9-3　侦测目标界面图

本次实验根据雷达波传输衰减的测试结果选择侦测频率为 500 MHz，以减少雷达波穿透煤样时的衰减。为了尽可能减小系统误差，在不同位置处对侦测目标均进行 3 次实验，最后求取误差平均值作为系统侦测目标的整体误差。实验环境如图 9-4 所示，流程如图 9-5 所示。

其中 d 为煤样厚度，可通过不断堆积来改变其数值，本实验中煤层厚度选取 0.45 m、0.85 m、1.2 m、2.4 m 和 3.6 m；测试人员的位置变换可从距离煤壁 0 m 增加到 20 m。

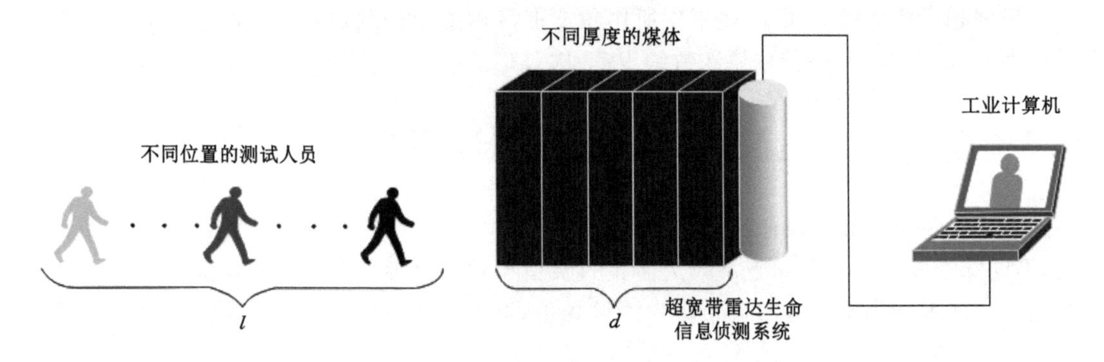

图 9-4　人员侦测示意图

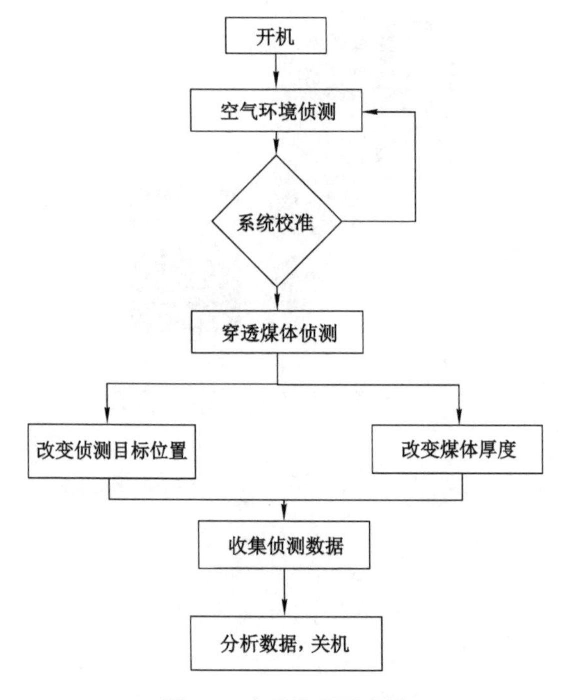

图 9-5　实验流程示意图

9.3　煤变质程度对超宽带雷达波生命信息识别的影响

9.3.1　穿透褐煤时生命信息识别分析

考虑到雷达系统自身存在误差，即在超宽带雷达生命信息侦测系统进行侦测之前，需要确定其相对时间的零点位置，这样才能确定雷达系统自身的系统误差。本实验中采用在相同测试环境中标定雷达零点位置，选择两个不同的位置点（A 和 B）进行测量，如图 9-6 所示。

其中 A 处距离雷达 155 cm，B 处距离雷达 183 cm。首先将反射板放在 A 处，开启雷达设备，得到在 A 处的雷达波形如图 9-7 所示。

（1）相对零点校正

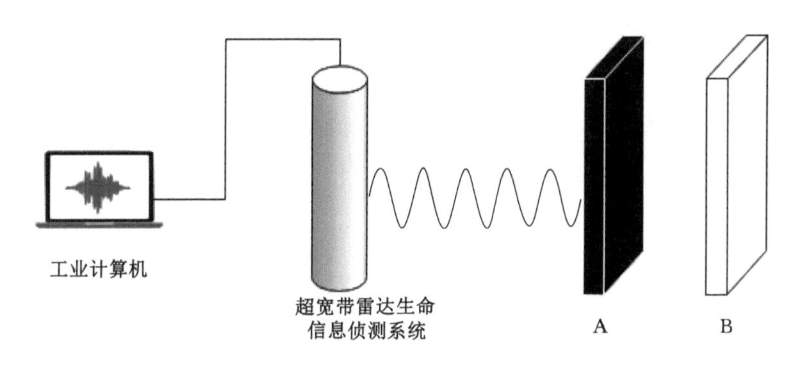

图 9-6　实验校准场景

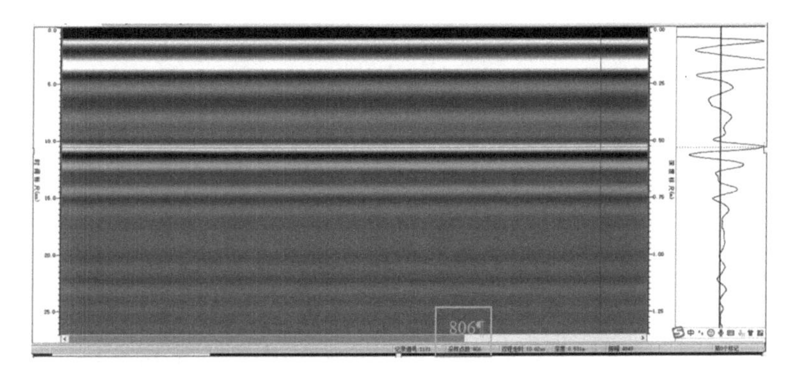

图 9-7　A 处雷达反射波形

从图中能看出反射回波位置点数在 806，需要以此反推雷达波相对零点位置，计算过程如下：雷达与反射板大概距离为 155 cm，首先需要确定 155 cm 处在雷达波中对应的点数，目前雷达侦测实际的时窗为 27 ns，对应空气中的距离为：27 ns×15 cm/ns＝405 cm，对应的采样点数为 2048，则 155 cm 对应的雷达回波点数为：155 cm/405 cm×2048≈784，这样一来雷达波相对零点所对应的点数为：806－784＝22。

(2) 距离计算

随后将反射板放置在 B 处，获取该点的波形图，如图 9-8 所示。

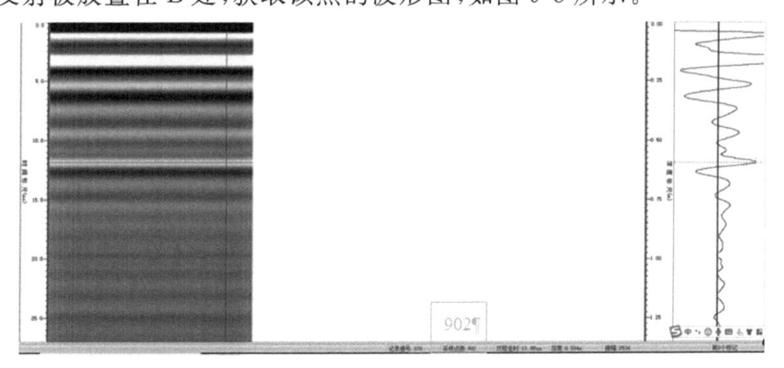

图 9-8　B 处雷达反射波形

根据图 9-8 可得，B 处点数为 902，则 B 点距离为：(902－22)/2 048×405 cm≈174 cm，

实际距离为 183 cm，则雷达系统误差为 9 cm，在后续计算中需要额外考虑这 9 cm 的系统误差。

基于上述的实验条件进行测试，结果如图 9-9～图 9-13 所示。

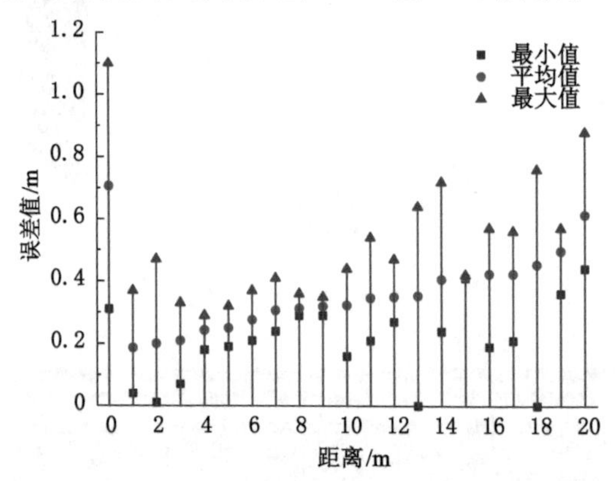

图 9-9　穿透 0.45 m 厚褐煤时人员侦测误差值

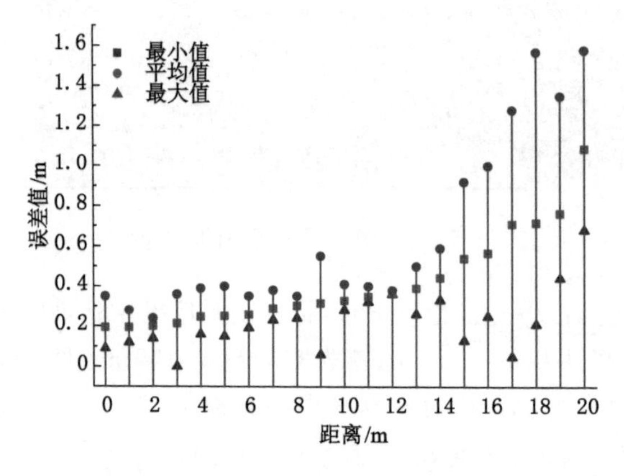

图 9-10　穿透 0.85 m 厚褐煤时人员侦测误差值

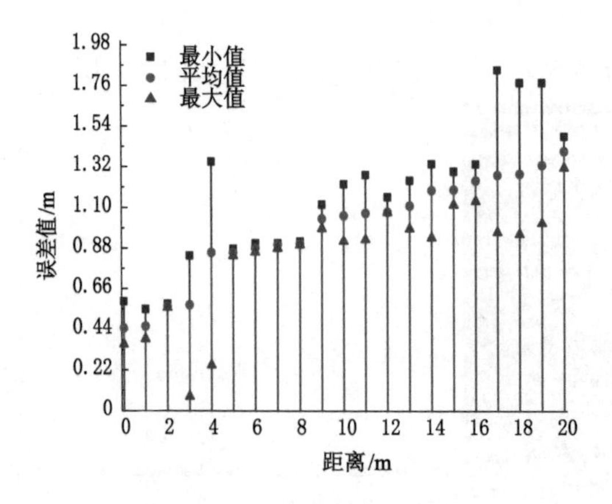

图 9-11　穿透 1.2 m 厚褐煤时人员侦测误差值

由图 9-9～图 9-13 可得，超宽带雷达波穿透褐煤进行生命信息识别效果与煤样厚度及

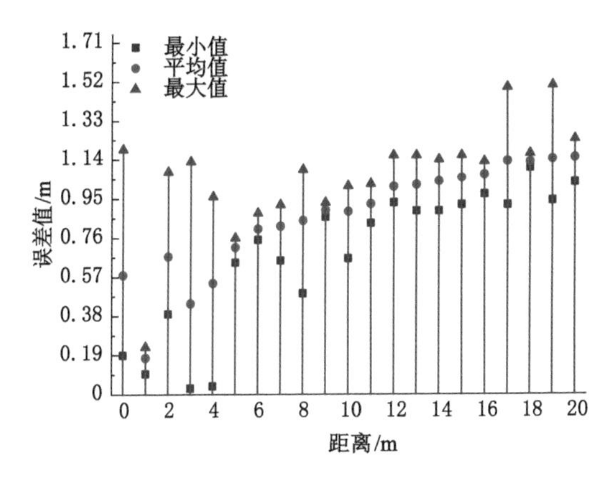

图 9-12　穿透 2.4 m 厚褐煤时人员侦测误差值

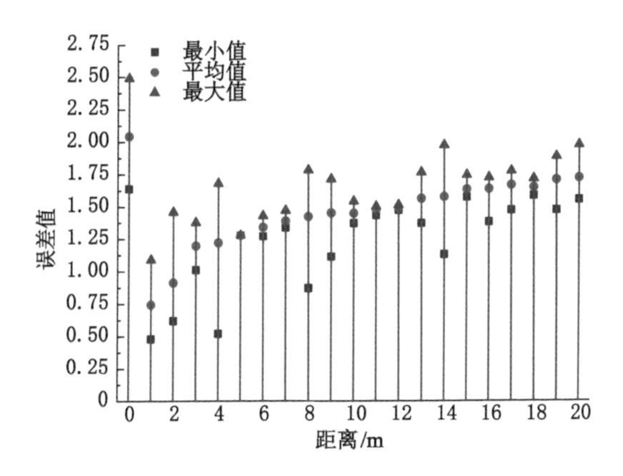

图 9-13　穿透 3.6 m 厚褐煤时人员侦测误差值

生命信息距离煤样的位置有很大关系。随着煤样厚度的不断增加，超宽带雷达生命信息侦测系统识别生命信息的精度在不断下降。无论是从误差的最大值、最小值还是平均值，均可以看出生命信息所在的位置对识别精度有很大的影响。在同一煤样厚度下，生命信息位置距离煤样越远，误差整体呈增大趋势，值得注意的是：在距离煤样 0 m 时，误差相较于初始阶段较大，这是由于在距离煤样较近时，雷达波在穿透煤样后与空气界面发生较为明显的衰减，这会干扰人员侦测效果；而随着距离煤样越来越远，雷达波在侦测目标上的反射越来越明显，这时可忽略雷达波在空气表面反射所造成的影响。

9.3.2　穿透长焰煤时生命信息识别分析

在与褐煤相同的测试环境下，进行了相同厚度、相同人员位置的侦测实验。为了保证实验具有对比性，依然选用同一个测试人员的生命体征作为识别信息和侦测目标，从穿透厚度、侦测距离与侦测误差的角度出发分析，具体结果如图 9-14～图 9-18 所示。

对比分析图 9-14～图 9-18 可知，长焰煤厚度的增加导致不同距离下生命信息识别误差的最小值、平均值及最大值均呈逐渐增大的趋势。但是通过与同等距离下褐煤的对比可知，同等厚度和侦测距离下，长焰煤的侦测误差要比褐煤的小，这是由于超宽带雷达波在长焰煤中的传输衰减值小于在褐煤中的传输衰减值，所以能量集中于生命信息识别，并非逸散到煤样中。其中在图 9-14、图 9-17 及图 9-18 中，可发现在初始侦测距离为 0 m 时误差较大，这

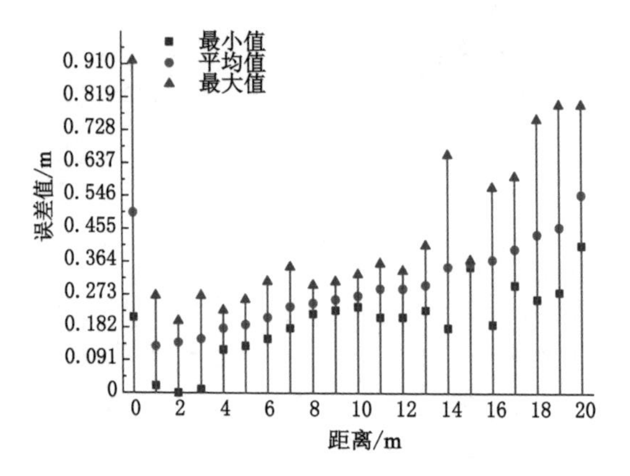

图 9-14　穿透 0.45 m 厚长焰煤时人员侦测误差值

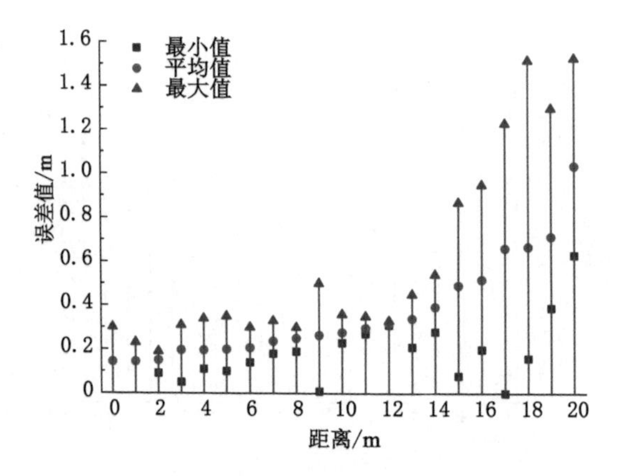

图 9-15　穿透 0.85 m 厚长焰煤时人员侦测误差值

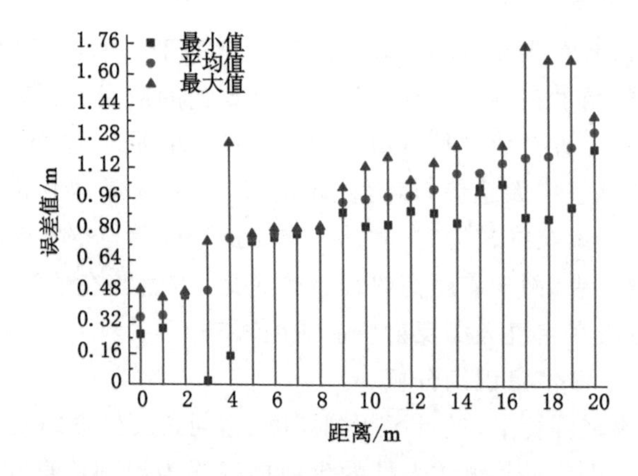

图 9-16　穿透 1.2 m 厚长焰煤时人员侦测误差值

与褐煤中出现的侦测情况一致，即由雷达波的质耦作用所造成。仔细观察图 9-14～图 9-18 可知，雷达波在穿透厚度 1 m 以下长焰煤时，侦测误差大多集中在 0.5 m 以下，侦测效果最佳；当长焰煤厚度大于 1 m 且小于 3 m 时，以侦测距离为 10 m 时出现明显的区别，即在侦测距离小于 10 m 时，生命信息识别误差集中在 0.7 m 附近，当侦测距离大于 10 m 时，误差曲线出现缓慢上升，最大误差已经大于 1 m。当长焰煤厚度大于 3.6 m 时，此时煤层厚度对

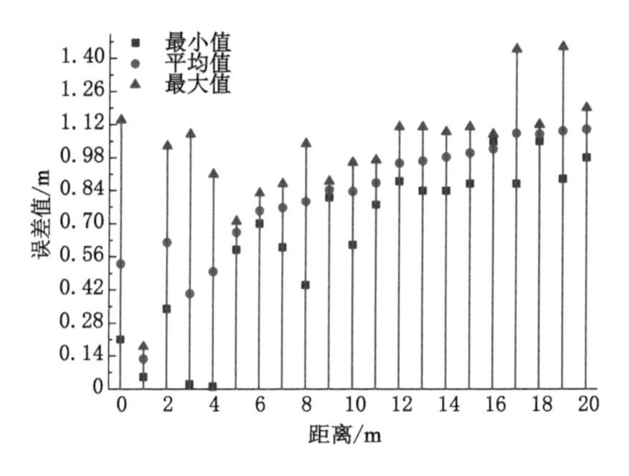

图 9-17　穿透 2.4 m 厚长焰煤时人员侦测误差值

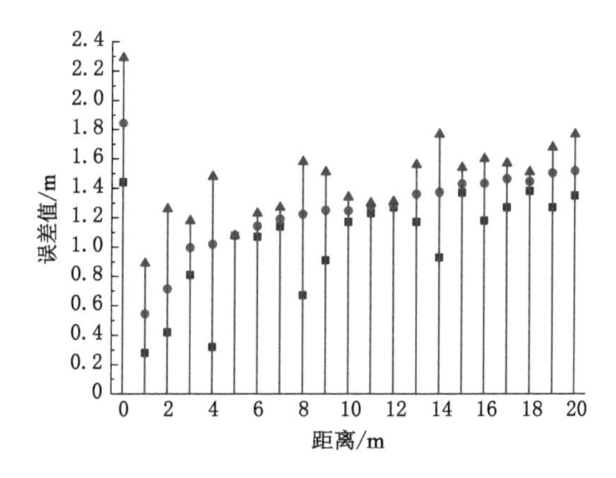

图 9-18　穿透 3.6 m 厚长焰煤时人员侦测误差值

生命信息识别的影响占据主导地位，侦测距离对侦测误差的影响有限，侦测误差整体上大于 1 m。

9.3.3　穿透贫瘦煤时生命信息识别分析

在与褐煤和长焰煤相同的测试环境下，通过对超宽带雷达波穿透贫瘦煤进行生命信息识别测试，得到的结果如图 9-19～图 9-23 所示。

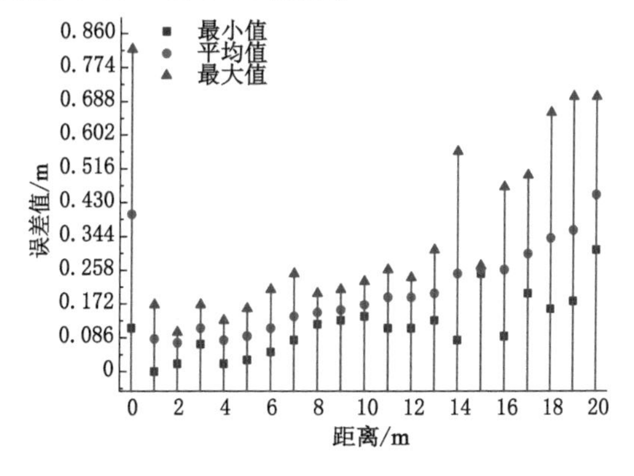

图 9-19　穿透 0.45 m 厚贫瘦煤时人员侦测误差值

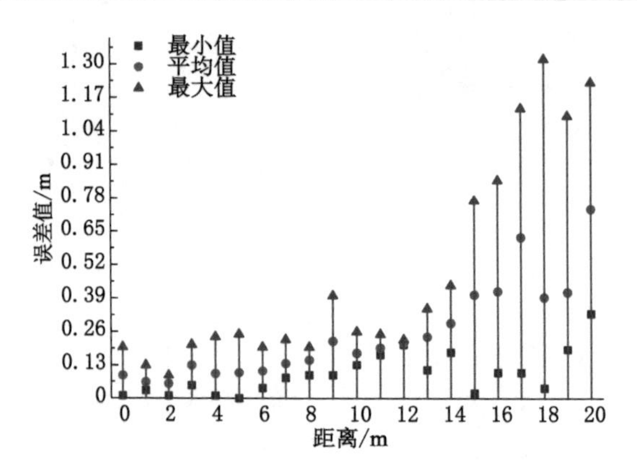

图 9-20　穿透 0.85 m 厚贫瘦煤时人员侦测误差值

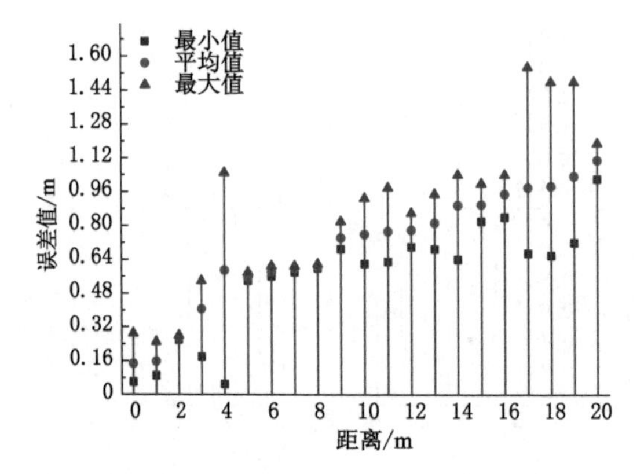

图 9-21　穿透 1.2 m 厚贫瘦煤时人员侦测误差值

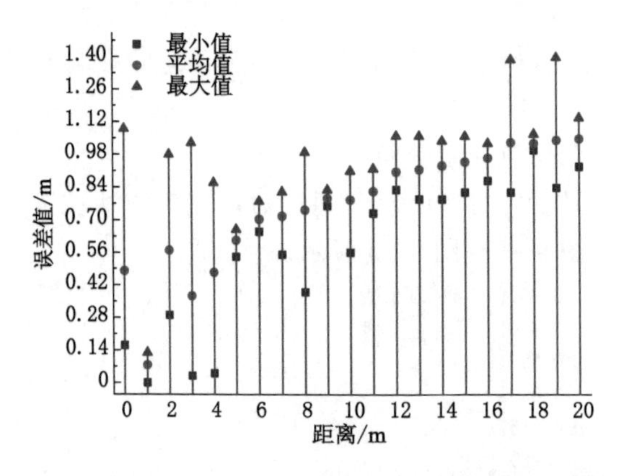

图 9-22　穿透 2.4 m 厚贫瘦煤时人员侦测误差值

通过观察图 9-19～图 9-23 可知，超宽带雷达波在穿透贫瘦煤进行生命信息识别时的效果较褐煤和长焰煤的好。无论是在薄煤样还是在较厚煤样中，侦测误差均比其他两种煤样有明显的减小，其中在 0.45 m 和 0.85 m 厚度下，生命信息识别的平均误差整体在 0.5 m 以下，甚至有最小误差为 0 的侦测距离存在；在 1.2 m 和 2.4 m 厚度下，生命信息识别的误差整体在 1 m 以下，且没有太大的幅度变化；差异性最大的是在煤厚为 3.6 m 时，误差整体

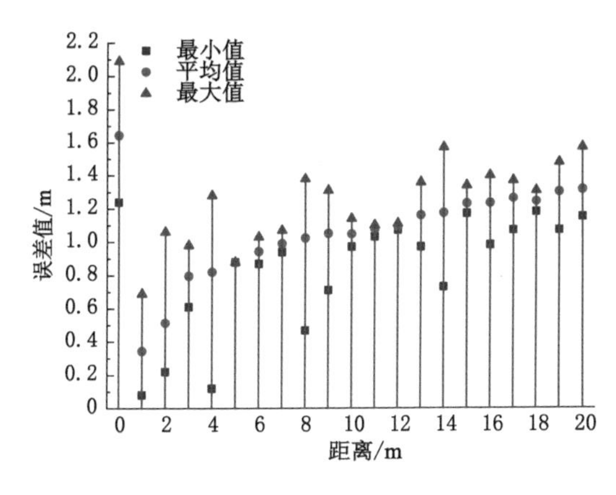

图 9-23　穿透 3.6 m 厚贫瘦煤时人员侦测误差值

依然在 1 m 附近，说明超宽带雷达波穿透贫瘦煤进行生命信息识别时，厚度大于 2 m 时误差整体趋于稳定态势，并没有出现其他两种煤样中误差突然增大的现象。而且通过对比 5 种不同厚度下的误差与距离的关系可知，当距离小于 15 m 时，误差随距离的变化影响不大；距离大于15 m 时，识别误差的上升速率较大。与褐煤和长焰煤比较可知，雷达波穿透贫瘦煤进行生命信息识别的距离明显增大，且识别误差更小，即超宽带雷达波对穿透高变质程度的煤种的生命信息识别效果更好，这与不同变质程度煤中雷达波的传输衰减的规律保持一致。

9.4　煤样厚度对生命信息识别的影响

为了进一步研究三种煤样在不同厚度下的生命信息识别效果，对三种煤样下识别误差的平均值进行研究分析。以生命信息所在距离为横坐标，识别误差为纵坐标，绘制瀑布图来表示不同厚度下的生命信息识别效果，具体如图 9-24～图 9-28 所示。

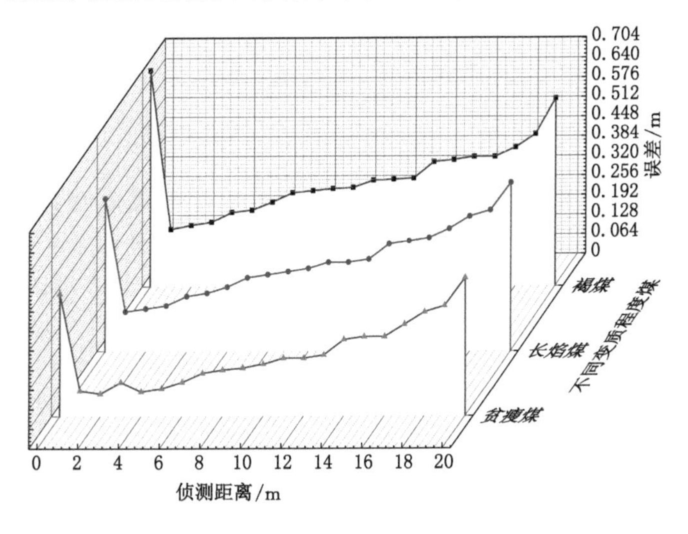

图 9-24　0.45 m 厚三种煤样人员侦测效果

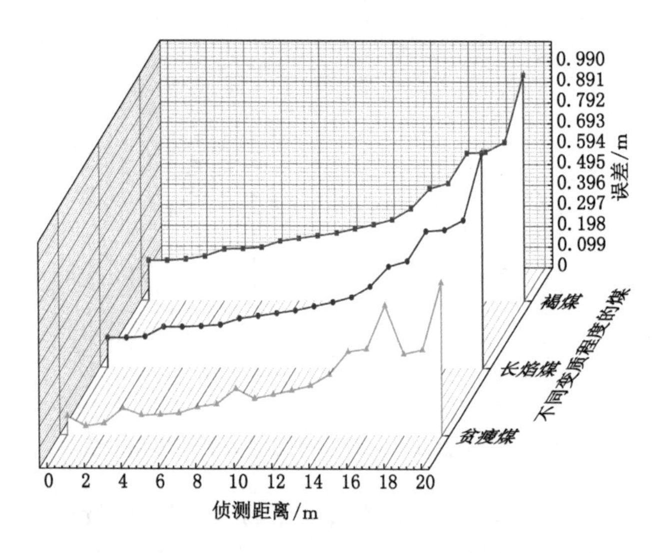

图 9-25 0.85 m 厚三种煤样人员侦测效果

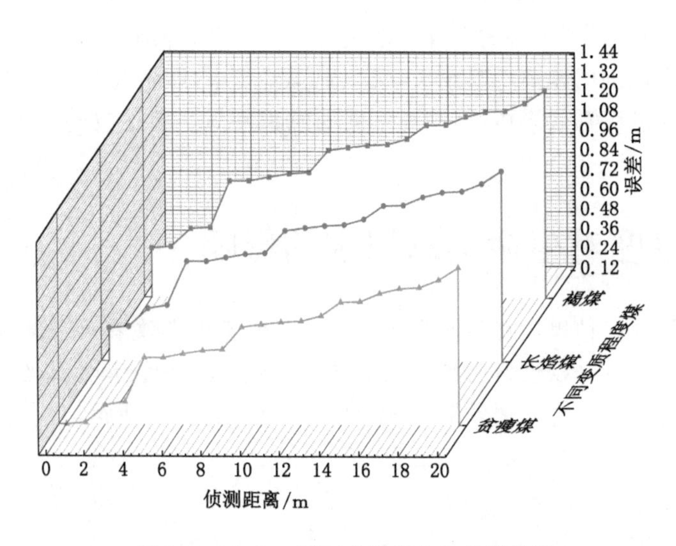

图 9-26 1.2 m 厚三种煤样人员侦测效果

通过对不同厚度下的生命信息识别的对比分析可知，在任意厚度下，三种煤样生命信息识别效果变化规律大致相同，只是变化幅度有所差异。在这 5 种侦测厚度下，生命信息识别效果的变化规律始终是超宽带雷达波穿透褐煤的人员侦测误差最大，长焰煤次之，贫瘦煤最小；且随着生命信息所在距离增加，其识别误差的速率变化为褐煤＞长焰煤＞褐煤。其中在厚度为 0.45 m、2.4 m 和 3.6 m 时，三种煤样在初始侦测距离（0 m）时，均有一段较为明显的峰值出现，这与雷达波的质耦作用相关。以上变化与超宽带雷达波穿透三种煤样后的衰减变化规律一致，可认为生命信息识别与传输衰减规律呈正相关。

在煤样厚度为 0.45 m 时，褐煤的变化幅度最大，最终识别误差达到 0.5 m 左右，距离的增加导致识别误差速率上升更加明显；长焰煤的识别误差变化较为平缓，近似线性上升；贫瘦煤的识别误差在 3 m 和 14 m 处出现小幅度的上升，但是整体也近似于线性增长。在

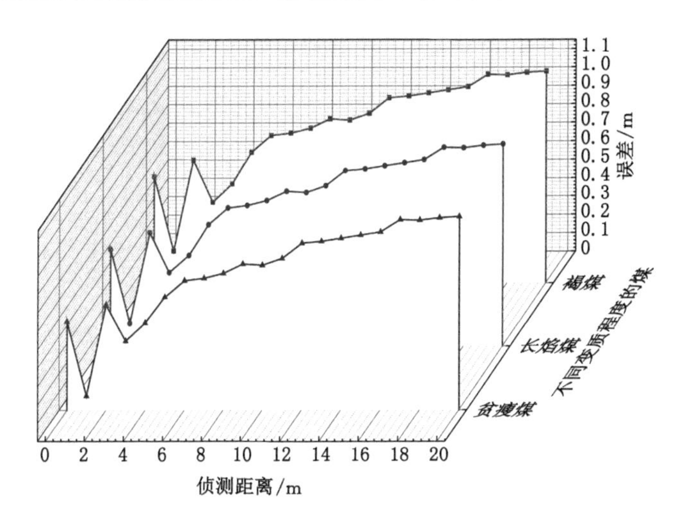

图 9-27　2.4 m 厚三种煤样人员侦测效果

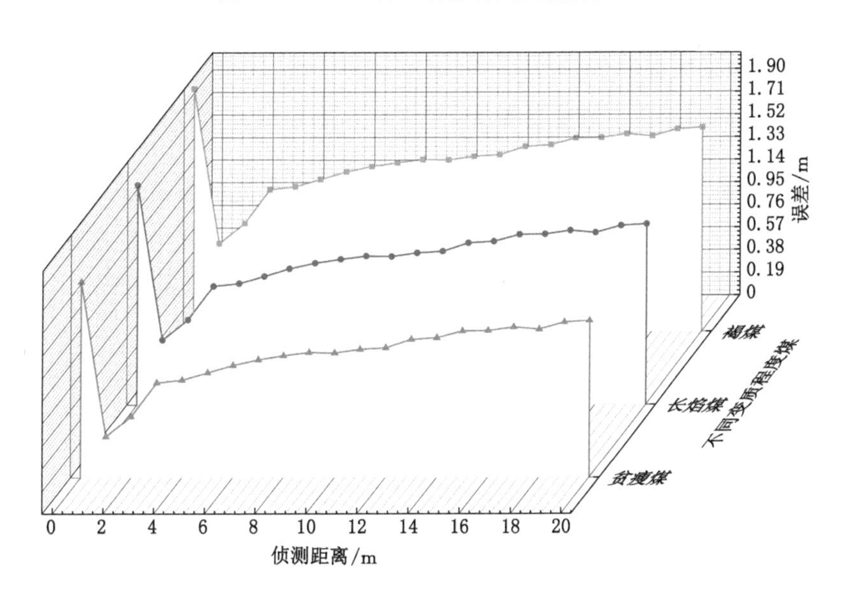

图 9-28　3.6 m 厚三种煤样人员侦测效果

煤样厚度为 0.85 m 时，虽然三种煤样的识别误差依然是褐煤＞长焰煤＞贫瘦煤，但是三种煤样均在距离为 15 m 后识别误差出现快速增长，说明煤厚为 0.85 m 时，大于15 m 时距离占主要影响因素。在煤样厚度为 1.2 m 和 2.4 m 时，三种煤样的变化规律与前两种厚度的变化不同，变化规律较为复杂，并不是线性变化。其中在煤样厚度为 1.2 m 时，穿透三种煤样的生命信息识别误差类似于阶梯状增长，整体增长幅度较为缓慢，说明此时的距离变化并不是主要影响因素。在煤样厚度为 2.4 m 时，在初始侦测阶段，识别误差的起伏变化较大，当距离大于 4 m 时，识别误差稳定增长，最终三种煤样的识别误差均大于 1 m。其中变化最大的煤样厚度为 3.6 m，此时三种煤样的识别误差虽然增长较为缓慢，但是三种煤样均在侦测距离为 4 m 时识别误差大于 1 m；在距离为 20 m 时，识别误差已经大于 1.5 m，这对于现场救援人员位置的确定非常不利。当煤样厚度为 3.6 m 或者更大时，只能进行短距离内生命信息识别，远距离识别误差较大，很难作为评判指标。

9.5 本章小结

本章在现场环境进行超宽带雷达波穿透煤样的生命信息侦测实验，主要分析研究三种煤样在不同煤样厚度和不同距离下的生命信息识别误差的变化规律。对生命信息识别误差的最小值、平均值及最大值进行对比分析，剖析了不同厚度下进行生命信息识别的有效范围，并将侦测结果与第 8 章中煤样的传输衰减建立联系，主要得到以下结论：

(1) 对比几种人体生命信息的特征及提取难度，确定选用人体微动信号作为超宽带雷达波识别生命信息的表征信号，结合积累次数的定义确定该系统的最佳积累次数为 80 次。

(2) 利用超宽带雷达生命信息侦测系统在实验场地进行雷达系统自身的误差校准，结果显示该系统自身误差为 9 cm。

(3) 通过分析雷达波在穿透三种不同变质程度煤样后生命信息识别结果表明，煤样的变质程度对生命信息识别有明显的影响，其中褐煤的识别效果最差，长焰煤次之，贫瘦煤的最佳，即变质程度越低的煤样生命信息识别效果越差。而且低变质程度的煤样有效的生命信息识别范围小于高变质程度的煤样范围，褐煤和长焰煤的有效范围约为 10 m，贫瘦煤的范围约为 15 m。

(4) 对不同厚度的煤样生命信息识别误差分析得出，煤样厚度是影响识别误差的一个关键因素，即三种煤样识别误差均随着煤样厚度的增加而增大，其中在煤样厚度为 3.6 m 时，整体识别误差大于 1 m，不利于现场人员搜救；结合雷达波穿透煤样的衰减规律可知，生命信息识别误差与雷达波的传输衰减呈正相关关系。